普通高等教育信息安全类特色专业系列教材

信息安全数学基础
（第二版）

聂旭云　廖永建　熊　虎　编著

科学出版社

北京

内 容 简 介

本书系统地介绍了网络空间安全研究所涉及的数论、抽象代数相关内容以及信息论、复杂度理论的初步理论，具体包括：整除、同余、同余方程；群、环、域、多项式、有限域及椭圆曲线的概念及性质；保密系统的信息理论；计算复杂度理论等。在介绍这些数学理论的同时，围绕着大整数的运算、有限域的元素表示及其运算给出了部分计算机实现算法的设计，为后续密码算法的实现提供了参考。

本书具有较大的参考价值，非常适合于工程人才培养，可作为高等院校网络空间安全、信息安全等专业本科生或研究生教材，也可作为计算机、通信工程及电子商务等专业的参考书，还可供信息安全相关工程技术人员参考。

图书在版编目(CIP)数据

信息安全数学基础 / 聂旭云，廖永建，熊虎编著. —2 版. —北京：科学出版社，2019.6

普通高等教育信息安全类特色专业系列教材

ISBN 978-7-03-061207-6

Ⅰ. ①信⋯　Ⅱ. ①聂⋯　②廖⋯　③熊⋯　Ⅲ. ①信息安全－应用数学－高等学校－教材　Ⅳ. ①TP309　②O29

中国版本图书馆 CIP 数据核字 (2019) 第 092667 号

责任编辑：潘斯斯 / 责任校对：王　瑞
责任印制：张　伟 / 封面设计：迷底书装

科 学 出 版 社 出版
北京东黄城根北街 16 号
邮政编码：100717
http://www.sciencep.com

北京凌奇印刷有限责任公司 印刷
科学出版社发行　各地新华书店经销
*

2013 年 2 月第 一 版　开本：787×1092　1/16
2019 年 6 月第 二 版　印张：11
2023 年 9 月第九次印刷　字数：250 000

定价：59.00 元
(如有印装质量问题，我社负责调换)

前　言

本书第一版自出版以来一直在电子科技大学投入本科教学使用。在教学过程中，作者发现对于工科院校的学生来说，算法的原理与实现是学生关注的重点，也是提高学生实践能力的途径之一。因此，作者对本书第二版做了如下修订。

修订后，全书还是分为 10 章。第 1 章、第 2 章和第 3 章的内容属于初等数论，系统地介绍了整除、同余、二次剩余等原理和相关算法。与第一版相比，第 1 章增加了部分例题，增加了"多精度数平方算法"。原书第 2 章拆分成了两章，增加了"RSA 公钥加密算法"，拆分出来的第 3 章为"同余方程"，增加了"模 p 的平方根算法"和"Rabin 公钥加密算法"。第 4 章和第 5 章为代数系统，详细地介绍了群、环、域的基本概念和性质，增加了"原根"的概念和"ElGamal 公钥加密算法"。第 6 章着重介绍了多项式及多项式中的一些运算算法，为学习有限域的知识作出了铺垫。第 7 章为有限域，给出了有限域的结构定理和有限域的构造方法，并对有限域上运算的实现进行了探讨，增加了"多项式的阶或周期"的概念。第 8 章对椭圆曲线的相关知识进行了介绍，并给出了双线性对的定义和计算方法的介绍，增加了椭圆曲线上的"大步小步算法"描述以及"椭圆曲线的 ElGamal 公钥加密算法"。第 9 章主要介绍了保密系统的信息理论，主要是信息熵、互信息以及相关性质。第 10 章主要介绍了复杂度理论相关概念，主要有时间复杂度、空间复杂度、P 问题和 NP 问题等。原书的第 10 章"组合数学"，与其他章节关联不大，因此这次修订时将这章删去了。

本书修订工作主要由聂旭云完成，由廖永建和熊虎负责审阅和校对。

在本书的修订和出版过程中，得到了电子科技大学信息与软件工程学院秦志光教授和周世杰教授的大力支持和指导，在此对他们表示感谢。

由于作者水平有限，书中疏漏和不当之处难免，欢迎大家批评指正。对于本书的任何问题请发送 E-mail 到作者邮箱 xynie@uestc.edu.cn。

作　者

2019 年 2 月

目　　录

第1章　整除 ··· 1

1.1　整除概念和基本性质 ··· 1

1.2　欧几里得算法及其扩展算法 ··· 3

1.3　素数与算术基本定理 ·· 7

1.4　整数的表示 ··· 11

1.5　多精度数的运算 ·· 13

1.6　本章小结 ·· 17

习题 ··· 17

第2章　同余 ·· 19

2.1　同余的概念和基本性质 ·· 19

2.2　同余类与剩余系 ·· 21

2.3　模 m 的算法 ··· 26

2.4　RSA 公钥加密算法 ··· 29

2.5　本章小结 ·· 32

习题 ··· 32

第3章　同余方程 ·· 34

3.1　同余方程与中国剩余定理 ·· 34

3.2　二次同余方程与二次剩余 ·· 39

3.3　模 p 的平方根 ··· 50

3.4　Rabin 公钥加密算法 ·· 51

3.5　本章小结 ·· 52

习题 ··· 52

第4章　群 ·· 55

4.1　二元运算 ·· 55

4.2　群的定义和简单性质 ·· 56

4.3　子群、陪集 ··· 59

4.4　正规子群、商群和同态 ·· 63

4.5　循环群 ·· 66

4.6　ElGamal 公钥加密算法 ·· 69

4.7　置换群 ·· 71

4.8　本章小结 ·· 73

习题 ··· 74

第 5 章　环和域 ·· 76

5.1　环的定义 ··· 76

5.2　整环、除环和域 ··· 79

5.3　子环、理想和商环 ··· 81

5.4　素理想、极大理想和商域 ·· 85

5.5　本章小结 ··· 87

习题 ·· 87

第 6 章　多项式 ·· 90

6.1　多项式相关概念 ··· 90

6.2　公因式、不可约多项式和因式分解唯一性定理 ·· 94

6.3　多项式同余 ··· 98

6.4　多元多项式 ··· 100

6.5　本章小结 ··· 103

习题 ·· 104

第 7 章　有限域 ·· 106

7.1　域和扩域 ··· 106

7.2　有限域的结构 ·· 109

7.3　不可约多项式的根，迹和范数 ·· 111

7.4　有限域上元素的表示 ·· 114

7.5　有限域中的算法 ··· 116

7.6　本章小结 ··· 118

习题 ·· 118

第 8 章　椭圆曲线 ··· 120

8.1　椭圆曲线的基本概念 ·· 120

8.2　椭圆曲线的运算 ··· 124

8.3　除子和双线性对 ··· 130

8.4　椭圆曲线上的离散对数 ·· 137

8.5　基于椭圆曲线的 ElGamal 公钥加密算法 ·· 138

8.6　本章小结 ··· 139

习题 ·· 139

第 9 章　保密系统的信息理论 ··· 141

9.1　保密系统的数学模型 ·· 141

9.2　熵 ··· 144

9.3　熵的特性 ··· 146

9.4　假密钥和唯一性距离 ·· 149

9.5　互信息 ··· 153

9.6　本章小结 ··· 154

习题 ·· 154

第 10 章　计算复杂度理论 155
10.1　基本概念 155
10.2　图灵机 156
10.3　基本原理 158
10.4　归约方法 161
10.5　NP 完全问题 162
10.6　本章小结 163
习题 163

参考文献 164

索引 165

第1章 整 除

数论是一门非常重要的数学基础课，是研究整数最基本性质的一门学科。数论在信息安全、计算机科学等现代重要科技领域有着重要的应用。本章主要介绍整数的整除概念及其相关性质和算法设计。

通常，用 $\mathbb{Z}$ 表示整数集合，整数即

$$0, \pm1, \pm2, \cdots$$

自然数就是非负整数，用 $\mathbb{N}$ 来表示。

1.1 整除概念和基本性质

定义 1.1.1（整除） 设 $a,b \in \mathbb{Z}$，$a \neq 0$。如果存在某个整数 $q \in \mathbb{Z}$，使得 $b = aq$，则称 a 整除 b 或 b 被 a 整除，记为 $a|b$，且称 a 为 b 的因数，b 为 a 的倍数。

显然，0 是任何整数的倍数。对于任意整数 a，$\pm1, \pm a$ 都是它的因数，称这四个因数为整数 a 的显然因数或平凡因数，整数 a 的其他因数称为非显然因数或非平凡因数。

例 1.1.1 （1）$28 = 4 \times 7$，因此 $4|28$，$7|28$，4 和 7 为 28 的因数，28 为 4 和 7 的倍数。

（2）$-3|18$，因为 $18 = (-3) \times (-6)$。

（3）$173|0$，因为 $0 = 173 \times 0$。

由整除的定义和乘法运算的性质，可以推导出整除关系有如下性质。

定理 1.1.1（整除的性质） 对任意的 $a,b,c \in \mathbb{Z}$，有

（1）如果 $a|b$ 且 $b|c$，则有 $a|c$。

（2）如果 $a|b$ 且 $a|c$，当且仅当对于任意 $x,y \in \mathbb{Z}$，有 $a|bx+cy$。

（3）设 $m \neq 0$，$a|b$ 当且仅当 $ma|mb$。

（4）如果 $a|b$ 且 $b|a$，则 $a = \pm b$。

证明： （1）$a|b$ 且 $b|c$，则存在整数 q_1，q_2，使得 $b = aq_1, c = bq_2$，因此有 $c = aq_1q_2$，所以 $a|c$。

（2）必要性：$a|b$ 且 $a|c$，则存在整数 q_1，q_2，使得 $b = aq_1, c = aq_2$。因此有 $bx + cy = a(q_1x + q_2y)$，所以 $a|bx+cy$。

充分性：分别取 $x=1, y=0$ 和 $x=0, y=1$，即可得 $a|b$ 且 $a|c$。

（3）当 $m \neq 0$ 时，$b = aq \Leftrightarrow mb = (ma)q$。

（4）$a|b$ 且 $b|a$，则存在整数 q_1，q_2，使得 $b = aq_1, a = bq_2$，因此有 $a = a(q_1q_2)$。又因为 $a \neq 0$，所以 $q_1q_2 = 1$。由于 q_1，q_2 是整数，所以 $q_1 = \pm1$，故而 $b = \pm a$。 □

定理 1.1.2（带余除法） 设 a,b 是两个给定的整数，$a \neq 0$，那么一定存在唯一的一对整数 q 和 r，满足

$$b = aq + r, \quad 0 \leqslant r < |a|$$

因此，$a \mid b$ 的充要条件是 $r = 0$。

证明： 存在性。当 $a \mid b$ 时，取 $q = \dfrac{b}{a}$，$r = 0$。当 $a \nmid b$ 时，考虑集合

$$T = \{b - ka, k = 0, \pm 1, \pm 2, \cdots\}$$

容易看出，集合 T 中必有正整数，取 T' 为 T 的正整数子集。由于正整数集合的任一非空子集均有最小正整数。因此，T' 中必然存在一个最小正整数，设为

$$t_0 = b - k_0 a > 0$$

下证 $t_0 < |a|$。因为 $a \nmid b$，所以 $t_0 \neq |a|$。若 $t_0 > |a|$，则有 $t_1 = t_0 - |a| \in T$，且 $0 < t_1 < t_0$。这与 t_0 的极小性矛盾，因此有 $t_0 < |a|$。取 $q = k_0$，$r = t_0$ 就满足要求。 $\square$

定理 1.1.2 中的 q 称为 a 除 b 的不完全商，记为 $a \operatorname{div} b$，r 称为 a 除 b 的余数，记为 $a \operatorname{mod} b$。

定义 1.1.2（公因数） 设 a_1, a_2, d 是三个整数，若 $d \mid a_1$，$d \mid a_2$，则称 d 是整数 a_1, a_2 的公因数。一般地，设 $a_1, a_2, \cdots, a_k$ 是 k 个整数，若 $d \mid a_1$，$d \mid a_2, \cdots, d \mid a_k$，称 d 是整数 $a_1, a_2, \cdots, a_k$ 的公因数。

例如，$a_1 = 12, a_2 = 8$，它们的公因数是 $\pm 1, \pm 2, \pm 4$。

定义 1.1.3（最大公因数） 设 a_1, a_2 是两个不全为零的整数，把 a_1, a_2 的公因数中最大的正整数称为 a_1 和 a_2 的最大公因数，记为 $\gcd(a_1, a_2)$ 或简记为 (a_1, a_2)。当 $(a_1, a_2) = 1$ 时，称 a_1, a_2 互素。一般地，设 $a_1, a_2, \cdots, a_k$ 是 k 个不全为零的整数，把 $a_1, a_2, \cdots, a_k$ 的公因数中最大的正整数称为 $a_1, a_2, \cdots, a_k$ 的最大公因数，记为 $\gcd(a_1, a_2, \cdots, a_k)$ 或简记为 $(a_1, a_2, \cdots, a_k)$。当 $(a_1, a_2, \cdots, a_k) = 1$ 时，称 $a_1, a_2, \cdots, a_k$ 互素。

等价地，(a_1, a_2) 是能够同时整除 a_1, a_2 的最大正整数。

例 1.1.2 (1) 12 与 18 的公因数有 $\{\pm 1, \pm 2, \pm 3, \pm 6\}$，所以 $(12, 18) = 6$。

(2) -15 与 21 的公因数有 $\{\pm 1, \pm 3\}$，所以 $(-15, 21) = 3$。

(3) 25 与 12 的公因数有 ± 1，所以 $(25, 12) = 1$，因此 25 与 12 互素。

定理 1.1.3（最大公因数的性质） 对于任意整数 a，b，c，有

(1) $(a, b) = (b, a) = (-a, b) = (a, -b)$；

(2) 若 $a \mid b$，则 $(a, b) = a$；

(3) 对于任意两个整数 x, y，必有 $(a, b) \mid ax + by$；

(4) 若 $a = bq + c$，q 是一个整数，则有 $(a, b) = (b, c)$；

(5) 若 $(a, c) = 1$，$b \mid c$，则 $(a, b) = 1$；

(6) $\left(\dfrac{a}{(a, b)}, \dfrac{b}{(a, b)} \right) = 1$。

证明： 根据最大公因数的定义，很容易得出 (1)，(2)。根据定理 1.1.1 整除的性质 (2)，立刻可得 (3)。根据最大公因数的定义及整除的性质，很容易得出 $(a, b) \mid (b, c)$，$(b, c) \mid (a, b)$，因此结论 (4) 成立。

(5) 设 $(a, b) = d$，则由 $d \mid b$，$b \mid c$，可得 $d \mid c$，又 $d \mid a$，所以 $d \mid (a, c)$。由 $(a, c) = 1$，可得 $d = 1$，即 $(a, b) = 1$。

(6) 设 $(a, b) = d$，$\left(\dfrac{a}{d}, \dfrac{b}{d}\right) = d'$，由 $d' \mid \dfrac{a}{d}, d' \mid \dfrac{b}{d}$，可得 $dd' \mid a$，$dd' \mid b$，根据最大公因数的性质可知 $dd' \mid d$，由此可得 $d' = 1$，结论得证。 □

定义 1.1.4（公倍数） 设 a_1, a_2, l 是三个整数，若 $a_1 \mid l, a_2 \mid l$，则称 l 是整数 a_1, a_2 的公倍数。一般地，设 $a_1, a_2, \cdots, a_k$ 是 k 个整数，若 $a_1 \mid l, a_2 \mid l, \cdots, a_k \mid l$，称 l 是整数 $a_1, a_2, \cdots, a_k$ 的公倍数。

定义 1.1.5（最小公倍数） 设 a_1, a_2 是两个不全为零的整数，把 a_1, a_2 的所有公倍数中的最小正整数称为整数 a_1 和 a_2 的最小公倍数，记为 $\mathrm{lcm}[a_1, a_2]$ 或简记为 $[a_1, a_2]$。一般地，设 $a_1, a_2, \cdots, a_k$ 是 k 个不全为零的整数，把 $a_1, a_2, \cdots, a_k$ 的所有公倍数中的最小正整数称为整数 $a_1, a_2, \cdots, a_k$ 的最小公倍数，记为 $\mathrm{lcm}[a_1, a_2, \cdots, a_k]$ 或简记为 $[a_1, a_2, \cdots, a_k]$。

等价地，$[a_1, a_2]$ 是能够被 a_1 和 a_2 同时整除的最小正整数。

定理 1.1.4 设 a, b, m 是整数，$a \mid m, b \mid m$，则 $[a, b] \mid m$。

证明： 不妨设 $m = q[a, b] + r$，其中 q 是整数，$0 \leqslant r < [a, b]$，则 $r = m - q[a, b]$，又 $a \mid m, b \mid m, a \mid [a, b], b \mid [a, b]$，由整除的性质可知 $a \mid r, b \mid r$，由 $[a, b]$ 的最小性可知 $r = 0$。因此有 $[a, b] \mid m$。 □

1.2 欧几里得算法及其扩展算法

本节考虑如何求出两个整数的最大公因数。

求最大公因数的算法称为辗转相除法，也称为欧几里得算法，主要工具是带余除法。

设 a 和 b 是两个整数，不妨设 $a > b$，$b \neq 0$，依次做带余数除法：

$$
\begin{aligned}
a &= bq_1 + r_1, & 0 &< r_1 < |b| \\
b &= r_1 q_2 + r_2, & 0 &< r_2 < r_1 \\
&\vdots \\
r_{k-1} &= r_k q_{k+1} + r_{k+1}, & 0 &< r_{k+1} < r_k \\
&\vdots \\
r_{n-2} &= r_{n-1} q_n + r_n, & 0 &< r_n < r_{n-1} \\
r_{n-1} &= r_n q_{n+1} + r_{n+1}, & r_{n+1} &= 0
\end{aligned}
\tag{1.1}
$$

经过有限步运算，必然存在 n 使得 $r_{n+1} = 0$，这是因为

$$0 \leqslant r_{n+1} < r_n < \cdots < r_1 < |b|$$

欧几里得算法的描述如算法 1.2.1。

算法 1.2.1 计算两个整数的最大公因数的欧几里得算法。

输入：两个非负整数 a, b，且 $a \geqslant b$。

输出：a, b 的最大公因数。

1. 当 $b \neq 0$ 时，作
   $$r \leftarrow a \bmod b, a \leftarrow b, b \leftarrow r。$$
2. 返回 (a)。

定理 1.2.1 设 a, b 是两个整数，不妨设 $a > b$，则 $(a, b) = r_n$，其中 r_n 是上述辗转相除法中得到的最后一个非零余数。

证明：根据最大公因数的性质(4)，有

$$(a,b) = (b,r_1)$$
$$= (r_1, r_2)$$
$$\vdots$$
$$= (r_{n-1}, r_n)$$
$$= r_n$$

$\square$

例 1.2.1 计算 $(4864, 3458)$。

解： 做辗转相除法

$$4864 = 1 \times 3458 + 1406, \qquad q_1 = 1, r_1 = 1406$$
$$3458 = 2 \times 1406 + 646, \qquad q_2 = 2, r_2 = 646$$
$$1406 = 2 \times 646 + 114, \qquad q_3 = 2, r_3 = 114$$
$$646 = 5 \times 114 + 76, \qquad q_4 = 5, r_4 = 76$$
$$114 = 1 \times 76 + 38, \qquad q_5 = 1, r_5 = 38$$
$$76 = 2 \times 38, \qquad q_6 = 2, r_6 = 0$$

所以 $(4864, 3458) = r_5 = 38$。

注意当 a，b 中有负整数时，可根据最大公因数的性质(1)将其中的负整数转变为正整数来求其最大公因数。

例 1.2.2 用辗转相除法求 $(-123, 17)$。

解： $(-123, 17) = (123, 17)$

做辗转相除法：

$$123 = 7 \times 17 + 4, \quad q_1 = 7, \ r_1 = 4$$
$$17 = 4 \times 4 + 1, \quad q_2 = 4, \ r_2 = 1$$
$$4 = 1 \times 4, \quad q_3 = 1, \ r_3 = 0$$

因此，$(123, 17) = r_2 = 1$。

定理 1.2.2 对于任意两个整数 a，b，存在整数 x，y 使得

$$(a, b) = xa + yb。$$

证明： 根据辗转相除法，有

$$r_1 = a - bq_1$$
$$r_2 = b - r_1 q_2 = -q_2 a + (1 + q_1 q_2) b \tag{1.2}$$

一般地，对于任意的 r_i，都存在两个整数 x_i，y_i，使

$$r_i = x_i a + y_i b$$

x_i，y_i 可利用下述递推公式得到：

$$r_i = r_{i-2} - q_i r_{i-1}$$
$$= (x_{i-2} a + y_{i-2} b) - q_i (x_{i-1} a + y_{i-1} b) \tag{1.3}$$
$$= (x_{i-2} - q_i x_{i-1}) a + (y_{i-2} - q_i y_{i-1}) b$$

可见

$$x_i = x_{i-2} - q_i x_{i-1}, \quad y_i = y_{i-2} - q_i y_{i-1}, \quad i = 1, 2, 3, \cdots$$

由式(1.2)可知

$$x_{-1} = 1, \quad x_0 = 0$$
$$y_{-1} = 0, \quad y_0 = 1$$

利用这几个初始值及递推关系式(1.3)，就可依次计算出 $(x_1, y_1), (x_2, y_2), \cdots, (x_n, y_n)$，最后得到

$$(a, b) = r_n = x_n a + y_n b$$

令 $x = x_n$，$y = y_n$，定理得证。　　　　　　　　　　　　　　　　　　　　　　□

定理 1.2.2 的证明过程中给出的计算 x，y 的算法称为扩展的欧几里得算法，如算法 1.2.2 所示。

算法 1.2.2　扩展的欧几里得算法。

输入：两个非负整数 a，b，且 $a \geq b$。

输出：$d = (a, b)$ 与满足 $ax + by = d$ 的整数 x 与 y。

1. 若 $b = 0$，则 $d \leftarrow a, x \leftarrow 1, y \leftarrow 0$，返回 (d, x, y)。

2. 设 $x_2 \leftarrow 1, x_1 \leftarrow 0, y_2 \leftarrow 0, y_1 \leftarrow 1$。

3. 当 $b > 0$ 时，作

　　3.1　$q \leftarrow \lfloor a/b \rfloor, r \leftarrow a - qb, x \leftarrow x_2 - qx_1, y \leftarrow y_2 - qy_1$；

　　3.2　$a \leftarrow b, b \leftarrow r, x_2 \leftarrow x_1, x_1 \leftarrow x, y_2 \leftarrow y_1, y_1 \leftarrow y$。

4. $d \leftarrow a, x \leftarrow x_2, y \leftarrow y_2$，返回 (d, x, y)。

注：$\lfloor a/b \rfloor$ 表示小于等于 a/b 的最大整数。

例 1.2.3　求整数 x，y，使 $(4864，3458) = 4864x + 3458y$。

解：根据例 1.2.1，有

$$\begin{aligned}
38 &= 114 - 76 \\
&= 114 - (646 - 5 \times 114) \\
&= -646 + 6 \times (1406 - 2 \times 646) \\
&= 6 \times 1406 - 13 \times (3458 - 2 \times 1406) \\
&= -13 \times 3458 + 32 \times (4864 - 3458) \\
&= 32 \times 4864 - 45 \times 3458
\end{aligned}$$

因此整数 $x = 32$，$y = -45$ 满足 $(4864，3458) = 4864x + 3458y$。

根据算法 1.2.2，求 x，y 的过程可列成表 1.1。

表 1.1　扩展的欧几里得算法

q	r	x	y	a	b	x_2	x_1	y_2	y_1
—	—	—	—	4864	3458	1	0	0	0
1	1406	1	−1	3458	1406	0	1	1	−1
2	646	−2	3	1406	646	1	−2	−1	3
2	114	5	−7	646	114	−2	5	3	−7
5	76	−27	38	114	76	5	−27	−7	38
1	38	32	−45	76	38	−27	32	38	−45
2	0	−91	128	38	0	32	−91	−45	128

推论 1.2.1 对于任意整数 a，b，c，若 $c \mid a$ 且 $c \mid b$，则 $c \mid (a,b)$。

证明：根据定理 1.2.2，可知存在整数 x，y 使得 $(a,b) = xa + yb$。

根据最大公因数的性质 (4)，有 $c \mid xa + yb$，因此有 $c \mid (a,b)$。 □

定理 1.2.3 设 a，b 是两个不全为 0 的整数，则 $(a,b) = 1$ 当且仅当存在整数 u，v 使得

$$ua + vb = 1.$$

证明：必要性是定理 1.2.1 的特例。下证充分性。

如果存在整数 u，v，使得

$$ua + vb = 1$$

则根据整除的性质有 $(a,b) \mid ua + vb$，即有 $(a,b) \mid 1$，因此有 $(a,b) = 1$。 □

推论 1.2.2 设 a，b，c 为不等于 0 的整数，

(1) 若 $c \mid ab$，$(a,c) = 1$，则 $c \mid b$；

(2) 若 $a \mid c$，$b \mid c$ 且 $(a,b) = 1$，则 $ab \mid c$；

(3) 若 $(a,c) = 1$，$(b,c) = 1$，则 $(ab,c) = 1$。

证明：(1) 因为 $(a,c) = 1$，根据定理 1.2.3 存在整数 u，v，使得

$$ua + vc = 1$$

两边同时乘以 b 可得

$$uab + vcb = b$$

由于 $c \mid uab + vcb$，因此 $c \mid b$。

(2) 由 $(a,b) = 1$ 可知存在整数 u，v 使得

$$ua + vb = 1$$

两边同时乘以 c，可得

$$uac + vbc = c$$

由于 $a \mid c$，$b \mid c$，所以 $ab \mid uac$，$ab \mid vbc$。因此有 $ab \mid c$。

(3) 根据定理 1.2.3，存在整数 s，t 使得

$$sa + tc = 1$$

同理，存在整数 u，v，使得

$$ub + vc = 1$$

于是有

$$(sa + tc)(ub + vc) = (su)ab + (sva + tub + tvc)c = 1$$

根据定理 1.2.3 有 $(ab,c) = 1$。 □

推论 1.2.3 设 a，b 是两个正整数，

(1) 若 a，b 互素，则 $[a,b] = ab$。

(2) $[a,b] = \dfrac{ab}{(a,b)}$。

证明：(1) 显然 ab 是 a，b 的公倍数。

设 m 为 a，b 的任意公倍数即 $a \mid m$，$b \mid m$。存在整数 k 使得 $m = ak$。由 $b \mid m$，可知 $b \mid ak$，又 a，b 互素，由推论 1.2.2 可知 $b \mid k$。因此存在整数 t 使得 $k = bt$，所以 $m = abt$。故 $ab \mid m$。由此

可知 ab 是 a, b 的公倍数中的最小正整数，即 $[a, b]=ab$。

（2）显然 $a\left|\dfrac{ab}{(a,b)}\right.$，$b\left|\dfrac{ab}{(a,b)}\right.$，所以 $\dfrac{ab}{(a,b)}$ 是 a, b 的公倍数。

设 $a=k_a(a,b)$，$b=k_b(a,b)$，由定理 1.1.3 可知 $(k_a,k_b)=1$。设 m 为 a, b 的任意公倍数，即 $a|m$，$b|m$。存在整数 q_a,q_b，使得 $m=q_a a=q_b b$，于是 $m=q_a k_a(a,b)=q_b k_b(a,b)$。因此有 $q_a k_a=q_b k_b$。由于 $(k_a,k_b)=1$，于是有 $k_a|q_b$，$k_a b|q_b b$，$\dfrac{(a,b)k_a b}{(a,b)}|q_b b=m$，即 $\dfrac{ab}{(a,b)}|m$，这表明 $\dfrac{ab}{(a,b)}$ 是 a, b 的最小公倍数。 □

例 1.2.4 求 4864 和 3458 的最小公倍数。

解： 由例 1.2.1 可知 $(4864, 3458)=38$。

因此，$[4864,3458]=\dfrac{4864\times 3458}{38}=442624$。

1.3　素数与算术基本定理

素数是整数中的重要组成部分，也可以看作整数构成的最小单元。素数在密码学特别是公钥密码学中有着重要的应用。本节主要介绍素数的基本概念和算数基本定理。

定义 1.3.1（素数） n 是一个整数，且 $n\neq 0, n\neq \pm 1$，若 n 只有平凡因数，则称整数 n 为素数，否则称为合数。

例如，2，3，5，7，11 为素数，4，6，8，10 为合数。

由于当整数 $n\neq 0, n\neq \pm 1$，n 和 $-n$ 必同为素数或合数，所以本书后续若没有特别说明，素数总是指正数。

定理 1.3.1 设 p 是一个素数，a, b 为任意整数。

（1）若 $p\nmid a$，则 p 与 a 互素；

（2）若 $p|ab$，则 $p|a$ 或 $p|b$。一般地，若 $p|a_1 a_2\cdots a_k$，则必然存在某个 i，$p|a_i$ 成立。

证明：（1）设 $(p, a)=d$，则有 $d|p, d|a$。因为 p 是素数，所以由 $d|p$ 可得 $d=p$ 或 $d=1$。对于 $d=p$，由 $d|a$ 可得 $p|a$，与 $p\nmid a$ 矛盾。因此，$d=1$，即 p 与 a 互素。

（2）若 $p|a$ 则定理成立。若 $p\nmid a$ 成立，则 p 与 a 互素，由 1.2 节推论 1.2.2 可知 $p|b$。对于一般情形可以类推。 □

定理 1.3.2（算术基本定理） 任何不为 1 的正整数 n 均可唯一地表示为有限个素数的幂的乘积，即

$$n=p_1^{\alpha_1}p_2^{\alpha_2}\cdots p_k^{\alpha_k}$$

其中 $p_1<p_2<\cdots<p_k$，$\alpha_1,\alpha_2,\cdots,\alpha_k$ 是正整数。上式称为 n 的标准分解式。算术基本定理又称为整数分解唯一性定理。

证明：（存在性）若 n 是素数，定理显然成立。

若 n 不是素数，设 p_1 是 n 的最小非平凡正因数，则 p_1 是素数，因为 p_1 的非平凡正因数也是 n 的非平凡正因数，所以 p_1 没有非平凡正因数。设 $n=p_1 n_1\,(1<n_1<n)$，对 n_1 重复上述

推理，可得 $n = p_1 n_1 = p_1 p_2 n_2$（$p_2$ 是素数，$1 < n_2 < n_1$）。以此类推，得 $n > n_1 > n_2 > \cdots > 1$，其步骤不超过 n，最后必有

$$n = p_1 p_2 \cdots p_l$$

将上式中相同素数合并为素数的方幂，并按定理要求排列，就得到了分解的存在性。

（唯一性）设 n 可分解为

$$n = p_1^{\alpha_1} p_2^{\alpha_2} \cdots p_k^{\alpha_k} = q_1^{\beta_1} q_2^{\beta_2} \cdots q_l^{\beta_l}$$

其中，$p_1 < p_2 < \cdots < p_k$，$q_1 < q_2 < \cdots < q_l$ 都是素数。根据定理 1.3.1，存在某个 q_i 满足 $p_1 \mid q_i$，不妨设为 q_1，因为 p_1 和 q_1 都为素数，所以 $p_1 = q_1$。类似地，可依次得到 $p_i = q_i$，$2 \leqslant i \leqslant k$，因此有 $k = l$。又若 $\alpha_1 > \beta_1$，则

$$p_1^{\alpha_1 - \beta_1} p_2^{\alpha_2} \cdots p_k^{\alpha_k} = p_2^{\beta_2} \cdots p_k^{\beta_k}$$

上式左边被 p_1 整除，右边不能被 p_1 整除，矛盾，所以 $\alpha_1 > \beta_1$ 不成立。同理 $\alpha_1 < \beta_1$ 也不成立。故 $\alpha_1 = \beta_1$。类似可证明 $\alpha_i = \beta_i$，$2 \leqslant i \leqslant k$。定理得证。□

推论 1.3.1 若 $a = p_1^{\alpha_1} p_2^{\alpha_2} \cdots p_k^{\alpha_k}$，$b = p_1^{\beta_1} p_2^{\beta_2} \cdots p_k^{\beta_k}$，其中 $\alpha_i \geqslant 0, \beta_i \geqslant 0$，则有

$$(a, b) = p_1^{\min(\alpha_1, \beta_1)} p_2^{\min(\alpha_2, \beta_2)} \cdots p_k^{\min(\alpha_k, \beta_k)}$$

和

$$[a, b] = p_1^{\max(\alpha_1, \beta_1)} p_2^{\max(\alpha_2, \beta_2)} \cdots p_k^{\max(\alpha_k, \beta_k)}$$

证明留给读者。

事实上，给定一个大整数，找到其素因子分解并不是一件容易的事。

定义 1.3.2（整数分解问题） 整数分解问题指的是给定一个整数 n，找到其素因子分解，即将 n 写成 $n = p_1^{\alpha_1} p_2^{\alpha_2} \cdots p_k^{\alpha_k}$ 的形式。

整数分解问题目前并没有太好的算法来解决，常见的算法有试除法，即用小于 $\sqrt{n}$ 的素数去试除 n，直到找到 n 的所有素因子。最坏情形下，需要进行 $\sqrt{n}$ 次试除。当 n 比较大时，这种方法的效率并不高。当被分解的整数 n 是某种特殊的形式时，一些分解算法可以具有更高的性能；这些算法通常被称为"特殊目的"分解算法。这些算法有 Pollard rho 算法、Pollard p-1 算法、椭圆曲线算法和特殊数域筛法等，有兴趣的读者可参阅 Menezes 编著的《应用密码学手册》。

关于素数的个数，有如下结论。

定理 1.3.3 素数有无穷多个。

证明：用反证法。

假设只有有限多个素数，设它们为 $p_1, p_2, \cdots, p_k$，令

$$M = p_1 p_2 \cdots p_k + 1$$

任何一个 p_i，$1 \leqslant i \leqslant k$，都不整除 M，所以它们都不是 M 的素因子。由定理 1.3.2，M 总有一个素因子，记为 p，则 $p \neq p_i$，$1 \leqslant i \leqslant k$，与假设矛盾。因此素数有无限多个。□

利用定理 1.3.3 的证明方法还可以证明一些特殊结构的素数有无穷多个。

例 1.3.1 证明形如 $4k - 1$ 的素数有无穷多个。

证明：首先证明形如 $4k-1$ 的整数必有一个形如 $4k-1$ 的素因子。

设 $n=4k-1$，

(1)若 n 是素数，则结论成立。

(2)若 n 是合数，则 n 一定是奇数，因此 n 的素因子为 $4k+1$ 和 $4k-1$ 的形式。若 n 没有形如 $4k-1$ 的素因子，则 n 的素因子都为 $4k+1$ 的形式，那么 n 的形式也一定是 $4k+1$，与 n 的形式为 $4k-1$ 矛盾。因此，n 必有一个形如 $4k-1$ 的素因子。

假设形如 $4k-1$ 的素数有有限个，不妨设为 $q_1,q_2,\cdots,q_t$，令

$$M=4(q_1q_2\cdots q_t)-1$$

则 M 必有一个形如 $4k-1$ 的素因子 q，由于形如 $4k-1$ 的素数有有限个 $q_1,q_2,\cdots,q_t$，因此 q 必为 $q_1,q_2,\ldots,q_t$ 中的 1 个，因而有 $q|M$，$q|4(q_1q_2\cdots q_t)$，即 $q|1$，矛盾。所以形如 $4k-1$ 的素数有无穷多个。　　　　　　　　　　　　　　　　　　　□

寻找素数是一个比较困难的问题，古希腊数学家 Eratosthenes 给出了一种称为 Eratosthenes 筛法的算法可以求出不大于某个正整数 N 的所有素数。其原理基于以下定理。

定理 1.3.4　设 n 是一个正合数，p 是 n 的大于 1 的最小正因数，则 p 是素数且 $p\leqslant\sqrt{n}$。

证明：由定理 1.3.2 的证明过程可知，p 是素数。

因为 n 是合数，所以存在整数 n_1 使得

$$n=pn_1,\quad 1<p\leqslant n_1<n$$

所以有 $p^2\leqslant n$，即 $p\leqslant\sqrt{n}$。　　　　　　　　　　　　　　　　　　　□

由定理 1.3.4 可得一个整数为素数的判别法则。

定理 1.3.5　设 n 是一个正整数。如果对于所有的素数 $p\leqslant\sqrt{n}$，都有 $p\nmid n$，则 n 是素数。

例 1.3.2　求 100 以内的所有素数。

解：$\sqrt{100}=10$。小于 10 的素数有 2，3，5，7。因此将 1~100 的所有除 2，3，5，7 以外的 2 的倍数，3 的倍数，5 的倍数，7 的倍数删去，剩下的数就是全部不超过 100 的素数，如下所示：

$$
\begin{array}{cccccccccc}
\cancel{1} & 2 & 3 & \cancel{4} & 5 & \cancel{6} & 7 & \cancel{8} & \cancel{9} & \cancel{10} \\
11 & \cancel{12} & 13 & \cancel{14} & \cancel{15} & \cancel{16} & 17 & \cancel{18} & 19 & \cancel{20} \\
\cancel{21} & \cancel{22} & 23 & \cancel{24} & \cancel{25} & \cancel{26} & \cancel{27} & \cancel{28} & 29 & \cancel{30} \\
31 & \cancel{32} & \cancel{33} & \cancel{34} & \cancel{35} & \cancel{36} & 37 & \cancel{38} & \cancel{39} & \cancel{40} \\
41 & \cancel{42} & 43 & \cancel{44} & \cancel{45} & \cancel{46} & 47 & \cancel{48} & \cancel{49} & \cancel{50} \\
\cancel{51} & \cancel{52} & 53 & \cancel{54} & \cancel{55} & \cancel{56} & \cancel{57} & \cancel{58} & 59 & \cancel{60} \\
61 & \cancel{62} & \cancel{63} & \cancel{64} & \cancel{65} & \cancel{66} & 67 & \cancel{68} & \cancel{69} & \cancel{70} \\
71 & \cancel{72} & 73 & \cancel{74} & \cancel{75} & \cancel{76} & \cancel{77} & \cancel{78} & 79 & \cancel{80} \\
\cancel{81} & \cancel{82} & 83 & \cancel{84} & \cancel{85} & \cancel{86} & \cancel{87} & \cancel{88} & 89 & \cancel{90} \\
\cancel{91} & \cancel{92} & \cancel{93} & \cancel{94} & \cancel{95} & \cancel{96} & 97 & \cancel{98} & \cancel{99} & \cancel{100}
\end{array}
$$

因此，100 以内的素数有 25 个，分别是 2，3，5，7，11，13，17，19，23，29，31，37，41，43，47，53，59，61，67，71，73，79，83，89，97。

下面介绍两类特殊的素数：Mersenne 素数和 Fermat 素数。

定理 1.3.6 设 $n>1$ 是一个正整数，若 a^n-1 是素数，则 $a=2$，n 是素数。

证明： 若 $a>2$，则 $a^n-1=(a-1)(a^{n-1}+\cdots+a+1)$，而 $1<a-1<a^n-1$，故 a^n-1 不是素数。与已知矛盾，因此 $a=2$。

若 $a=2$，而 $n=kl$, $k>1$, $l>1$，则 $2^{kl}-1=(2^k-1)(2^{k(l-1)}+\cdots+2^k+1)$，而 $1<2^k-1<2^n-1$，故 2^n-1 不是素数。与已知矛盾，因此 n 是素数。

定义 1.3.3 设 n 是一个正整数，整数 $M_n=2^n-1$ 称为第 n 个 Mersenne 数。当 $M_p=2^p-1$ 是素数时，M_p 称为 Mersenne 素数，其中 p 是素数。

目前，寻找 Mersenne 素数主要采用计算机搜索的方法。1996 年美国数学家及程序设计师沃特曼编制了一个 Mersenne 素数寻找程序，并把它放在网页上供数学家和数学爱好者免费使用；这就是著名的"互特网 Mersenne 素数大搜索"（GIMPS）项目。1997 年美国数学家及程序设计师库尔沃斯基和其他人建立了"素数网"（PrimeNet），使分配搜索区间和向 GIMPS 发送报告自动化。现在只要人们去 GIMPS 的主页下载那个免费程序，就可以立即参加 GIMPS 项目来搜寻 Mersenne 素数。

已发现的 Mersenne 素数有 41 个，如表 1.2 所示。

表 1.2 已知 Mersenne 素数

序号	Mersenne 素数	位数	序号	Mersenne 素数	位数
1	M_2	1	22	M_{9941}	2993
2	M_3	1	23	M_{11213}	3376
3	M_5	2	24	M_{19937}	6002
4	M_7	3	25	M_{21701}	6533
5	M_{13}	4	26	M_{23209}	6987
6	M_{17}	6	27	M_{44497}	13395
7	M_{19}	6	28	M_{86293}	25962
8	M_{31}	10	29	M_{110503}	33265
9	M_{61}	19	30	M_{132049}	39751
10	M_{89}	27	31	M_{216091}	65050
11	M_{107}	33	32	M_{756839}	227832
12	M_{127}	39	33	M_{859433}	258716
13	M_{521}	157	34	$M_{1257787}$	378632
14	M_{607}	183	35	$M_{1398269}$	420921
15	M_{1279}	386	36	$M_{2976221}$	895933
16	M_{2203}	664	37	$M_{3021377}$	909526
17	M_{2281}	687	38	$M_{6972593}$	2098960
18	M_{3217}	969	39	$M_{13466917}$	4053946
19	M_{4253}	1281	40	$M_{20996011}$	6320430
20	M_{4423}	1332	41	$M_{24036583}$	7235733
21	M_{9689}	2917			

定理 1.3.7 若 2^n+1 是素数，则 n 一定是 2 的方幂。

证明： 若 n 有一个奇素因子 q，令 $n=qr$，则

$$2^{qr}+1=(2^r+1)(2^{r(q-1)}-2^{r(q-2)}+2^{r(q-3)}+\cdots-2^r+1)$$

而 $1 < 2^r + 1 < 2^n + 1$，故 $2^n - 1$ 不是素数。与已知矛盾，因此 n 一定是 2 的方幂。

定义 1.3.4　形如 $F_n = 2^{2^n} + 1$ 的数称为 Fermat 数，当 F_n 是素数时，称为 Fermat 素数。

最小的 5 个 Fermat 数为

$$F_0 = 3,\ F_1 = 5,\ F_2 = 17,\ F_3 = 257,\ F_4 = 65537$$

都是素数。因此，Fermat 猜测所有的 Fermat 数都是素数。遗憾的是，这个猜测并不正确。目前已经证明当 $n = 5$，6，7，8，9，11，12，18，23，36，38，73 时，F_n 均不是素数。

1.4　整数的表示

正整数有多种表示方法，最常见的是以十进制表示。例如，$a = 123$ 是十进制表示的数，意思是指

$$a = 1 \times 10^2 + 2 \times 10^1 + 3 \times 10^0。$$

而在计算机应用中，常用二进制、八进制和十六进制表示的数来进行计算。

定义 1.4.1　如果 $b \geq 2$ 为整数，那么任意正整数 a 都可以唯一表示为

$$a = a_n b^n + a_{n-1} b^{n-1} + \cdots + a_1 b + a_0$$

其中，a_i 是整数，$0 \leq a_i < b$，$0 \leq i \leq n$，$a_n \neq 0$。这种表示，称为 a 的基为 b 或者 b 进制的表示。

整数的带余除法提供了一个求非负整数 a 关于给定基 b 的表示的有效算法。

用 b 去除 a，由带余除法可得

$$a = q_0 b + a_0,\quad 0 \leq a_0 < b$$

再用 b 去除 q_0，可得

$$q_0 = q_1 b + a_1,\quad 0 \leq a_1 < b$$

以此类推可得

$$q_i = q_{i+1} b + a_{i+1},\quad 0 \leq a_{i+1} < b,\quad i = 2, 3, \cdots$$

由于 $a > q_0 > q_1 > \cdots$ 由是一个递减序列，所以一定存在某个 n 使得 $0 \leq q_{n-1} < b$，记 $a_n = q_{n-1}$，则有

$$
\begin{aligned}
a &= q_0 b + a_0 \\
&= (q_1 b + a_1) b + a_0 \\
&\quad\ \vdots \\
&= (q_{n-1} b + a_{n-1}) b^{n-1} + a_{n-2} b^{n-2} + \cdots + a_1 b + a_0 \\
&= a_n b^n + a_{n-1} b^{n-1} + a_{n-2} b^{n-2} + \cdots + a_1 b + a_0
\end{aligned}
$$

以上计算过程可整理算法如下。

算法 1.4.1　b 进制表示。

输入：整数 a 和 b，$a \geq 0$，$b \geq 2$。

输出：以 b 为基的表示 $a = (a_n a_{n-1} \cdots a_1 a_0)_b$，其中 $n \geq 0$，如果 $n \geq 1$ 则 $a_n \neq 0$。

1. $i \leftarrow 0$，$x \leftarrow a$，$q \leftarrow \left\lfloor \dfrac{x}{b} \right\rfloor$，$a_i \leftarrow x - qb$。（$\left\lfloor \dfrac{x}{b} \right\rfloor$ 表示小于等于 $\dfrac{x}{b}$ 的最大整数）

2. 当 $q > 0$ 时，执行：

$$i \leftarrow i+1，x \leftarrow q，q \leftarrow \left\lfloor \dfrac{x}{b} \right\rfloor，a_i \leftarrow x - qb。$$

3. 返回 $(a_i a_{i-1} \cdots a_1 a_0)$。

定义 1.4.1 给出的正整数 a 的以 b 为基的表示通常可写成 $a = (a_n a_{n-1} \cdots a_1 a_0)_b$。正整数 $a_i \ (0 \leq i \leq n)$ 称为数字，a_n 称为最高位数字或者高阶数字，a_0 称为最低位数字或者低阶数字。如果 $b = 10$，标准的记法是 $a = a_n a_{n-1} \cdots a_1 a_0$。

$(a_n a_{n-1} \cdots a_1 a_0)_b$ 是 a 以 b 为基的表示，$a_n \neq 0$，则称 a 的精度或者长度为 $n+1$。如果 $n = 0$，则称 a 为单精度整数，否则称为多精度整数。$a = 0$ 也是一个单精度整数。

注：如果 $(a_n a_{n-1} \cdots a_1 a_0)_b$ 是 a 的以 b 为基的表示，k 为正整数，那么 $(u_l u_{l-1} \cdots u_1 u_0)_{b^k}$ 是 a 的以 b^k 为基的表示，其中 $l = \lceil (n+1)/k \rceil - 1$，$u_i = \sum_{j=0}^{k-1} a_{ik+j} b^j$，$0 \leq i \leq l-1$，$u_l = \sum_{j=0}^{n-lk} a_{lk+j} b^j$。

例 1.4.1 将整数 $a = 123$ 分别表示为二进制数和四进制数。

解：二进制表示。逐次运用带余除法可得

$$123 = 61 \times 2 + 1$$
$$61 = 30 \times 2 + 1$$
$$30 = 15 \times 2 + 0$$
$$15 = 7 \times 2 + 1$$
$$7 = 3 \times 2 + 1$$
$$3 = 1 \times 2 + 1$$
$$1 = 0 \times 2 + 1$$

因此 123 的二进制表示是 $(1111011)_2$。

四进制表示。逐次运用带余除法可得

$$123 = 30 \times 4 + 3$$
$$30 = 7 \times 4 + 2$$
$$7 = 1 \times 4 + 3$$
$$1 = 0 \times 4 + 1$$

因此 123 的四进制表示为 $(1323)_4$。

实际上很容易从二进制数表示得到四进制数表示，方法是从右到左每两个数字一组：$a = ((1)_2 (11)_2 (10)_2 (11)_2) = (1323)_4$。

在十六进制表示中，用 0，1，2，3，4，5，6，7，8，9，A，B，C，D，E，F 分别表示 0，1，2，$\cdots$，15 共 16 个数，其中 A，B，C，D，E，F 分别对应 10，11，12，13，14，15。

二进制数与十六进制数之间的转换较为方便。从二进制数表示得到十六进制表示方法是从右到左每四个数字一组分别换算成十六进制数即可。反之，从十六进制数表示得到二进制表示方法是每个数字分别直接换算成二进制数即可。

表 1.3 是十进制、十六进制和二进制数换算表。

表 1.3　十进制、十六进制、二进制换算表

十进制数	十六进制数	二进制数	十进制数	十六进制数	二进制数
0	0	0000	8	8	1000
1	1	0001	9	9	1001
2	2	0010	10	A	1010
3	3	0011	11	B	1011
4	4	0100	12	C	1100
5	5	0101	13	D	1101
6	6	0110	14	E	1110
7	7	0111	15	F	1111

例 1.4.2　计算 123 的十六进制表示。

解：由例 1.4.1 可知 123 的二进制表示是 $(1111011)_2$。由上述换算表可得

$$(1011)_2 = (B)_{16}, \quad (111)_2 = (0111)_2 = (7)_{16}$$

从而 $123 = (7B)_{16}$。

1.5　多精度数的运算

由于在密码学中使用的整数已经远远超过程序语言中的长整型表示范围，因此有必要对大整数的运算实现进行研究，而大整数的运算可以通过多精度数的运算来实现。

多精度数的加法和减法应在相同 b 进制下进行。两个不同长度的整数做加减法，小的整数左边(也就是高阶位)补 0。

1. 多精度数加法

b 进制表示的两个整数加法过程具体如下。

设 $m<n$，$a = (a_n a_{n-1} \cdots a_1 a_0)_b$，$c = (c_m c_{m-1} \cdots c_1 c_0)_b$。$d = (d_l d_{l-1} \cdots d_1 d_0)_b$ 为 a,c 的和，则依次从右到左，按十进制数加法方式将 a_i 与 c_i 相加：(1)若 $a_i + c_i < b$，则 $d_i = a_i + c_i$；(2)若 $a_i + c_i \geqslant b$，则 $d_i = a_i + c_i - b$，并产生一位进位，这一位进位参与 a_{i+1} 与 c_{i+1} 的运算。具体算法如算法 1.5.1。

算法 1.5.1　多精度数加法。

输入：正整数 x 和 y，长度为 $n+1$，基为 b。

输出：和 $x+y$ 的 b 进制表示 $x+y = (w_{n+1} w_n \cdots w_1 w_0)_b$。

1. $c \leftarrow 0$（c 是进位数）。

2. i 从 0 到 n 执行：

　　如果 $(x_i + y_i + c) < b$，则 $w_i \leftarrow x_i + y_i + c$，$c \leftarrow 0$，否则 $w_i \leftarrow x_i + y_i + c - b$，$c \leftarrow 1$。

3. $w_{n+1} \leftarrow c$。

4. 返回 $(w_{n+1} w_n \cdots w_1 w_0)$。

---

2. 多精度数减法

b 进制表示的两个整数减法过程具体如下。

设 $m<n$ ， $a=(a_na_{n-1}\cdots a_1a_0)_b$ ， $c=(c_mc_{m-1}\cdots c_1c_0)_b$ 。 $d=(d_ld_{l-1}\cdots d_1d_0)_b$ 为 a,c 的差， 则依次从右到左按十进制数减法方式将 a_i 与 c_i 相减：(1)若 $a_i>c_i$ ， 则 $d_i=a_i-c_i$ ；(2)若 $a_i<c_i$ ， 则 $d_i=a_i-c_i+b$ ， 并产生一位借位，这一位借位参与 a_{i+1} 与 c_{i+1} 的运算。具体算法如算法 1.5.2。

算法 1.5.2 多精度数减法。

输入：正整数 x 和 y ，长度为 $n+1$ ，基为 b ，并且 $x\geq y$ 。

输出：差 $x-y$ 的 b 进制表示 $x-y=(w_nw_{n-1}\cdots w_1w_0)_b$ 。

1. $c\leftarrow 0$ 。

2. i 从 0 到 n 执行：

 若 $x_i-y_i+c\geq 0$ ，则 $w_i\leftarrow(x_i-y_i+c)$ ， $c\leftarrow 0$ ，否则

 $w_i\leftarrow(x_i-y_i+c+b)$ ， $c\leftarrow -1$ 。

3. 返回 $(w_nw_{n-1}\cdots w_1w_0)$ 。

---

3. 多精度数乘法

b 进制表示的两个整数乘法过程具体如下。

设 x 和 y 是 b 进制的整数： $x=(x_nx_{n-1}\cdots x_1x_0)_b$ ， $y=(y_ty_{t-1}\cdots y_1y_0)_b$ ，则以 b 为基的乘积 $x\cdot y$ 最多有 $(n+t+2)$ 位数字。算法 1.5.3 是标准笔纸运算的重新组织。单精度乘法就是两个基 b 的数字的乘法。如果 x_j 和 y_i 是两个 b 进制数，那么 $x_j\cdot y_i$ 可以写成 $x_j\cdot y_i=(uv)_b$ ，其中 u 和 v 是 b 进制数， u 可能是 0 。具体算法如下。

算法 1.5.3 多精度数乘法。

输入：正整数 x 和 y ，长度分别为 $n+1$ 和 $t+1$ ，基为 b 。

输出：乘积 $x\cdot y=(w_{n+t+1}\cdots w_1w_0)_b$ 的 b 进制表示。

1. i 从 0 到 $(n+t+1)$ 执行： $w_i\leftarrow 0$ 。

2. i 从 0 到 t 执行：

 2.1 $c\leftarrow 0$ ；

 2.2 j 从 0 到 n 执行：

 计算 $(uv)_b=w_{i+j}+x_j\cdot y_i+c$ ， $w_{i+j}\leftarrow v$ ， $c\leftarrow u$ ；

 2.3 $w_{i+n+1}\leftarrow u$ 。

3. 返回 $(w_{n+t+1}w_n\cdots w_1w_0)$ 。

例 1.5.1 利用算法 1.5.3 计算十进制数 9274 和 847 的乘积。

解 取 $x=x_3x_2x_1x_0=9274$ ， $y=y_2y_1y_0=847$ 。这样 $n=3$ ， $t=2$ 。表 11.4 描述了算法 1.5.3 计算 $x\cdot y=7855078$ 的步骤。

用笔纸计算 $x=9274$ 和 $y=847$ 的乘积如下：

$$
\begin{array}{r}
9\,2\,7\,4 \\
\times\quad 8\,4\,7 \\
\hline
6\,4\,9\,1\,8 \qquad \text{第一行}
\end{array}
$$

$$3\ 7\ 0\ 9\ 6 \qquad \text{第二行}$$
$$\underline{7\ 4\ 1\ 9\ 2\qquad\quad} \qquad \text{第三行}$$
$$7\ 8\ 5\ 5\ 0\ 7\ 8$$

表 1.4 的阴影部分分别对应于第一行，第一行+第二行，第一行+第二行+第三行。

多精度数的乘法运算需要进行 $(n+1)(t+1)$ 次单精度数乘法。

表 1.4　多精度数乘法

i	j	c	$w_{i+j}+x_jy_i+c$	u	v	w_6	w_5	w_4	w_3	w_2	w_1	w_0
0	0	0	0+28+0	2	8	0	0	0	0	0	0	8
	1	2	0+49+2	5	1	0	0	0	0	0	1	8
	2	5	1+14+5	1	9	0	0	0	0	9	1	8
	3	1	0+63+1	6	4	0	0	6	4	9	1	8
1	0	0	1+16+0	1	7	0	0	6	4	9	7	8
	1	1	9+28+1	3	8	0	0	6	4	8	7	8
	2	3	4+8+3	1	5	0	0	6	5	8	7	8
	3	1	6+36+1	4	3	0	4	3	5	8	7	8
2	0	0	8+32+0	4	0	0	4	3	5	0	7	8
	1	4	5+56+4	6	5	0	4	3	5	0	7	8
	2	6	3+16+6	2	5	0	2	4	5	5	0	7	8
	3	2	4+72+2	7	8	7	8	5	5	0	7	8

4.　多精度数平方

在乘法运算（算法 1.5.3）中，$(uv)_b$ 都是单精度数。在平方算法中，$(uv)_b$ 中的 u 可以是双精度整数。

算法 1.5.4　多精度数平方。

输入：正整数 $x=(x_{t-1}x_{t-2}\cdots x_1x_0)_b$。

输出：$x \cdot x = x^2$ 的 b 进制表示。

1.　i 从 0 到 $(2t-1)$ 执行：$w_i \leftarrow 0$。

2.　i 从 0 到 $(t-1)$ 执行：

　　2.1　$(uv)_b \leftarrow w_{2i}+x_i \cdot x_i$，$w_{2i} \leftarrow v$，$c \leftarrow u$；

　　2.2　j 从 $(i+1)$ 到 $(t-1)$ 执行：

　　　　$(uv)_b \leftarrow w_{i+j}+2x_j \cdot x_i+c$，$w_{i+j} \leftarrow v$，$c \leftarrow u$；

　　2.3　$w_{i+t} \leftarrow u$。

3.　返回 $((w_{2t-1}w_{2t-2}\cdots w_1w_0)_b)$。

平方算法中需要的单精度数乘法的次数约为 $(t^2+t)/2$（不包括乘数是 2 的乘法）。这大约是算法 1.5.3 中单精度数乘法次数的一半，因此平方算法比两个不同整数 x 和 y 的乘法快两倍。这对于密码算法中运算效率的提高提供了可用的方法。

例 1.5.2　用算法 1.5.4 计算 $x=989$ 的平方。这里 $t=3$，$b=10$。

解：多精度数平方见表1.5。

表 1.5　多精度数平方

i	j	$w_{2i}+x_i^2$	$w_{i+j}+2x_jx_i+c$	u	v	w_5	w_4	w_3	w_2	w_1	w_0
0	–	0+81	–	8	1	0	0	0	0	0	1
	1	–	0+2·8·9+8	15	2	0	0	0	0	2	1
	2	–	0+2·9·9+15	17	7	0	0	0	7	2	1
				17	7	0	0	17	7	2	1
1	–	7+64	–	7	1	0	0	17	1	2	1
	2	–	17+2·9·8+7	16	8	0	0	8	1	2	1
				16	8	0	16	8	1	2	1
2	–	16+81	–	9	7	0	7	8	1	2	1
	2			9	7	9	7	8	1	2	1

因此，$989^2 = 978121$。

5．多精度数带余除法

除法是多精度数基本运算中最复杂、消耗最大的运算。算法 1.5.5 计算的是 x 除以 y 所得的商 q 和余数 r，b 进制表示。

算法 1.5.5　多精度数带余除法。

输入：正整数 $x=(x_nx_{n-1}\cdots x_1x_0)_b$，$y=(y_ty_{t-1}\cdots y_1y_0)_b$，其中 $n\geq t\geq 1$，$y_t\neq 0$。

输出：商 $q=(q_{n-t}\cdots q_1q_0)_b$ 和余数 $r=(r_t\cdots r_1r_0)_b$，满足 $x=qy+r$，$0\leq r<y$。

1．j 从 0 到 $(n-t)$ 执行 $q_j\leftarrow 0$。

2．当（$x\geq yb^{n-t}$）时执行 $q_{n-t}\leftarrow q_{n-t}+1$，$x\leftarrow x-yb^{n-t}$。

3．i 从 n 到 $(t+1)$ 递减执行：

　　3.1　如果 $x_i=y_t$，则 $q_{i-t-1}\leftarrow b-1$；否则 $q_{i-t-1}\leftarrow \lfloor (x_ib+x_{i-1})/y_t \rfloor$；

　　3.2　当 $(q_{i-t-1}(y_tb+y_{t-1})>x_ib^2+x_{i-1}b+x_{i-2})$ 时执行：$q_{i-t-1}\leftarrow q_{i-t-1}-1$；

　　3.3　$x\leftarrow x-q_{i-t-1}yb^{i-t-1}$；

　　3.4　如果 $x<0$，则 $x\leftarrow x+yb^{i-t-1}$，$q_{i-t-1}\leftarrow q_{i-t-1}-1$。

4．$r\leftarrow x$。

5．返回 (q,r)。

例 1.5.3　利用算法 1.5.5 计算十进制数 721948327 除以 84461。

解：令 $x=721948327$，$y=84461$，所以 $n=8$，$t=4$。表 1.6 显示了算法 1.5.4 的步骤。最后一行给出了商 $q=8547$ 和余数 $r=60160$。

表 1.6　多精度除法

i	q_4	q_3	q_2	q_1	q_0	x_8	x_7	x_6	x_5	x_4	x_3	x_2	x_1	x_0
–	0	0	0	0	0	7	2	1	9	4	8	3	2	7
8	0	9	0	0	0	7	2	1	9	4	8	3	2	7
		8	0	0	0		4	6	2	6	0	3	2	7

续表

i	q_4	q_3	q_2	q_1	q_0	x_8	x_7	x_6	x_5	x_4	x_3	x_2	x_1	x_0
7		8	5	0	0			4	0	2	9	8	2	7
6		8	5	5	0			4	0	2	9	8	2	7
		8	5	4	0				6	5	1	3	8	7
5		8	5	4	8				6	5	1	3	8	7
		8	5	4	7				6	0	1	6	0	

1.6　本 章 小 结

本章主要介绍了整数中的整除、带余除法、最大公因数、素数等概念和性质，重点要掌握扩展的欧几里得算法和多精度数基本运算算法。学会利用扩展的欧几里得算法计算两个整数的最大公因数，并将其表示成为这两个整数的线性组合，学会将手写运算转换为代码运算的方法。

习　题

（如无特别说明，所有习题的未知数或字母都定义在整数集合中。）

1. （1）若 $a\,|\,b$ 且 $c\,|\,d$ ，则 $ac\,|\,bd$ ；

（2）若 $a\,|\,b_1,\cdots,a\,|\,b_k$ ，则对任意整数 $x_1,\cdots,x_k$ 有 $a\,|\,b_1x_1+\cdots+b_kx_k$ 。

2. 若 $x^2+ax+b=0$ 有整数根 $x_0\neq0$ ，则 $x_0\,|\,b$ 。一般地，若 $x^n+a_{n-1}x^{n-1}+\cdots+a_0=0$ 有整数根 $x_0\neq0$ ，则 $x_0\,|\,a_0$ 。

3. 若 $5\,|\,n$ 且 $17\,|\,n$ ，则 $85\,|\,n$ 。

4. 若 $2\,|\,n$ ， $5\,|\,n$ 及 $7\,|\,n$ ，则 $70\,|\,n$ 。

5. 设 a,b,n 满足 $a\,|\,bn,ax+by=1,x,y$ 是两个整数。证明： $a\,|\,n$ 。

6. （1）若 $2\,|\,ab$ ，则 $2\,|\,a,2\,|\,b$ 至少有一个成立。

（2）若 $7\,|\,ab$ ，则 $7\,|\,a,7\,|\,b$ 至少有一个成立。

（3）若 $14\,|\,ab$ ，试问 $14\,|\,a$ 或 $14\,|\,b$ 必有一个成立吗？

7. 证明：对任意整数 n 有

（1） $6\,|\,n(n+1)(n+2)$ ；

（2） $8\,|\,n(n+1)(n+2)(n+3)$ ；

（3） $24\,|\,n(n+1)(n+2)(n+3)$ ；

（4）若 $2\nmid n$ ，则 $8\,|\,n^2-1$ 及 $24\,|\,n(n^2-1)$ ；

（5）若 $2\nmid n,3\nmid n$ ，则 $24\,|\,n^2+23$ ；

（6） $6\,|\,n^3-n$ ；

（7） $30\,|\,n^5-n$ ；

（8） $42\,|\,n^7-n$ ；

（9）证明对任意整数 n ， $\dfrac{1}{5}n^5+\dfrac{1}{3}n^3+\dfrac{7}{15}n$ 是整数。

8．证明：形如 $6k-1$ 的素数有无穷多个。

9．若 $(a,b)=1, c\mid a+b$ ，则 $(c,a)=(c,b)=1$ 。

10．设 a,b 是正整数，且有整数 x,y 使得 $ax+by=1$ 。证明：

(1) $[a,b]=ab$ ；

(2) $(ac,b)=(c,b)$ 。

11．判断以下结论是否成立，对的给出证明，错的举出反例。

(1)若 $(a,b)=(a,c)$ ，则 $[a,b]=[a,c]$ ；

(2)若 $(a,b)=(a,c)$ ，则 $(a,b,c)=(a,b)$ ；

(3)若 $d\mid a, d\mid a^2+b^2$ ，则 $d\mid b$ ；

(4)若 $a^4\mid b^3$ ，则 $a\mid b$ ；

(5)若 $a^2\mid b^3$ ，则 $a\mid b$ ；

(6)若 $a^2\mid b^2$ ，则 $a\mid b$ ；

(7) $ab\mid[a^2,b^2]$ ；

(8) $[a^2,ab,b^2]=[a^2,b^2]$ ；

(9) $(a^2,ab,b^2)=(a^2,b^2)$ ；

(10) $(a,b,c)=((a,b),(a,c))$ ；

(11)若 $d\mid a^2+1$ ，则 $d\mid a^4+1$ ；

(12)若 $d\mid a^2-1$ ，则 $d\mid a^4-1$ 。

12．设 $(a,b)=1$ 。证明： $(d,ab)=(d,a)(d,b)$ 。

13．用扩展的欧几里得算法求以下数组的最大公约数，并把它表示为这些数的整系数线性组合：

(1) $1819,3587$ ；

(2) $2947,3997$ ；

(3) $-1109,4999$ 。

14．编程实现多精度数的运算，要求实现 512 比特以上大小的整数运算。

15．编程实现大整数的扩展的欧几里得算法，要求调用习题 14 中的运算函数。

第 2 章 同   余

同余是数论中的一个十分重要的概念。在人们的日常生活中，存在大量的相关应用。例如，一个星期分为 7 天，一天分为 24 小时，这里面都用到了同余的概念。同余理论在密码学和编码学当中也有重要的应用。古典密码算法就使用了同余理论，这类算法将 26 个英文字母用 0～25 这 26 个数字表示，其运算为模 26 的运算。最常用的 RSA 公钥密码算法也是建立在同余理论上的。本章主要介绍同余理论中的基本概念、性质和相关算法。

2.1   同余的概念和基本性质

定义 2.1.1（同余） 给定 3 个整数 a，b，m，如果 $m|(a-b)$，则称 a 模 m 同余于 b 或 a，b 模 m 同余，记作 $a \equiv b(\mathrm{mod}\, m)$；若 $m \nmid (a-b)$，则称 a，b 模 m 不同余。

注：由于 $m|(a-b)$ 等价于 $(-m)|(a-b)$，所以在后续内容中，总假定 m 是一个正整数。

根据同余的定义，很容易得出下面几个等价定义。

定理 2.1.1 (1) $a \equiv b(\mathrm{mod}\, m)$ 当且仅当存在整数 k，使得 $a=km+b$。

(2) 设 $a=k_1 m+r_1$，$b=k_2 m+r_2$，$0 \leqslant r_1 < m$，$0 \leqslant r_2 < m$，$a \equiv b(\mathrm{mod}\, m)$ 当且仅当 $r_1=r_2$。

证明：(1) $a \equiv b(\mathrm{mod}\, m)$，根据同余的定义有 $m|(a-b)$，不妨设 $a-b=km$，故 $a=km+b$。反之 $a=km+b$，则有 $a-b=km$，所以 $m|(a-b)$。故 $a \equiv b(\mathrm{mod}\, m)$。

(2) $a-b=(k_1-k_2)m+(r_1-r_2)$，$a \equiv b(\mathrm{mod}\, m)$，根据同余的定义有 $m|(a-b)$，所以 $m|(r_1-r_2)$，又 $0 \leqslant r_1 < m$，$0 \leqslant r_2 < m$，故有 $r_1-r_2=0$，即 $r_1=r_2$。反之，由 $r_1=r_2$ 可知 $a-b=(k_1-k_2)m$，所以 $m|(a-b)$。故 $a \equiv b(\mathrm{mod}\, m)$。 □

例 2.1.1 $29 \equiv 39(\mathrm{mod}\, 10)$，因为 $10|(39-29)$。

同样 $55 \equiv 3(\mathrm{mod}\, 26)$。

例 2.1.2 某月的 1 号为星期二，问该月的 25 号为星期几？

解：因为 $25 \equiv 4(\mathrm{mod}\, 7)$，而根据已知条件该月的 4 号为星期五，所以 25 号为星期五。

根据同余的定义，很容易得出同余满足以下性质。

定理 2.1.2 设 a，b，c，m 是正整数，

(1) 自反性：$a \equiv a(\mathrm{mod}\, m)$。

(2) 对称性：若 $a \equiv b(\mathrm{mod}\, m)$，则 $b \equiv a(\mathrm{mod}\, m)$。

(3) 传递性：若 $a \equiv b(\mathrm{mod}\, m)$，$b \equiv c(\mathrm{mod}\, m)$，则 $a \equiv c(\mathrm{mod}\, m)$。

同余还具有以下性质。

定理 2.1.3 设 a，b，d，a_1，a_2，b_1，b_2，m 为正整数，则

(1) 若 $a_1 \equiv a_2(\mathrm{mod}\, m)$，$b_1 \equiv b_2(\mathrm{mod}\, m)$，则 $a_1+b_1 \equiv a_2+b_2(\mathrm{mod}\, m)$；

(2) 若 $a_1 \equiv a_2(\mathrm{mod}\, m)$，$b_1 \equiv b_2(\mathrm{mod}\, m)$，则 $a_1 b_1 \equiv a_2 b_2(\mathrm{mod}\, m)$；

(3) 若 $ad \equiv bd(\mathrm{mod}\, m)$，且 d 和 m 互素，则 $a \equiv b(\mathrm{mod}\, m)$；

(4) 若 $a \equiv b (\bmod m)$ ，d 是 a，b，m 的任意公因数，则 $\dfrac{a}{d} \equiv \dfrac{b}{d} \left(\bmod \dfrac{m}{d} \right)$ ；

(5) 若 $a \equiv b (\bmod m)$ ，$d \mid m$，$d > 0$，则 $a \equiv b (\bmod d)$ ；

(6) 若 $a \equiv b (\bmod m_i)$ ，$i = 1,2,\cdots,k$ ，则 $a \equiv b (\bmod [m_1,m_2,\cdots m_k])$ 。

证明：（1）若 $a_1 \equiv a_2 (\bmod m)$ ，$b_1 \equiv b_2 (\bmod m)$ ，则 $m \mid a_1 - a_2$ ，$m \mid b_1 - b_2$ ，所以 $m \mid (a_1 - a_2) + (b_1 - b_2) = m \mid (a_1 + b_1) - (a_2 + b_2)$ ，故 $a_1 + b_1 \equiv a_2 + b_2 (\bmod m)$ 。

（2）若 $a_1 \equiv a_2 (\bmod m)$ ，$b_1 \equiv b_2 (\bmod m)$ ，则 $a_1 = k_1 m + a_2$ ，$b_1 = k_2 m + b_2$ ，所以 $a_1 b_1 = (k_1 k_2 m + k_1 b_2 + k_2 a_2)m + a_2 b_2$ ，故 $a_1 b_1 \equiv a_2 b_2 (\bmod m)$ 。

（3）若 $ad \equiv bd (\bmod m)$ ，则 $m \mid ad - bd = (a-b)d$ ，又 d 和 m 互素，所以 $m \mid a - b$ ，故 $a \equiv b (\bmod m)$ 。

（4）若 $a \equiv b (\bmod m)$ ，则 $m \mid a - b$ ，从而 $\dfrac{m}{d} \Big| \dfrac{a}{d} - \dfrac{b}{d}$ ，故 $\dfrac{a}{d} \equiv \dfrac{b}{d} \left(\bmod \dfrac{m}{d} \right)$ 。

（5）若 $a \equiv b (\bmod m)$ ，则 $m \mid a - b$ ，又 $d \mid m$，所以 $d \mid a - b$ ，故 $a \equiv b (\bmod d)$ 。

（6）若 $a \equiv b (\bmod m_i)$ ，$i = 1,2,\cdots,k$ ，则 $m_i \mid a - b$ ，$i = 1,2,\cdots,k$ ，所以 $[m_1,m_2,\cdots,m_k] \mid a - b$ ，故 $a \equiv b (\bmod [m_1,m_2,\cdots,m_k])$ 。　　　　□

例 2.1.3　$30 \equiv 3 (\bmod 9)$，$47 \equiv 2 (\bmod 9)$ ，则

（1）$77 = 30 + 47 \equiv 3 + 2 \equiv 5 (\bmod 9)$ ；

（2）$1410 = 30 \times 47 \equiv 3 \times 2 \equiv 6 (\bmod 9)$ ；

（3）3 是 30，3，9 的公因数，所以 $\dfrac{30}{3} \equiv \dfrac{3}{3} \left(\bmod \dfrac{9}{3} \right)$ ，即 $10 \equiv 1 (\bmod 3)$ ；

（4）由于 $3 \mid 9$，所以 $47 \equiv 2 \left(\bmod \dfrac{9}{3} \right)$ ，即 $47 \equiv 2 (\bmod 3)$ 。

例 2.1.4　计算 $3^{801} (\bmod 10)$ 。

解：因为 $3^2 \equiv 9 (\bmod 10)$，$3^3 \equiv 7 (\bmod 10)$，$3^4 \equiv 1 (\bmod 10)$ ，又 $801 = 4 \times 200 + 1$ ，所以
$$3^{801} = 3^{4 \times 200 + 1} = (3^4)^{200} \times 3 \equiv 1 \times 3 (\bmod 10) \equiv 3 (\bmod 10)$$

例 2.1.5　设 n 是一个十进制整数，设 $n = (a_k a_{k-1} \cdots a_0)_{10}$ ，则

（1）$3 \mid n$ 的充要条件是 $3 \Big| \displaystyle\sum_{i=0}^{k} a_i$ ；

（2）$9 \mid n$ 的充要条件是 $9 \Big| \displaystyle\sum_{i=0}^{k} a_i$ 。

证明：n 的十进制表示形式为
$$n = a_k \bullet 10^k + a_{k-1} \bullet 10^{k-1} + \cdots + a_1 \bullet 10 + a_0$$
因为 $10 \equiv 1 (\bmod 3)$ ，所以 $n = \displaystyle\sum_{i=0}^{k} a_i (\bmod 3)$ ，因此 $3 \mid n$ 的当且仅当 $3 \Big| \displaystyle\sum_{i=0}^{k} a_i$ 。对于 9 的情形同理可证。　　　　□

例 2.1.6　设 $n = 6789$ ，则 n 可被 3 整除，但不能被 9 整除。

解：因为 $\displaystyle\sum_{i=0}^{k} a_i = 6 + 7 + 8 + 9 = 30$ ，又 $3 \mid 30$，$9 \nmid 30$，所以 $3 \mid 6789$，$9 \nmid 6789$ 。

2.2　同余类与剩余系

由定理 2.1.2 可知对于给定的正整数 m，整数同余的关系是一个等价关系。因此全体整数可按照对模 m 是否同余分为若干个两两不相交的集合，使得每一个集合中的任意两个整数对模 m 一定同余，而属于不同集合的任意两个整数对模 m 不同余。

定义 2.2.1　上述的每一个集合称为模 m 的同余类或模 m 的剩余类。

定理 2.2.1　对于给定的正整数 m，有且恰有 m 个不同的模 m 的剩余类。

证明：根据带余除法，对于任意整数 a，都有

$$a = qm + r, \quad 0 \leqslant r < m$$

也就是说任何一个整数模 m 必然与 $\{0,1,2,\cdots,m-1\}$ 中的一个同余，而且这 m 个整数模 m 互不同余。所以模 m 的剩余类有且恰有 m 个。　　　　　　　　　□

模 m 的 m 个剩余类可分别记为 $[i]$，i 为该剩余类中整数除 m 所得的余数，可分别如下表示：

$$[0] = \{\cdots, -2m, -m, 0, m, 2m, \cdots\}$$
$$[1] = \{\cdots, -2m+1, -m+1, 1, m+1, 2m+1, \cdots\}$$
$$[2] = \{\cdots, -2m+2, -m+2, 2, m+2, 2m+2, \cdots\}$$
$$\vdots$$
$$[m-1] = \{\cdots, -2m+(m-1), -m+(m-1), m-1, m+(m-1), 2m+(m-1), \cdots\}$$

定义 2.2.2　在模整数 m 的所有剩余类中各取一个代表元 $a_1, a_2, \cdots, a_m$，$a_i \in [i-1]$，$i = 1, 2, \cdots, m$，则称 $a_1, a_2, \cdots, a_m$ 为模 m 的完全剩余系。完全剩余系 $0, 1, 2, \cdots, m-1$ 称为最小非负完全剩余系。

例 2.2.1　取 $m = 7$，则模 m 的剩余类为

$[0] = \{\cdots, -14, -7, 0, 7, 14, \cdots\}$，$\quad [1] = \{\cdots, -13, -6, 1, 15, \cdots\}$，

$[2] = \{\cdots, -12, -5, 2, 16, \cdots\}$，$\quad [3] = \{\cdots, -11, -4, 3, 10, \cdots\}$，$\quad [4] = \{\cdots, -10, -5, 4, 11, \cdots\}$，

$[5] = \{\cdots, -9, -2, 5, 12, \cdots\}$，$\quad [6] = \{\cdots, -8, -1, 6, 13, \cdots\}$。

7，15，16，-4，-10，5，-1 为模 7 的一组完全剩余系。0，1，2，3，4，5，6 为模 7 的最小非负完全剩余系。

通常情况下，以 $\mathbb{Z}_m$ 表示由 m 的最小非负完全剩余系集合 $\mathbb{Z}_m = \{0, 1, 2, \cdots, m-1\}$。$\mathbb{Z}_m$ 中的加法、减法、乘法都是模 m 意义下的运算。

定理 2.2.2　设 m 是正整数，整数 a 满足 $(a, m) = 1$，b 是任意整数。若 x 遍历模 m 的一个完全剩余系，则 $ax + b$ 也遍历模 m 的一个完全剩余系。

证明：设 $a_1, a_2, \cdots, a_m$ 设为模 m 的完全剩余系。根据完全剩余系的定义，这组整数模 m 两两不同余。

需要证明的是 $aa_1 + b, aa_2 + b, \cdots, aa_m + b$ 也是模 m 的一组完全剩余系。只需要证明这 m 个数模 m 两两不同余即可。事实上，若存在 a_i 和 a_j，$i \neq j$，使得

$$aa_i + b \equiv aa_j + b \pmod{m}$$

则有 $m \mid a(a_i - a_j)$。由于 $(a, m) = 1$，所以 $m \mid (a_i - a_j)$，即有 $a_i \equiv a_j \pmod{m}$。这与 $a_1, a_2, \cdots, a_m$ 模 m 两两不同余矛盾。因此 $aa_1 + b, aa_2 + b, \cdots, aa_m + b$ 模 m 两两不同余。定理得证。 □

定理 2.2.3 设 m_1，m_2 是两个互素的正整数。如果 x 遍历模 m_1 的一个完全剩余系，y 遍历模 m_2 的一个完全剩余系，则 $m_1 y + m_2 x$ 遍历模 $m_1 m_2$ 的一个完全剩余系。

证明： 只需证明 $m_1 m_2$ 个形如 $m_1 y + m_2 x$ 模 $m_1 m_2$ 两两互不同余即可。事实上，若整数 x_1，x_2 属于模 m_1 的一个完全剩余系，y_1，y_2 属于模 m_2 的一个完全剩余系，满足

$$m_1 y_1 + m_2 x_1 \equiv m_1 y_2 + m_2 x_2 \pmod{m_1 m_2}$$

根据定理 2.1.3 同余的性质 (5)，有

$$m_1 y_1 + m_2 x_1 \equiv m_1 y_2 + m_2 x_2 \pmod{m_1}$$

即

$$m_2 x_1 \equiv m_2 x_2 \pmod{m_1}$$

故 $m_1 \mid m_2 (x_1 - x_2)$，又 m_1，m_2 互素，所以 $m_1 \mid (x_1 - x_2)$，即 x_1，x_2 模 m_1 同余。同理可证，y_1，y_2 模 m_2 同余。这与整数 x_1，x_2 属于模 m_1 的一个完全剩余系，y_1，y_2 属于模 m_2 的一个完全剩余系矛盾，即 $m_1 m_2$ 个形如 $m_1 y + m_2 x$ 两两互不同余，从而构成了模 $m_1 m_2$ 的一个完全剩余系。 □

在模 m 的一个剩余类当中，如果有一个数与 m 互素，则该剩余类中所有的数均与 m 互素，这时称该剩余类与 m 互素。

定义 2.2.3 与 m 互素的剩余类的个数称为欧拉函数，记为 $\varphi(m)$。

很显然，$\varphi(m)$ 等于 $\mathbb{Z}_m$ 当中与 m 互素的数的个数。对于任意一个素数 p，$\varphi(p) = p - 1$。

定义 2.2.4 在与 m 互素的 $\varphi(m)$ 个模 m 的剩余类中各取一个代表元 $a_1, a_2, \cdots, a_{\varphi(m)}$，它们组合成的集合称为模 m 的一个既约剩余系或简化剩余系。

$\mathbb{Z}_m$ 中与 m 互素的整数构成模 m 的一个既约剩余系，称为最小非负既约剩余系，记为 $\mathbb{Z}_m^*$。

例 2.2.2 设 $m=12$，则 1，5，7，11 构成模 12 的既约剩余系。

定理 2.2.4 设 m 是正整数。整数 a 满足 $(a, m) = 1$。若 x 遍历模 m 的一个既约剩余系，则 ax 也遍历模 m 的一个既约剩余系。

证明： 因为 $(a, m) = 1$，$(x, m) = 1$，所以 $(ax, m) = 1$。又若 $ax_i \equiv ax_j \pmod{m}$，则由 $(a, m) = 1$，可得 $x_i \equiv x_j \pmod{m}$。因此，若 x 遍历模 m 的一个既约剩余系，则 ax 遍历 $\varphi(m)$ 个数，这些数均属于某个模 m 既约剩余类的剩余，而且两两互不同余。故而有 ax 也遍历模 m 的一个既约剩余系。 □

定理 2.2.5 设 m_1，m_2 是两个互素的正整数。如果 x 是遍历模 m_1 的一个既约剩余系，y 是遍历模 m_2 的一个既约剩余系，则 $m_1 y + m_2 x$ 是遍历模 $m_1 m_2$ 的一个既约剩余系。

证明： 由定理 2.2.3 可知 $m_1 y + m_2 x$ 模 $m_1 m_2$ 两两互不同余。

首先，证明当 $(x, m_1) = 1$，$(y, m_2) = 1$ 时，$m_1 y + m_2 x$ 与 $m_1 m_2$ 互素。用反证法。假设 $m_1 y + m_2 x$ 与 $m_1 m_2$ 不互素，则必有一个素数 p 满足 $p \mid m_1 y + m_2 x$，$p \mid m_1 m_2$。由于 $(m_1, m_2) = 1$，所以 $p \mid m_1$ 或 $p \mid m_2$。不妨设 $p \mid m_1$，则由 m_1，m_2 互素，可知 $p \nmid m_2$。又 $(x, m_1) = 1$，所以 p 与 x 互素。由 $p \mid m_1 y + m_2 x$ 可知 $p \mid m_2 x$，从而 $p \mid x$，这与 p，x 互素矛盾。因此有 $m_1 y + m_2 x$ 与 $m_1 m_2$ 互素。

接下来证明 $m_1 m_2$ 的任意一个既约剩余系都可以表示为 $m_1 y + m_2 x$，其中 $(x, m_1) = 1$，$(y, m_2) = 1$。设整数 a 满足 $(a, m_1 m_2) = 1$。根据定理 2.2.3，可知存在 x，y，使得

$$a \equiv m_1 y + m_2 x (\mathrm{mod}\, m_1 m_2)$$

因此，$(m_1 y + m_2 x, m_1 m_2) = 1$，根据最大公因数的性质，有

$$(x, m_1) = (m_2 x, m_1) = (m_1 y + m_2 x, m_1) = 1$$

同理，$(y, m_2) = 1$。定理得证。 □

由定理 2.2.4 可以得到欧拉函数的一个性质。

推论 2.2.1 设 m，n 是两个互素的整数，则 $\varphi(mn) = \varphi(m)\varphi(n)$。

根据推论 2.2.1 可得到欧拉函数的计算公式。

定理 2.2.6 若 $m = p_1^{e_1} p_2^{e_2} \cdots p_k^{e_k}$，则

$$\varphi(m) = m \prod_{i=1}^{k} \left(1 - \frac{1}{p_i}\right)$$ □

证明： 当 $m = p^e$ 为单个素数的方幂时，在模 m 的完全剩余系 $\{0, 1, 2, \cdots, p^e - 1\}$ 的 p^e 整数中与 p 不互素的只有 p 的倍数，共有 p^{e-1}，因此与 p^e 互素的数共有 $p^e - p^{e-1}$，即

$$\varphi(p^e) = p^e - p^{e-1} = p^e \left(1 - \frac{1}{p}\right)$$

根据推论 2.2.1，有

$$\varphi(m) = \varphi(p_1^{e_1})\varphi(p_2^{e_2}) \cdots \varphi(p_k^{e_k}) = \prod_{i=1}^{k} p_i^{e_i}\left(1 - \frac{1}{p_i}\right) = m \prod_{i=1}^{k}\left(1 - \frac{1}{p_i}\right)$$

例 2.2.3 计算 11，121，143 和 120 的欧拉函数。

解： $\varphi(11) = 11 - 1 = 10$。

$121 = 11^2$，因此 $\varphi(121) = 11^2 - 11 = 110$。

$143 = 11 \times 13$，因此 $\varphi(143) = \varphi(11) \cdot \varphi(13) = (11-1)(13-1) = 120$。

$120 = 2^3 \times 3 \times 5$，因此 $\varphi(120) = 120 \times \left(1 - \frac{1}{2}\right)\left(1 - \frac{1}{3}\right)\left(1 - \frac{1}{5}\right) = 32$。

下面考虑 Z_m 中元素的乘法逆元。

定理 2.2.7 设 m 是正整数，$r \in Z_m$，若 $(r, m) = 1$，则存在整数 $s \in Z_m$，使得

$$rs \equiv 1 (\mathrm{mod}\, m)$$

整数 s 也称为 r 模整数 m 下的乘法逆元。

证明： 因为 $(r, m) = 1$，根据定理 1.2.2 存在整数 s_1, t_1 使得

$$s_1 r + t_1 m = 1$$

因此有 $s_1 r \equiv 1 (\mathrm{mod}\, m)$。取 s 为 s_1 模 m 后的最小正整数，即可得证。 □

根据定理 2.2.7 的证明过程，可以利用扩展的欧几里得算法来求模 m 的乘法逆元。

例 2.2.4 求 $15 (\mathrm{mod}\, 26)$ 的乘法逆元。

解： 15 与 26 互素，存在乘法逆元。做辗转相除法，可得

$$26 = 1 \times 15 + 11$$
$$15 = 1 \times 11 + 4$$
$$11 = 2 \times 4 + 3$$

$$4 = 1 \times 3 + 1$$

因此有

$$
\begin{aligned}
1 &= 4 - 3 = 4 - (11 - 2 \times 4) \\
&= 3 \times 4 - 11 = 3 \times (15 - 11) - 11 \\
&= 3 \times 15 - 4 \times 11 = 3 \times 15 - 4 \times (26 - 15) \\
&= 7 \times 15 - 4 \times 26
\end{aligned}
$$

所以 $15 \pmod{26}$ 的乘法逆元为 7。

例 2.2.5　求 $11 \pmod{26}$ 的乘法逆元。

解：11 与 26 互素，存在乘法逆元。做辗转相除法可得

$$
\begin{aligned}
26 &= 2 \times 11 + 4 \\
11 &= 2 \times 4 + 3 \\
4 &= 1 \times 3 + 1
\end{aligned}
$$

因此有

$$
\begin{aligned}
1 &= 4 - 3 \\
&= 4 - (11 - 2 \times 4) \\
&= 3 \times 4 - 11 \\
&= 3 \times (26 - 2 \times 11) - 11 \\
&= 3 \times 26 - 7 \times 11
\end{aligned}
$$

又 $-7 \equiv 19 \pmod{26}$，所以 $11 \pmod{26}$ 的乘法逆元为 19。

设 m 为一个正整数，$\mathbf{Z}_m$ 中的元素以 $\{0,1,2,\cdots,m-1\}$ 表示。观察到如果 $a,b \in \mathbb{Z}_m$，则

$$
(a+b) \bmod m = \begin{cases} a+b, & \text{若 } a+b < m \\ a+b-m, & \text{若 } a+b \geqslant m \end{cases}
$$

因此模加法（减法）的结果可以不通过模整数运算得出。a 与 b 的模乘法可以如下进行，将 a 与 b 作为整数相乘，再以 m 去除其结果，得出其剩余作为 a 与 b 的模乘积。在 $\mathbb{Z}_m$ 中，求逆运算可按算法 2.2.1 求出，它用到了扩展的欧几里得算法。

算法 2.2.1　在 $\mathbb{Z}_m$ 中计算乘法的逆元。

输入：$a \in \mathbb{Z}_m$。

输出：$a^{-1} \bmod m$，如果其存在。

1. 利用推广的欧几里得算法（算法 1.2.2）寻找整数 x,y，使得 $ax + my = d$，其中 $d = (a,m)$。
2. 如果 $d > 1$，则 $a^{-1} \bmod m$ 不存在。否则返回 $((x))$。

例 2.2.6　设 $m=12$，$\varphi(12) = 4$，$\{1, 5, 7, 11\}$ 构成模 12 的既约剩余系，$(5,12) = 1$，因此有 $5 \times 1, 5 \times 5, 5 \times 7, 5 \times 11$ 也构成模 12 的简化剩余系，经过计算可知

$$5 \times 1 \equiv 5 \pmod{12}, \quad 5 \times 5 \equiv 1 \pmod{12},$$
$$5 \times 7 \equiv 11 \pmod{12}, \quad 5 \times 11 \equiv 7 \pmod{12}$$

将上面四个式子左右对应相乘可得

$$(5 \times 1)(5 \times 5)(5 \times 7)(5 \times 11) \equiv 5 \times 1 \times 11 \times 7 \pmod{12}$$

即

$$5^4 \times (1 \times 5 \times 7 \times 11) \equiv 1 \times 5 \times 7 \times 11 (\mathrm{mod}\, 12)$$

由于 $(1 \times 5 \times 7 \times 11, 12) = 1$，根据同余性质(3)可得 $5^4 \equiv 1(\mathrm{mod}\, 12)$，即 $5^{\varphi(12)} \equiv 1(\mathrm{mod}\, 12)$。

例 2.2.6 的结果并非巧合，有以下定理。

定理 2.2.8（欧拉定理） 设 m 是正整数，$r \in \mathbb{Z}_m$，若 $(r, m) = 1$，则

$$r^{\varphi(m)} \equiv 1(\mathrm{mod}\, m)$$

证明： 设 $r_1, r_2, \cdots, r_{\varphi(m)}$ 是模 m 的一组既约剩余系，根据定理 2.2.4，

$$rr_1, rr_2, \cdots, rr_{\varphi(m)}$$

也是模 m 的一组既约剩余系，因此有

$$(rr_1)(rr_2)\cdots(rr_{\varphi(m)}) \equiv r_1 \cdot r_2 \cdots r_{\varphi(m)}(\mathrm{mod}\, m)$$

即

$$r^{\varphi(m)}(r_1 \cdot r_2 \cdots r_{\varphi(m)}) \equiv r_1 \cdot r_2 \cdots r_{\varphi(m)}(\mathrm{mod}\, m)$$

又 $r_1 \cdot r_2 \cdots r_{\varphi(m)}$ 与 m 互素，所以有 $r^{\varphi(m)} \equiv 1(\mathrm{mod}\, m)$。 □

推论 2.2.2（费马小定理） 设 p 是一个素数，则对于任意整数 a，均有

$$a^p \equiv a(\mathrm{mod}\, p)$$

证明留给读者做练习。

定义 2.2.5（模整数 m 的阶） 设 $a \in \mathbb{Z}_m^*$，称满足 $a^t \equiv 1(\mathrm{mod}\, m)$ 的最小正整数 t 为 a 在模 m 下的阶，记为 $\mathrm{ord}(a)$。

定理 2.2.9 若 $a \in \mathbb{Z}_m^*$ 的阶为 t，s 为正整数，且 $a^s \equiv 1(\mathrm{mod}\, m)$，则 $t|s$，特别地，$t\,|\,\varphi(m)$。

证明： 设 $s = qt + r$，其中 $0 \leqslant r < t$，则

$$a^s = a^{qt+r} \equiv 1(\mathrm{mod}\, m)$$

即有 $a^{qt+r} = (a^t)^q a^r \equiv a^r \equiv 1(\mathrm{mod}\, m)$，根据 t 的最小性，有 $r=0$，因此有 $t|s$。

根据定理 2.2.8，有 $a^{\varphi(m)} \equiv 1(\mathrm{mod}\, m)$，所以有 $t\,|\,\varphi(m)$。 □

例 2.2.7 设 $m=12$，$Z_{12}^* = \{1, 5, 7, 11\}$，通过计算可知，$\mathrm{ord}(5) = \mathrm{ord}(7) = \mathrm{ord}(11) = 2$。$2\,|\,\varphi(12) = 4$。

定理 2.2.10（Wilson 定理） 设 p 是素数，$r_1, r_2, \cdots, r_{p-1}$ 是模 p 的既约剩余系，则有

$$r_1 r_2 \cdots r_{p-1} \equiv -1(\mathrm{mod}\, p)$$

特别地有

$$(p-1)! \equiv -1(\mathrm{mod}\, p)$$

证明： 当 $p=2$ 时，结论显然成立。当 $p \geqslant 3$ 时，根据定理 2.2.7，对取定的既约剩余系 $r_1, r_2, \cdots, r_{p-1}$ 中的每一个 r_i，必有唯一的 r_j 是其在模 p 运算下的乘法逆元，即

$$r_i r_j \equiv 1(\mathrm{mod}\, p)$$

使 $r_i = r_j$ 的充要条件是

$$r_i^2 \equiv 1(\mathrm{mod}\, p)$$

即

$$(r_i - 1)(r_i + 1) \equiv 0 \pmod{p}$$

由于 p 是素数且 $p \geq 3$，所以上式成立的充要条件是

$$r_i - 1 \equiv 0 \pmod{p} \text{ 或 } r_i + 1 \equiv 0 \pmod{p}$$

由于 $p \geq 3$，所以这两式不能同时成立。因此，在 $\{r_1, r_2, \cdots, r_{p-1}\}$ 中，除了

$$r_i \equiv 1, -1 \pmod{p}$$

这两个整数外，对其他的 r_i 必有 $r_i \neq r_j$ 使得 $r_i r_j \equiv 1 \pmod{p}$ 成立。不妨设 $r_1 \equiv 1 \pmod{p}$，$r_{p-1} \equiv -1 \pmod{p}$。这样，在 $\{r_1, r_2, \cdots, r_{p-1}\}$ 中除了 r_1, r_{p-1} 外，其他的数恰好可按关系式 $r_i r_j \equiv 1 \pmod{p}$ 两两分完，即有

$$r_2 \cdots r_{p-2} \equiv 1 \pmod{p}$$

由此可得 $r_1 r_2 \cdots r_{p-1} \equiv -1 \pmod{p}$。

$1, 2, \cdots, p-1$ 是模 p 的既约剩余系，所以有

$$(p-1)! \equiv -1 \pmod{p} \qquad\qquad\qquad □$$

2.3　模 m 的算法

1.5 节给出了多精度数整数的运算算法，下面讨论这些运算在 $\mathbb{Z}_m$ 中的情况，所有整数都是模 m 的，其中 m 是多精度整数。

设 $m = (m_n m_{n-1} \cdots m_1 m_0)_b$ 是 b 进制的正整数。$x = (x_n x_{n-1} \cdots x_1 x_0)_b$ 和 $y = (y_t y_{t-1} \cdots y_1 y_0)_b$ 是 b 进制的非负整数，满足 $x < m$，$y < m$。以下给出用于计算 $x + y \pmod{m}$（模加法），$x - y \pmod{m}$（模减法）和 $x \cdot y \pmod{m}$（模乘法）。

定义 2.3.1　z 是任意整数，$z \pmod{m}$（z 除以 m 后所得的在区间 $[0, m-1]$ 中的整余数）称为 z 关于模 m 的模约减。

和普通的多精度模运算一样，加法和减法是模运算中最简单的。

设 x 和 y 是非负整数，$x, y < m$，则

(1) $x + y < 2m$；

(2) 如果 $x \geq y$，那么 $0 \leq x - y < m$；

(3) 如果 $x < y$，那么 $0 \leq x + m - y < m$。

如果 $x, y \in \mathbb{Z}_m$，那么模加法可以用算法 1.5.1 计算：x 和 y 先作为多精度整数相加，当（且仅当）$x + y > m$ 时减去 m。当 $x \geq y$ 时，模减法就是算法 1.5.2。

模乘法比多精度乘法要复杂得多，不仅要考虑多精度乘法，还要用到模约减的方法。计算模约减最直接的方法是借用多精度除法的算法，如算法 1.5.4 计算除以 m 的余数即可。通常称这种方法为模乘法的经典算法，见算法 2.3.1。

算法 2.3.1　经典模乘法。

输入：正整数 x，y，模 m，全都是 b 进制表示。

输出：$x \cdot y (\bmod m)$。

1．计算 $x \cdot y$ （用算法 1.5.3）。

2．计算 $x \cdot y$ 除以 m 的余数 r （使用算法 1.5.4）。

3．返回（r）。

模的指数运算 $a^k (\bmod m)$ 可以运用重复平方乘算法有效实现，这一运算在很多密码学协议中都有重要用处。算法 2.3.2 是基于以下结果，设 k 的二进制表示为 $k = \sum_{i=0}^{t} k_i 2^i$，其中 $k_i \in \{0,1\}$，则

$$a^k = \prod_{i=0}^{t} a^{k_i 2^i} = (a^{2^0})^{k_0} (a^{2^1})^{k_1} \cdots (a^{2^t})^{k_t}$$

算法 2.3.2　$\mathbb{Z}_m$ 中重复平方乘算法。

输入：$a \in \mathbb{Z}_m$，整数 $0 \leqslant k < m$，其二进制表示为 $k = \sum_{i=0}^{t} k_i 2^i$。

输出：$a^k (\bmod m)$。

1．令 $b \leftarrow 1$，如果 $k = 0$，则返回（b）。

2．令 $A \leftarrow a$。

3．如果 $k_0 = 1$，则令 $b \leftarrow a$。

4．对 i 从 1 到 t，作：

　　4.1　令 $A \leftarrow A^2 (\bmod m)$；

　　4.2　如果 $k_i = 1$，则令 $b \leftarrow A \cdot b (\bmod m)$。

5．返回（b）。

例 2.3.1　利用重复平方乘算法计算 $5^{596} (\bmod 1234)$。

解：将重复平方乘按步骤进行分解，如表 2.1 所示。

表 2.1　重复平方乘算法计算 $5^{596} (\bmod 1234)$

i	0	1	2	3	4	5	6	7	8	9
k_i	0	0	1	0	1	0	1	0	0	1
A	5	25	625	681	1011	369	421	779	947	925
b	1	1	625	625	67	67	1059	1059	1059	1013

因此

$$5^{596} (\bmod 1234) = 1013$$

Montgomery 约减是无须使用经典模约减算法而能有效实现模乘法的技术。

设 m 是正整数，R 和 T 是整数，满足：$R > m$，$(m, R) = 1$，$0 \leqslant T < mR$。有一种方法可以不使用经典算法 2.3.1 来计算 $TR^{-1} (\bmod m)$。$TR^{-1} (\bmod m)$ 称为 T 模 m 关于 R 的 Montgomery 约减。选择适当的 R，Montgomery 约减可以有效地计算。

设 x 和 y 是整数，$0 \leqslant x, y < m$。令 $\tilde{x} = xR (\bmod m)$，$\tilde{y} = yR (\bmod m)$。$\tilde{x}\tilde{y}$ 的 Montgomery 约减是 $\tilde{x}\tilde{y}R^{-1} (\bmod m) = xyR (\bmod m)$。这个结果为算法 2.3.4 提供了一个模指数运算的有效方法。

简单地说明，考虑对某个整数 $x(1 \leqslant x < m)$ 计算 x^5。首先计算 $\tilde{x} = xR(\bmod m)$。然后计算 $\tilde{x}\tilde{x}$ 的 Montgomery 约减 $A = \tilde{x}^2 R^{-1}(\bmod m)$。$A^2$ 的 Montgomery 约减是 $A^2 R^{-1}(\bmod m) = \tilde{x}^4 R^{-3}(\bmod m)$。最后，$(A^2 R^{-1}\bmod m)\tilde{x}$ 的 Montgomery 约减是 $(A^2 R^{-1})\tilde{x}R^{-1}(\bmod m) = \tilde{x}^5 R^{-4}(\bmod m) = x^5 R(\bmod m)$。将这个值乘以 $R^{-1}(\bmod m)$ 得到模 m 的约减 $x^5(\bmod m)$。假设 Montgomery 约减比经典的模约减更有效，这个方法比重复应用算法 2.3.1 计算 $x^5(\bmod m)$ 更有效。

如果将 m 表示成 n 位的 b 进制整数，R 典型的选择是 b^n。条件 $R > m$ 显然是满足的，但是条件 $(R, m) = 1$ 当且仅当 $(b, m) = 1$。因此这种 R 的选取并非对所有的模数都是可行的。对那些实际意义的模数(如 RSA 模数)，m 可能是奇数；那么 b 可以取 2 的幂，$R = b^n$ 就足够了。

定理 2.3.1(Montgomery 约减) m 和 R 是整数，满足 $(m, R) = 1$。令 $m' = -m^{-1}\bmod R$，T 是满足 $0 \leqslant T < mR$ 的整数。如果 $U = Tm'(\bmod R)$，则 $(T + Um)/R$ 是整数，并且 $(T + Um)/R \equiv TR^{-1}(\bmod m)$。

证明： $T + Um \equiv T(\bmod m)$，因此 $(T + Um)R^{-1} \equiv TR^{-1}(\bmod m)$。为说明 $(T + Um)R^{-1}$ 是整数，注意到对于某些整数 k 和 l，$U = Tm' + kR$ 并且 $mm' = -1 + lR$，于是 $(T + Um)/R = (T + (Tm' + kR)m)/R = (T + T(-1 + lR) + kRm)/R = lT + km$。 □

算法 2.3.3 计算 $T = (t_{2n-1}\cdots t_1 t_0)_b$ 的 Montgomery 约减，其中 $R = b^n$，$m = (m_{n-1}\cdots m_1 m_0)_b$。算法隐含地应用了定理 2.3.1，虽然没有明确计算 $U = Tm'(\bmod R)$ 和 $T + Um$，但是计算了和其有相似性质的量。

算法 2.3.3 Montgomery 约减。

输入：整数 $m = (m_{n-1}\cdots m_1 m_0)_b$，$(m, b) = 1$，$R = b^n$，$m' = -m^{-1}(\bmod b)$，$T = (t_{2n-1}\cdots t_1 t_0)_b < mR$。

输出：$TR^{-1}(\bmod m)$。

1. $A \leftarrow T$。(记法：$A = (a_{2n-1}\cdots a_1 a_0)_b$。)

2. i 从 0 到 $(n-1)$ 执行：

    2.1 $u_i \leftarrow a_i m'(\bmod b)$；

    2.2 $A \leftarrow A + u_i m b^i$。

3. $A \leftarrow A/b^n$。

4. 如果 $A \geqslant m$，那么 $A \leftarrow A - m$。

5. 返回(A)。

算法 2.3.4 计算的是两个整数乘积的 Montgomery 约减，结合了 Montgomery 约减(算法 2.3.3)和多精度乘法(算法 1.5.3)。

算法 2.3.4 Montgomery 乘法。

输入：整数 $m = (m_{n-1}\cdots m_1 m_0)_b$，$x = (x_{n-1}\cdots x_1 x_0)_b$，$y = (y_{n-1}\cdots y_1 y_0)_b$，满足条件 $0 \leqslant x, y < m$，$R = b^n$，$(m, b) = 1$，并且 $m' = -m^{-1}(\bmod b)$。

输出：$xyR^{-1}(\bmod m)$。

1. $A \leftarrow 0$。(记法：$A = (a_n a_{n-1}\cdots a_1 a_0)_b$。)

2. i 从 0 到 $(n-1)$ 执行：

2.1　$u_i \leftarrow (a_0 + x_i y_0)m' (\text{mod } b)$;

2.2　$A \leftarrow (A + x_i y + u_i m)/b$ 。

3．如果 $A \geq m$ ，那么 $A \leftarrow A - m$ 。

4．返回（ A ）。

算法 2.3.5 组合了算法 2.3.3 和算法 2.3.4，给出了计算 $x^e (\text{mod } m)$ 的 Montgomery 指数运算算法。注意 m' 的定义需要 $(m, R) = 1$ 。对于整数 u 和 v ， $0 \leq u, v < m$ ，定义 Mont(u, v) 为 $uvR^{-1}(\text{mod } m)$ ，可以用算法 2.3.5 计算。

算法 2.3.5　Montgomery 指数运算。

输入： $m = (m_{l-1} \cdots m_0)_b$ ， $R = b^l$ ， $m' = -m^{-1}(\text{mod } b)$ ， $e = (e_t \cdots e_0)_2$ ， $e_t = 1$ ，整数 x ， $1 \leq x < m$ 。

输出： $x^e (\text{mod } m)$ 。

1．$\tilde{x} \leftarrow \text{Mont}(x, R^2 (\text{mod } m))$ ， $A \leftarrow R (\text{mod } m)$ 。（ $R (\text{mod } m)$ 和 $R^2 (\text{mod } m)$ 可以作为输入）

2．i 从 t 递减到 0 执行：

2.1　$A \leftarrow \text{Mont}(A, A)$ ；

2.2　如果 $e_i = 1$ ，则 $A \leftarrow \text{Mont}(A, \tilde{x})$ 。

3．$A \leftarrow \text{Mont}(A, 1)$ 。

4．返回（ A ）。

2.4　RSA 公钥加密算法

公钥密码算法在加密和解密时使用不同的密钥，加密密钥简称公钥，解密密钥简称私钥。公钥是公开信息，不需要保密，私钥必须保密。给定公钥，要计算出私钥在计算上是不可行的。RSA 是目前使用最广泛的公钥密码体制之一，它是由 Rivest, Shamir 和 Adleman 于 1977 年提出并于 1978 年发表的。RSA 算法的安全性是基于大整数因子分解的困难性上的。

RSA 公钥加密算法中首先要进行密钥生成，如算法 2.4.1 所示。

算法 2.4.1　RSA 密钥生成算法。

概要：每个实体产生一个 RSA 公钥以及相对应的私钥。

每个实体 A 进行如下步骤：

1．产生两个大的随机素数 p 和 q ，大小差不多。

2．计算 $n = pq$ 和 $\varphi(n) = (p-1)(q-1)$ 。

3．选择随机整数 e ， $1 < e < \varphi(n)$ ，使得 $(e, \varphi(n)) = 1$ 。

4．用扩展的欧几里得算法（算法 1.2.2）计算唯一的一个整数 d ， $1 < d < \varphi(n)$ ，使得 $ed \equiv 1 (\text{mod } \varphi(n))$ 。

输出： A 的公钥 (n, e) ，私钥 d 。

定义 2.4.1　RSA 密钥生成中的整数 e 和 d 分别称为加密指数和解密指数， n 称为模数。

RSA 加密算法的加密和解密如算法 2.4.2 所示。

算法 2.4.2 RSA 加密和解密。

概要：B 为 A 对消息 m 加密，A 进行解密。

1. 加密。B 进行如下步骤：

    1.1　获得 A 的认证的公钥 (n,e)；

    1.2　把消息表示成区间 $[0, n–1]$ 中的整数 m；

    1.3　计算 $c = m^e \pmod n$（如用算法 2.3.2）；

    1.4　发送密文 c 给 A。

2. 解密。为了从 c 中恢复出明文 m。A 进行如下步骤：

    2.1　用私钥 d 恢复 $m = c^d \pmod n$；

    2.2　输出明文 m。

命题 2.4.1 RSA 加密算法中解密是正确的，即无论 m 如何选取，若 $c = m^e \pmod n$，则一定有 $m = c^d \pmod n$。

证明： 因为 $de \equiv 1 \pmod{\phi(n)}$，所以存在整数 k，使得

$$de = 1 + k\varphi(n)$$

有

$$c^d \pmod n = m^{ed} \pmod n = m^{1+r\phi(n)} \pmod n$$

当 $(m, n)=1$，由欧拉定理可知

$$m^{\varphi(n)} \equiv 1 \pmod n$$

于是有

$$m^{1+k\varphi(n)} \pmod n = m(m^{\varphi(n)})^k \pmod n \equiv m(1)^k \pmod n = m \pmod n$$

当 $(m, n) \neq 1$ 时，因为 $n = pq$ 并且 p 和 q 都是素数，所以 (m, n) 一定为 p 或者 q。不妨设 $(m, n)=p$，则 m 一定是 p 的倍数，设 $m = xp$，$1 \leqslant x < q$。由欧拉定理知

$$m^{\varphi(q)} \equiv 1 \pmod q$$

又因为 $\varphi(q) = q-1$，于是有

$$m^{q-1} \equiv 1 \pmod q$$

所有

$$(m^{q-1})^{k(p-1)} \equiv 1 \pmod q$$

即

$$m^{k\varphi(n)} \equiv 1 \pmod q$$

于是存在整数 b，使得

$$m^{k\varphi(n)} = 1 + bq$$

对上式两边同乘 m，得到

$$m^{1+k\varphi(n)} = m + mbq$$

又因为 $m=xp$，所有

$$m^{1+k\varphi(n)} = m + xpbq = m + xbn$$

对上式取模 n 得

$$m^{1+k\varphi(n)} \equiv m(\bmod n)$$

综上所述，对任意得 $0 \leqslant m < n$，有

$$c^d(\bmod n) = m^{ed}(\bmod n) \equiv m(\bmod n) \qquad\qquad \square$$

从 RSA 的算法流程中可以发现，若敌手能够分解 n，那么敌手就可以利用公钥 e 和欧拉函数 $\varphi(n)$ 计算出私钥 d。所以说 RSA 公钥加密体制的安全性基于大整数分解问题的困难性。

要实现 RSA 算法，首先需要生成两个大的素数。目前 RSA 所采用的密钥长度是 2048 比特。生成一个大的素数，并没有太好的确定性算法。一般都是使用概率素性检测的方法来生成，即首先随机生成一个大的整数，然后使用素性检测的方法来判定该整数是否为素数。

Miller-Rabin 的概率素性检测算法是常用的算法之一。该算法的依据是费马小定理和以下引理。

引理 2.4.1 如果 p 为大于 2 的素数，则方程 $x^2 \equiv 1(\bmod p)$ 的解只有 $x \equiv 1$ 和 $x \equiv -1$。

证明： 由 $x^2 \equiv 1(\bmod p)$ 可得

$$x^2 - 1 \equiv 0(\bmod p)，\quad (x+1)(x-1) \equiv 0(\bmod p)$$

因此 $p|(x+1)$ 或 $p|(x-1)$。

设 $p|(x+1)$，则 $x+1=kp$，因此 $x \equiv -1(\bmod p)$。类似地，由 $p|(x+1)$ 可得 $x \equiv 1(\bmod p)$。 $\square$

该引理的逆否命题为：如果方程 $x^2 \equiv 1(\bmod p)$ 有一解 $x_0 \not\equiv \pm 1(\bmod p)$，那么 p 不为素数。

Miller-Rabin 概率素性检测算法的具体流程如算法 2.4.3 所示。

算法 2.4.3 Miller-Rabin 概率素性测试。

Miller-Rabin (n,t)。

输入：奇数 $n \geqslant 3$ 和安全参数 $t \geqslant 1$。

输出：对于问题 "n 是素数？" 的回答："素数" 或者 "合数"。

1. 写 $n-1 = 2^s r$，r 是奇数。

2. 对 i 从 1 到 t 进行下列计算。

    2.1 选择一个随机整数 a，$2 \leqslant a \leqslant n-2$。

    2.2 使用算法 2.3.2 计算 $y = a^r(\bmod n)$。

    2.3 如果 $y \neq 1$ 且 $y \neq n-1$ 则执行如下计算：

        $j \leftarrow 1$。

        当 $j \leqslant s-1$ 和 $y \neq n-1$ 时执行如下计算：

            计算 $y \leftarrow y^2(\bmod n)$，

            如果 $y = 1$ 则返回（"合数"）。

            $j \leftarrow j+1$。

        如果 $y \neq n-1$ 则返回（"合数"）。

3. 返回（"素数"）。

Miller-Rabin 概率素性检测算法输出是"合数"时，结论一定正确，因为不能违背引理 2.4.1 的逆否命题。可以从数学上严格证明，一轮 Miller-Rabin 的概率素性检测算法将合数误判为素数的概率为 $\dfrac{1}{4}$。因此，只要进行多轮测试，如 20 轮，其误判为素数的概率将小于 2^{-40}。

找到两个大素数 p 和 q，仅仅是实现 RSA 算法的第一步。可以从 RSA 的密钥生成算法和加密/解密算法流程分析，要实现 RSA 算法需要用到多精度数的运算、扩展的欧几里得运算、重复平方乘运算等，还可以将 Montgomery 指数运算算法用于提高 RSA 的实现效率。

2.5 本 章 小 结

本章主要介绍了同余理论。重点要理解 $\mathbb{Z}_m$ 的结构和相关性质，掌握使用扩展的欧几里地算法求模整数的逆元。了解 RSA 公钥加密算法的原理，以及将模整数 m 的重复平方乘算法和模 m 的指数运算运用到 RSA 算法的实现当中。

习 题

1. 对哪些模 m 以下各同余式成立：

(1) $32 \equiv 11(\bmod m)$；

(2) $1000 \equiv -1(\bmod m)$；

(3) $2^8 \equiv 1(\bmod m)$。

2. 证明：(1) $a \equiv b(\bmod m)$ 等价于 $a - b \equiv 0(\bmod m)$；

(2) 若 $a \equiv b(\bmod m)$，$c \equiv d(\bmod m)$，则 $a - c \equiv b - d(\bmod m)$。

从同余式的运算角度来解释这两个结果的意义。

3. 判断以下结论是否成立。对的给出证明，错的给出反例。

(1) 若 $a^2 \equiv b^2(\bmod m)$ 成立，则 $a \equiv b(\bmod m)$；

(2) 若 $a^2 \equiv b^2(\bmod m)$，则 $a \equiv b(\bmod m)$ 或 $a \equiv -b(\bmod m)$ 至少有一个成立；

(3) 若 $a \equiv b(\bmod m)$，则 $a^2 \equiv b^2(\bmod m^2)$；

(4) 若 $a \equiv b(\bmod 2)$，则 $a^2 \equiv b^2(\bmod 2^2)$；

(5) 设 p 是奇素数，$p \nmid a$。那么，$a^2 \equiv b^2(\bmod p)$ 成立的充要条件是 $a \equiv b(\bmod p)$ 或 $a \equiv -b(\bmod p)$ 有且仅有一个成立；

(6) 设 $(a,m)=1$，$k \geqslant 1$。那么，从 $a^k \equiv b^k(\bmod m)$，$a^{k+1} \equiv b^{k+1}(\bmod m)$ 同时成立可推出 $a \equiv b(\bmod m)$。

4. 证明：$70! \equiv 61! \ (\bmod 71)$。

5. (1) 求 3 对模 7 的逆；(2) 求 13 对模 10 的逆。

6. 设 a^{-1} 是 a 对模 m 的逆。证明：

(1) $an \equiv c(\bmod m)$ 成立的充要条件是 $n \equiv a^{-1}c(\bmod m)$；

(2) $a^{-1}b^{-1}$ 是 ab 对模 m 的逆，即 $(ab)^{-1} \equiv a^{-1}b^{-1}(\bmod m)$。特别对任意正整数 k，$(a^k)^{-1} \equiv (a^{-1})^k(\bmod m)$。

7．(1)写出剩余类 3(mod17) 中不超过 100 的正整数；

(2)写出剩余类 6(mod15) 中绝对值不超过 90 的整数。

8．(1)写出模 9 的一个完全剩余系，它的每个数是奇数；

(2)写出模 9 的一个完全剩余系，它的每个数是偶数；

(3)(1)或(2)中的要求对模 10 的完全剩余系能实现吗？

9．(1)把剩余类 1(mod5) 写成模 15 的剩余类之并；

(2)把剩余类 6(mod10) 写成模 120 的剩余类之并；

(3)把剩余类 6(mod10) 写成模 80 的剩余类之并。

10．具体写出模 $m=16,17,18$ 的最小非负既约剩余系、绝对最小既约剩余系，并算出欧拉函数 $\varphi(16),\varphi(17),\varphi(18)$。

11．设 $m \geq 3$。证明：

(1)模 m 的一组既约剩余系的所有元素之和对模 m 必同余于零；

(2)模 m 的最小正既约剩余系的各数之和等于 $m\varphi(m)/2$。这结论对 $m=2$ 也成立。

12．列出 $\mathbb{Z}_{13},\mathbb{Z}_{14}$ 中的加法表与乘法表。

13．设 $(a,b)=1,c \neq 0$。证明：一定存在整数 n 使得 $(a+bn,c)=1$。

14．设 p 是一个素数，证明：对于任意整数 a，均有 $a^p \equiv a(\bmod p)$。

15．编程实现模大整数 m 的重复平方乘算法。

16．编程实现 Miller-Rabin 概率素性检测算法，要求生成 1024 比特大小的素数。

第3章 同余方程

解方程一直是数学中解决问题的重要方法，密码学的研究过程中也涉及很多解方程的理论。本章将介绍一次同余方程、一次同余方程组、二次同余方程求解方面的理论和算法。

3.1 同余方程与中国剩余定理

定义 3.1.1 设 $f(x) = a_n x^n + a_{n-1} x^{n-1} + \cdots + a_1 x + a_0$ 是一次数为 n 的整系数多项式，将含有变量 x 的同余式

$$f(x) \equiv 0 \pmod{m} \tag{3.1}$$

称为模 m 的同余方程，多项式的次数 n 称为同余方程(3.1)的次数。若整数 c 满足

$$f(c) \equiv 0 \pmod{m}$$

则称 c 是同余方程(3.1)的一个解。

很显然，如果 c 是同余方程(3.1)的解，那么对于任意整数 k，$km+c$ 也是同余方程(3.1)的解，也就是说 c 所在的模 m 的剩余类都是同余方程(3.1)的解。因此，在讨论同余方程的解时，以一个剩余类作为一个解。若 c 是所在模 m 的剩余类中的代表元，记

$$x \equiv c \pmod{m}$$

c 是同余方程(3.1)的解。当 c_1, c_2 均为同余方程(3.1)的解，且对模 m 不同余时才把它们看作同余方程(3.1)的不同的解。把所有模 m 两两不同余的(3.1)的解的个数称为同余方程(3.1)的解数。因此，模 m 的同余方程最多有 m 个解。

首先来考虑一次同余方程 $ax \equiv b \pmod{m}$。

定理 3.1.1 一次同余方程 $ax \equiv b \pmod{m}$ 有解的充要条件是 $(a,m) \mid b$，而且当其有解时，其解数为 (a,m)。

证明： (必要性)令 $(a,m) = d$。设同余方程 $ax \equiv b \pmod{m}$ 有解为 x_0，则存在整数 k，使得

$$ax_0 = km + b$$

即

$$b = ax_0 - km$$

由 $d \mid a, d \mid m$，可得 $d \mid b$。

(充分性)设 $a' = \dfrac{a}{(a,m)}$，$m' = \dfrac{m}{(a,m)}$，$b' = \dfrac{b}{(a,m)}$。首先考虑同余方程

$$a'x \equiv 1 \pmod{m'} \tag{3.2}$$

因为 $(a',m') = 1$，根据定理 2.3.7，可知 a' 存在模 m' 的逆元 x_0 满足 $a'x_0 \equiv 1 \pmod{m'}$，并且在模 m' 的情形下，逆元是唯一的，即同余方程(3.2)存在唯一解 $x \equiv x_0 \pmod{m'}$。

因此，同余方程

$$a'x \equiv b'(\bmod m')$$

也存在唯一解 $x \equiv x_0 b'(\bmod m')$ 。

不妨设 $a'x_0 b' = k_1 m' + b'$ ，因为

$$ax_0 b' - b = da'x_0 b' - b = d(k_1 m' + b') - b = dk_1 m' + db' - b = k_1 m$$

所以 $m \mid a(x_0 b') - b$ ，即 $a(x_0 b') \equiv b(\bmod m)$ 。因此 $x \equiv x_0 b'(\bmod m)$ 是同余方程 $ax \equiv b(\bmod m)$ 的一个特解。充分性得证。

下面考虑同余方程 $ax \equiv b(\bmod m)$ 的解的个数。由 $x \equiv x_0 b'(\bmod m')$ ，可得

$$x \equiv x_0 b' + km, k = 0, \pm1, \pm2, \cdots$$

上式对模 m 可以写成：

$$x \equiv x_0 b' + km'(\bmod m), k = 0, 1, 2, \cdots, (a, m) - 1$$

故同余式 $ax \equiv b(\bmod m)$ 的解数为 (a, m) 。 □

例 3.1.1　求同余方程 $9x \equiv 12(\bmod 15)$ 的解。

解： $(9, 15) = 3$ 。因此， $a' = \dfrac{9}{3} = 3, m' = \dfrac{15}{3} = 5$ ， $b' = \dfrac{12}{3} = 4$ 。

首先考虑同余方程 $3x \equiv 1(\bmod 5)$ ，因为 3 模 5 的逆元为 2，所以该方程的解为 $x_0 = 2$ 。由定理 3.1.1 的证明过程可知

$$x \equiv 2 \times 4 + k \times 5(\bmod 15), k = 0, 1, \cdots, (9, 15) - 1$$

是同余方程 $9x \equiv 12(\bmod 15)$ 的全部解。

所以同余方程 $9x \equiv 12(\bmod 15)$ 的全部解为 8，13，3。

在公元 5～6 世纪，我国南北朝时期的一部经典数学著作《孙子算经》中，有"物不知其数"这样一个问题：

"今有物不知其数，三三数之剩二，五五数之剩三，七七数之剩二，问物几何？"

这实际上就是一个一次同余式组，用现代数学语言可有如下描述。

求下列同余方程组的解：

$$\begin{cases} x \equiv 2(\bmod 3) \\ x \equiv 3(\bmod 5) \\ x \equiv 2(\bmod 7) \end{cases}$$

在程大位著的《算法统宗》（1593 年），用四句诗给出了上述问题的解法：

三人同行古来稀，无数梅花廿一枝；

七子团圆正月半，除百零五便得之。

它的意思是，所求之数除以 3 所得余数乘以 70，除以 5 的余数乘以 21，除以 7 的余数乘以 15，再将三个乘积相加，如果所得结果大于 105，则减去 105，如果还大于 105，就继续再减 105，直到最后得到的小于 105 的正整数就是最终结果。

这种求解一次同余方程组的方法，用现代数学语言来描述就是下面这个定理。

定理 3.1.2（中国剩余定理）   如果 $m_1, m_2, \cdots, m_k$ 是两两互素的正整数，则同余方程组

$$\begin{cases} x \equiv a_1 (\mathrm{mod}\, m_1) \\ x \equiv a_2 (\mathrm{mod}\, m_2) \\ \qquad \vdots \\ x \equiv a_k (\mathrm{mod}\, m_k) \end{cases} \tag{3.3}$$

对模 $m = m_1 m_2 \cdots m_k$ 有唯一解。设 $M_i = m_1 \cdots m_{i-1} m_{i+1} \cdots m_k$，$M_i'$ 为 M_i 对模整数 m_i 的逆元，方程组(3.3)的解为

$$x \equiv M_1' M_1 a_1 + M_2' M_2 a_2 + \cdots + M_k' M_k a_k (\mathrm{mod}\, m) \tag{3.4}$$

证明：首先，证明形如式(3.4)的 x 是方程组(3.3)的解。

由于 $m_1, m_2, \cdots, m_k$ 是两两互素，所以 M_i 与 m_i 互素，$1 \leqslant i \leqslant k$。因此存在整数 M_i' 存在使得

$$M_i' M_i \equiv 1 (\mathrm{mod}\, m_i)$$

又当 $j \neq i$ 时，$m_j \mid M_i$，所以 $M_i \equiv 0 (\mathrm{mod}\, m_j)$。

将

$$x \equiv M_1' M_1 a_1 + M_2' M_2 a_2 + \cdots + M_k' M_k a_k (\mathrm{mod}\, m)$$

代入同余方程组(3.3)，可得

$$M_1' M_1 a_1 + M_2' M_2 a_2 + \cdots + M_k' M_k a_k \equiv M_i' M_i a_i \equiv a_i (\mathrm{mod}\, m_i)，\quad 1 \leqslant i \leqslant k$$

于是 $x \equiv M_1' M_1 a_1 + M_2' M_2 a_2 + \cdots + M_k' M_k a_k (\mathrm{mod}\, m)$ 是同余方程组(3.3)的解。

下证唯一性。设 x_1, x_2 都是同余方程组(3.3)的解，有

$$x_1 \equiv x_2 (\mathrm{mod}\, m_i)，\quad 1 \leqslant i \leqslant k$$

因此有

$$m_i \mid x_1 - x_2，\quad 1 \leqslant i \leqslant k$$

又 $m_1, m_2, \cdots, m_k$ 两两互素，所以有 $m \mid x_1 - x_2$，即有

$$x_1 \equiv x_2 (\mathrm{mod}\, m)$$

故同余方程组(3.3)的解是唯一的，定理得证。   □

例 3.1.2   求解同余方程组

$$\begin{cases} x \equiv 2 (\mathrm{mod}\, 3) \\ x \equiv 3 (\mathrm{mod}\, 5) \\ x \equiv 2 (\mathrm{mod}\, 7) \end{cases}$$

解：根据定理 3.1.2，取 $m = 3 \times 5 \times 7 = 105$，$M_1 = 5 \times 7 = 35$，$M_2 = 3 \times 7 = 21$，$M_3 = 3 \times 5 = 15$，根据扩展的欧几里得算法很容易求出：$M_1' \equiv 2 (\mathrm{mod}\, 3)$，$M_2' \equiv 1 (\mathrm{mod}\, 5)$，$M_3' \equiv 1 (\mathrm{mod}\, 7)$。

因此，

$$\begin{aligned} x &\equiv M_1' M_1 a_1 + M_2' M_2 a_2 + \cdots + M_k' M_k a_k (\mathrm{mod}\, m) \\ &\equiv 2 \times 35 \times 2 + 1 \times 21 \times 3 + 1 \times 15 \times 2 (\mathrm{mod}\, 105) \\ &\equiv 23 (\mathrm{mod}\, 105) \end{aligned}$$

可以看出，《算法统宗》中的解法正是定理 3.1.2 中阐述的方法。

例 3.1.3 求解同余方程组

$$\begin{cases} x \equiv 2(\mathrm{mod}\,5) \\ x \equiv 1(\mathrm{mod}\,6) \\ x \equiv 3(\mathrm{mod}\,7) \\ x \equiv 0(\mathrm{mod}\,11) \end{cases}$$

解：由于 5，6，7，11 两两互素，根据定理 3.1.2，可取

$$m = 5 \times 6 \times 7 \times 11 = 2310$$
$$M_1 = 2310/5 = 462, \quad M_1' = 3 \ (\mathrm{mod}\,5);$$
$$M_2 = 2310/6 = 385, \quad M_2' = 1 \ (\mathrm{mod}\,6);$$
$$M_3 = 2310/7 = 330, \quad M_3' = 1 \ (\mathrm{mod}\,7);$$
$$M_4 = 2310/11 = 210, \quad M_4' = 1 \ (\mathrm{mod}\,11);$$

$$x \equiv 462 \times 3 \times 2 + 385 + 330 \times 3 + 210 \times 0 \ (\mathrm{mod}\,2310) \equiv 4147 \ (\mathrm{mod}\,2310) \equiv 1837 \ (\mathrm{mod}\,2310)$$

对于 $m_1, m_2, \cdots, m_k$ 两两不互素的情形，可应用以下定理，将其转化为两两互素的情形。

定理 3.1.3 设 $m_1, m_2, \cdots, m_k$ 是两两互素的正整数，有 $m = m_1 m_2 \cdots m_k$，则同余方程

$$f(x) \equiv 0(\mathrm{mod}\,m) \tag{3.5}$$

与同余方程组

$$\begin{cases} f(x) \equiv 0(\mathrm{mod}\,m_1) \\ f(x) \equiv 0(\mathrm{mod}\,m_2) \\ \qquad \vdots \\ f(x) \equiv 0(\mathrm{mod}\,m_k) \end{cases} \tag{3.6}$$

同解。

证明：设 x_0 是方程 (3.5) 的解，则有 $m \mid f(x_0)$，而 $m = m_1 m_2 \cdots m_k$，因此有

$$m_i \mid f(x_0), \quad 1 \leqslant i \leqslant k$$

即

$$f(x_0) \equiv 0(\mathrm{mod}\,m_i), \quad 1 \leqslant i \leqslant k$$

所以 x_0 是方程组 (3.6) 的解。

反之，设 x_0 是方程组 (3.6) 的解，则有

$$m_i \mid f(x_0), \quad 1 \leqslant i \leqslant k$$

又 $m_1, m_2, \cdots, m_k$ 两两互素，所以

$$m \mid f(x_0)$$

即 x_0 是方程 (3.5) 的解。 □

例 3.1.4 求解同余方程：$23x \equiv 1(\mathrm{mod}\,140)$。

解：虽然该同余方程可以直接利用定理 3.1.1 进行求解，但是为了说明定理 3.1.3 的有效性，可将该同余方程转变为同余方程组。

由于 $140 = 4 \times 5 \times 7$，所以原同余方程与下列同余方程组同解：

$$\begin{cases} 23x \equiv 1 (\text{mod}\, 4) \\ 23x \equiv 1 (\text{mod}\, 5) \\ 23x \equiv 1 (\text{mod}\, 7) \end{cases}$$

上述同余方程组可以化简为

$$\begin{cases} 3x \equiv 1 (\text{mod}\, 4) \\ 3x \equiv 1 (\text{mod}\, 5) \\ 2x \equiv 1 (\text{mod}\, 7) \end{cases}$$

可进一步化简为

$$\begin{cases} x \equiv 3 (\text{mod}\, 4) \\ x \equiv 2 (\text{mod}\, 5) \\ x \equiv 4 (\text{mod}\, 7) \end{cases}$$

根据定理 3.1.2，令 m=140，

$$M_1 = 140/4 = 35, \quad M_1' \equiv 3 (\text{mod}\, 4)$$

$$M_2 = 140/5 = 28, \quad M_2' \equiv 2 (\text{mod}\, 5)$$

$$M_3 = 140/7 = 20, \quad M_3' \equiv 6 (\text{mod}\, 7)$$

$x \equiv 3 \times 35 \times 3 + 2 \times 28 \times 2 + 6 \times 20 \times 4 \ (\text{mod}\, 140) \equiv 315 + 112 + 480 \ (\text{mod}\, 140) \equiv 67 (\text{mod}\, 140)$

例 3.1.5 求解同余方程组

$$\begin{cases} x \equiv 7 (\text{mod}\, 10) \\ x \equiv 3 (\text{mod}\, 12) \\ x \equiv 12 (\text{mod}\, 15) \end{cases}$$

解：由于 10,12,15 两两不互素，根据定理 3.1.3，题中的同余方程组等价于下列同余方程组同解：

$$\begin{cases} x \equiv 7 (\text{mod}\, 2) \\ x \equiv 7 (\text{mod}\, 5) \\ x \equiv 3 (\text{mod}\, 4) \\ x \equiv 3 (\text{mod}\, 3) \\ x \equiv 12 (\text{mod}\, 3) \\ x \equiv 12 (\text{mod}\, 5) \end{cases}$$

化简去掉重复项，即

$$\begin{cases} x \equiv 1 (\text{mod}\, 2) \\ x \equiv 2 (\text{mod}\, 5) \\ x \equiv 3 (\text{mod}\, 4) \\ x \equiv 0 (\text{mod}\, 3) \end{cases}$$

满足第三个同余方程的整数必然满足第一个同余方程，因此可将第一个同余方程去掉。

即可得

$$\begin{cases} x \equiv 2(\bmod 5) \\ x \equiv 3(\bmod 4) \\ x \equiv 0(\bmod 3) \end{cases}$$

利用定理 3.1.2 可得

$$x \equiv 27(\bmod 60)$$

在定理 3.1.2 中，记 $v(x) = (a_1, a_2, \cdots, a_k)$。Garner 算法(算法 3.1.1)是给定 x 对两两互素的模 $m_1, m_2, \cdots, m_t$ 的剩余 $v(x) = (a_1, a_2, \cdots, a_k)$，计算满足 $0 \leqslant x < M$ 的 x 的有效方法。

算法 3.1.1　中国剩余定理的 Garner 算法。

输入：正整数 $M = \sum_{i=1}^{k} m_i > 1$，对所有的 $i \neq j$ 满足 $(m_i, m_j) = 1$。x 关于 m_i 的模表示 $v(x) = (a_1, a_2, \cdots, a_k)$。

输出：整数 x 的 b 进制表示。

1. i 从 2 到 k 执行：

　　1.1　$C_i \leftarrow 1$。

　　1.2　j 从 1 到 $(i-1)$ 执行：

　　　　$u \leftarrow m_j^{-1}(\bmod m_i)$ (用算法 2.2.1)。

　　　　$C_i \leftarrow u \cdot C_i (\bmod m_i)$。

2. $u \leftarrow a_1$，$x \leftarrow u$。

3. i 从 2 到 k 执行：$u \leftarrow (a_i - x)C_i(\bmod m_i)$，$x \leftarrow x + u \cdot \prod_{j=1}^{i-1} m_j$。

4. 返回 (x)。

3.2　二次同余方程与二次剩余

本节考虑二次同余方程。设 m 是正整数，a，b，c 为整数且 $a \not\equiv 0(\bmod m)$，二次同余方程的一般形式如下

$$ax^2 + bx + c \equiv 0(\bmod m) \tag{3.7}$$

设 m 的素因子分解为 $m = p_1^{e_1} p_2^{e_2} \cdots p_k^{e_k}$，其中 $p_i, 1 \leqslant i \leqslant k$ 为素数。根据定理 3.1.3 同余方程 (3.7) 与下列同余方程组同解

$$\begin{cases} ax^2 + bx + c \equiv 0(\bmod p_1^{e_1}) \\ ax^2 + bx + c \equiv 0(\bmod p_2^{e_2}) \\ \qquad\qquad \vdots \\ ax^2 + bx + c \equiv 0(\bmod p_k^{e_k}) \end{cases}$$

因此，只需要考虑模为素数的方幂 p^α 的同余方程

$$ax^2 + bx + c \equiv 0(\bmod p^\alpha), \quad p \nmid a \tag{3.8}$$

由于 $p \nmid 4a$ ，所以式(3.8)与同余方程

$$4a(ax^2 + bx + c) \equiv 0 (\bmod p^\alpha)$$

同解，上式又可写为

$$(2ax + b)^2 \equiv b^2 - 4ac(\bmod p^\alpha)$$

令 $y = 2ax + b$ ， $d = b^2 - 4ac$ ，则式(3.8)是否有解等价于同余式

$$y^2 \equiv d(\bmod p^\alpha) \tag{3.9}$$

因此，要讨论同余式(3.7)是否有解以及如何求解，首先要讨论形如式(3.9)的同余式是否有解以及如何求解。

定义 3.2.1 设 m 为正整数，若同余式

$$x^2 \equiv a(\bmod m) ， \quad (a, m) = 1$$

有解，则称 a 为模 m 的二次剩余，否则称 a 为模 m 的二次非剩余。

对于 $m=2$ ，判断某个数是否为模 m 的二次剩余是平凡的。下面首先考虑模奇素数 p 的二次剩余。

例 3.2.1 分别求模 11，13，17，19 所有的二次剩余和二次非剩余。

解：

x	1, 10	2, 9	3, 8	4, 7	5, 6
$a \equiv x^2(\bmod 11)$	1	4	9	5	3

所以，模 11 的二次剩余为 1，3，4，5，9，二次非剩余为 2，6，7，8，10。

x	1, 12	2, 11	3, 10	4, 9	5, 8	6, 7
$a \equiv x^2(\bmod 13)$	1	4	9	3	12	10

所以，模 13 的二次剩余为 1，3，4，9，10，12，二次非剩余为 2，5，6，7，8，11。

x	1, 16	2, 15	3, 14	4, 13	5, 12	6, 11	7, 10	8, 9
$a \equiv x^2(\bmod 17)$	1	4	9	16	8	2	15	13

所以，模 17 的二次剩余为 1，2，4，8，9，13，15，16，二次非剩余为 3，5，6，7，10，11，12，14。

x	1, 18	2, 17	3, 16	4, 15	5, 14	6, 13	7, 12	8, 11	9, 10
$a \equiv x^2(\bmod 19)$	1	4	9	16	6	17	11	7	5

所以，模 19 的二次剩余为 1，4，5，6，7，9，11，16，17，二次非剩余为 2，3，8，10，12，13，14，15，18。

通过观察，可发现模 11，13，17，19 的二次剩余的个数分别是它们既约剩余系中元素个数的一半。一般地，有以下结论。

定理 3.2.1 在模 p 的一个既约剩余系中，恰有 $\dfrac{p-1}{2}$ 个模 p 的二次剩余， $\dfrac{p-1}{2}$ 个模 p 的二次非剩余。

证明：取模 p 的最小绝对既约剩余系

$$-\frac{p-1}{2}, -\frac{p-1}{2}+1, \cdots, -1, 1, \cdots, \frac{p-1}{2}-1, \frac{p-1}{2}$$

则 a 是模 p 的二次剩余当且仅当

$$a \equiv \left(-\frac{p-1}{2}\right)^2, \left(-\frac{p-1}{2}+1\right)^2, \cdots, (-1)^2, 1^2, \cdots, \left(\frac{p-1}{2}-1\right)^2, \left(\frac{p-1}{2}\right)^2 (\bmod p)$$

由于 $(-i)^2 \equiv i^2 (\bmod p)$，所以 a 是模 p 的二次剩余当且仅当

$$a \equiv 1^2, \cdots, \left(\frac{p-1}{2}-1\right)^2, \left(\frac{p-1}{2}\right)^2 (\bmod p)$$

又当 $i \neq j$，$1 \leqslant i, j \leqslant \frac{p-1}{2}$ 时，$i^2 \not\equiv j^2 (\bmod p)$，所以模 p 的二次剩余个数为 $\frac{p-1}{2}$，模 p 的二次非剩余的个数为 $\frac{p-1}{2}$。　　　　　　　　　□

定理 3.2.2 从理论上给出了判别 a 是否为模 p 的二次剩余的方法，通常称为欧拉判别法。

定理 3.2.2　设 p 为一个奇素数，$(a, p) = 1$。a 是模 p 的二次剩余的充要条件是

$$a^{\frac{p-1}{2}} \equiv 1 (\bmod p)$$

a 是模 p 的二次非剩余的充要条件是

$$a^{\frac{p-1}{2}} \equiv -1 (\bmod p)$$

证明：定理的第一部分证明。

（必要性）若 a 是模 p 的二次剩余，则必然存在 x_0 使得

$$x_0^2 \equiv a (\bmod p)$$

因而有

$$x_0^{p-1} \equiv a^{\frac{p-1}{2}} (\bmod p)$$

又因为 $(a, p) = 1$，所以 $(x_0, p) = 1$。故根据定理 2.2.8（欧拉定理），有

$$x_0^{p-1} \equiv 1 (\bmod p)$$

因此，$a^{\frac{p-1}{2}} \equiv 1 (\bmod p)$。

（充分性）设 $a^{\frac{p-1}{2}} \equiv 1 (\bmod p)$，$(a, p) = 1$。考虑同余方程

$$bx \equiv a (\bmod p)$$

由 $(a, p) = 1$ 及定理 3.1.1，对于模 p 的绝对最小既约剩余系

$$-\frac{p-1}{2}, -\frac{p-1}{2}+1, \cdots, -1, 1, \cdots, \frac{p-1}{2}-1, \frac{p-1}{2}$$

中的每一个 j，当 $b = j$ 时，必有唯一的 $x = x_j$ 属于上述既约剩余系，使得 $bx \equiv a(\bmod p)$ 成立。若 a 不是模 p 的二次剩余，则对于每一个 j 必有 $j \neq x_j$。这样，模 p 的绝对最小既约剩余系中的 $p-1$ 个数可按照 j, x_j 作为一对两两分完。由此及定理 2.2.9 可知

$$-1 \equiv (p-1)! \equiv (-1)^{\frac{p-1}{2}}\left(\left(\frac{p-1}{2}\right)!\right)^2 \equiv a^{\frac{p-1}{2}}(\bmod p)$$

这与已知条件矛盾。所以必存在某一个 j_0，使得 $j_0 = x_{j_0}$。由此可知 a 是模 p 的二次剩余。

定理的第二部分证明。

由定理 2.2.8(欧拉定理)可知，对于任意整数 a，若 $(a, p) = 1$，则

$$a^{p-1} \equiv 1(\bmod p)$$

即

$$(a^{\frac{p-1}{2}} - 1)(a^{\frac{p-1}{2}} + 1) \equiv 0(\bmod p)$$

由于 $p \geqslant 3$ 是素数，所以

$$a^{\frac{p-1}{2}} - 1 \equiv 0(\bmod p) \ \text{或} \ a^{\frac{p-1}{2}} + 1 \equiv 0(\bmod p)$$

由定理的第一部分，a 是模 p 的二次剩余的充要条件是

$$a^{\frac{p-1}{2}} \equiv 1(\bmod p)$$

那么 a 是模 p 的二次非剩余的充要条件就是

$$a^{\frac{p-1}{2}} \equiv -1(\bmod p) \qquad \square$$

例 3.2.2 利用定理 3.2.2 判断：

(1) -8 是不是模 53 的二次剩余；

(2) 8 是不是模 67 的二次剩余；

(3) 8 是不是模 17 的二次剩余。

解： (1) $(-8)^{26} \equiv -1(\bmod 53)$，所以 -8 是模 53 的二次非剩余；

(2) $8^{33} \equiv -1(\bmod 67)$，所以 8 是模 67 的二次非剩余；

(3) $8^8 \equiv 1(\bmod 17)$，所以 8 是模 17 的二次剩余。

推论 3.2.1 设素数 $p > 2$，$(p, d_1) = 1$，$(p, d_2) = 1$，，那么

(1) 若 d_1, d_2 均为模 p 的二次剩余，则 $d_1 d_2$ 是模 p 的二次剩余；

(2) 若 d_1, d_2 均为模 p 的二次非剩余，则 $d_1 d_2$ 是模 p 的二次剩余；

(3) 若 d_1 为模 p 的二次剩余，d_2 为模 p 的二次非剩余，则 $d_1 d_2$ 是模 p 的二次非剩余。

证明留给读者。

定理 3.2.2 并不是一个实用的判别法，因为对具体的素数 p，当它不太大时，可以按照例 3.2.1 的方法直接确定某个数是否为二次剩余。当 p 比较大时，例 3.2.1 的方法和定理 3.2.2 都不实用。下面引入勒让德符号，来给出判定模 p 的二次剩余的一种有效方法。

定义 3.2.2 设 p 是奇素数，a 是整数，关于整变量 a 的函数

$$\left(\frac{a}{p}\right)=\begin{cases}1, & a\text{是模 }p\text{ 的二次剩余}\\ -1, & a\text{是模 }p\text{ 的二次非剩余}\\ 0, & p\mid a\end{cases}$$

称为模 p 的勒让德符号。

根据定理 3.2.2 及推论 3.2.1，可得勒让德符号有如下性质。

定理 3.2.3　勒让德符号的性质：

(1) $\left(\dfrac{a}{p}\right)=\left(\dfrac{p+a}{p}\right)$;

(2) $\left(\dfrac{a}{p}\right)\equiv a^{\frac{p-1}{2}}(\bmod p)$;

(3) $\left(\dfrac{ab}{p}\right)=\left(\dfrac{a}{p}\right)\left(\dfrac{b}{p}\right)$;

(4) 若 $(a,p)=1$ ，则 $\left(\dfrac{a^2}{p}\right)=1$;

(5) $\left(\dfrac{1}{p}\right)=1$, $\left(\dfrac{-1}{p}\right)=(-1)^{\frac{p-1}{2}}$ 。

以上性质的证明十分简单，留给读者。

定理 3.2.4（高斯引理）　设 p 为奇素数，a 是整数，$p\nmid a$ 。再设 $1\leqslant j<p/2$ ，

$$t_j\equiv ja(\bmod p),\quad 0<t_j<p \tag{3.10}$$

以 n 表示这 $(p-1)/2$ 个 t_j $(1\leqslant j<p/2)$ 中大于 $p/2$ 的 t_j 的个数，那么，有

$$\left(\frac{a}{p}\right)=(-1)^n$$

证明：对于任意的 $1\leqslant j<p/2$ ，

$$t_j\pm t_i\equiv(j\pm i)a\not\equiv 0(\bmod p)$$

即

$$t_j\not\equiv\pm t_i(\bmod p) \tag{3.11}$$

以 $r_1,r_2,\cdots,r_n$ 表示 t_j $(1\leqslant j<p/2)$ 中所有大于 $p/2$ 的数，以 $s_1,s_2,\cdots,s_k$ 表示 t_j $(1\leqslant j<p/2)$ 中所有小于 $p/2$ 的数。显然有

$$1\leqslant p-r_i<p/2$$

由式（3.11）可知

$$s_j\not\equiv p-r_i(\bmod p),\quad 1\leqslant j\leqslant k,\ 1\leqslant i\leqslant n$$

因此，$s_1,s_2,\cdots,s_k,p-r_1,\cdots,p-r_n$ 这 $(p-1)/2$ 个数恰好就是 $1,2,\cdots,(p-1)/2$ 的一个排列。结合式（3.10），可得

$$1 \times 2 \times \cdots \times (p-1)/2 \times a^{(p-1)/2} \equiv t_1 t_2 \cdots t_{(p-1)/2}$$
$$\equiv s_1 s_2 \cdots s_k \bullet r_1 r_2 \cdots r_n$$
$$\equiv (-1)^n s_1 s_2 \cdots s_k \bullet (p - r_1)(p - r_2) \cdots (p - r_n)$$
$$\equiv (-1)^n 1 \times 2 \times \cdots \times (p-1)/2 (\mathrm{mod}\, p)$$

进而有

$$a^{(p-1)/2} \equiv (-1)^n (\mathrm{mod}\, p)$$

根据定理 3.2.3(2)可得结论成立。 □

由定理 3.2.4 就可以得到勒让德符号的又一性质。

定理 3.2.5 设 p 是一个奇素数。符号 $[x]$ 表示对 x 取整数部分。

(1)

$$\left(\frac{2}{p}\right) = (-1)^{(p^2-1)/8}$$

(2)当 $(a, 2p) = 1$ 时,

$$\left(\frac{a}{p}\right) = (-1)^T$$

其中

$$T = \sum_{j=1}^{(p-1)/2} \left[\frac{ja}{p}\right]$$

证明: (1)利用定理 3.2.4 中的符号,取 $a = 2$。容易看出

$$1 \leqslant t_j = 2j < p/2, \quad 1 \leqslant j < p/4$$
$$p/2 < t_j = 2j < p, \quad p/4 < j < p/2$$

由第二式知

$$n = \frac{p-1}{2} - \left[\frac{p}{4}\right]$$

因而有

$$n = \begin{cases} l, & p = 4l+1 \\ l+1, & p = 4l+3 \end{cases}$$

由此及定理 3.2.4 可得

$$\left(\frac{2}{p}\right) = (-1)^n = \begin{cases} 1, & p \equiv \pm 1(\mathrm{mod}\, 8) \\ -1, & p \equiv \pm 3(\mathrm{mod}\, 8) \end{cases} \tag{3.12}$$

这就是所要证明的结论。式(3.12)表明当且仅当素数 $p \equiv \pm 1(\mathrm{mod}\, 8)$ 时,2 才是模 p 的二次剩余。

(2)同样利用定理 3.2.4 中的符号。式(3.10)可表示为

$$ja = p\left[\frac{ja}{p}\right] + t_j, \quad 1 \leq j < p/2$$

两边对 j 求和得

$$a\sum_{j=1}^{(p-1)/2} j = p\sum_{j=1}^{(p-1)/2}\left[\frac{ja}{p}\right] + \sum_{j=1}^{(p-1)/2} t_j = pT + \sum_{j=1}^{(p-1)/2} t_j$$

由定理 3.2.4 的证明过程可知

$$\sum_{j=1}^{(p-1)/2} t_j = s_1 + \cdots + s_k + r_1 + \cdots + r_n$$

$$= s_1 + \cdots + s_k + (p - r_1) + \cdots + (p - r_n) - np + 2(r_1 + \cdots + r_n)$$

$$= \sum_{j=1}^{(p-1)/2} j - np + 2(r_1 + \cdots + r_n)$$

由以上两式得

$$\frac{p^2 - 1}{8}(d - 1) = p(T - n) + 2(r_1 + \cdots + r_n) \tag{3.13}$$

当 $(a, 2p) = 1$ 时，由式 (3.13) 可知

$$T - n \equiv 0 \pmod 2$$

因此有

$$\left(\frac{a}{p}\right) = a^{(p-1)/2} \pmod p = (-1)^n = (-1)^T$$

定理得证。 □

当 a 是正数时，定理 3.2.5 中的 T 具有十分明确的几何意义：如图 3.1 所示，T 表示直角坐标平面中由 x 轴、直线 $x = p/2$ 及直线 $y = ax/p$ 所围成的三角形 OAB 内部的整点(坐标均为整数的点)的个数。需要注意，在线段 AB 和线段 OB 上均无整点(除了原点)。

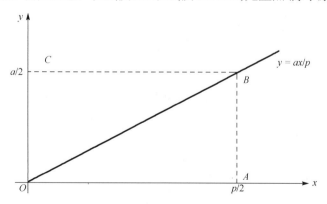

图 3.1　定理 3.2.5 中的 T 的几何意义

如果 a 也是奇素数，设 $a = q \neq p$，那么，同样有

$$\left(\frac{p}{q}\right)=(-1)^S \tag{3.14}$$

其中

$$S = \sum_{l=1}^{(p-1)/2}\left[\frac{lp}{q}\right]$$

同样地，S 就是图 3.1 中的三角形 OCB 内部的整点个数（取 $d=q$）。因此，$S+T$ 就是矩形 $OABC$ 内部的整点个数，所以有

$$S+T = \frac{p-1}{2}\cdot\frac{q-1}{2} \tag{3.15}$$

由定理 3.2.5(2) 及式(3.14)、式(3.15)就证明了著名的高斯二次互反律。

定理 3.2.6（二次互反律）　设 p，q 均为奇素数，$p \neq q$，那么有

$$\left(\frac{p}{q}\right)\left(\frac{q}{p}\right)=(-1)^{\frac{p-1}{2}\cdot\frac{q-1}{2}}$$

二次互反律是初等数论中重要的基本定理之一。它不仅可以用来计算勒让德符号，而且有重要的理论价值。

例 3.2.3　计算 $\left(\dfrac{3}{19}\right)$。

解：根据定理 3.2.6，有

$$\begin{aligned}
\left(\frac{3}{19}\right) &= (-1)^{\frac{3-1}{2}\cdot\frac{19-1}{2}}\left(\frac{19}{3}\right)\\
&= (-1)\left(\frac{1}{3}\right)\\
&= -1
\end{aligned}$$

因此，3 是模 19 的二次非剩余。

例 3.2.4　判断同余方程 $x^2 \equiv 7(\bmod\,227)$ 是否有解。

解：因为 227 是素数，根据定理 3.2.6 有

$$\begin{aligned}
\left(\frac{7}{227}\right) &= (-1)^{\frac{7-1}{2}\cdot\frac{227-1}{2}}\left(\frac{227}{7}\right)\\
&= (-1)\left(\frac{3}{7}\right)\\
&= (-1)(-1)^{\frac{3-1}{2}\cdot\frac{7-1}{2}}\left(\frac{1}{3}\right)\\
&= \left(\frac{1}{3}\right)\\
&= 1
\end{aligned}$$

所以同余式有解。

例 3.2.5 证明：形如 $4k+1$ 的素数有无穷多个，其中 k 是整数。

证明：(反证法)假设这样的素数只有有限个，设为 $p_1,\cdots,p_l$。考虑整数 $(2p_1\cdots p_l)^2+1=P$。显然有 $P\equiv 1(\bmod 4)$，即存在整数 t，使得 $P=4t+1$。由假设可知 P 不是素数。设 p 是 P 的一个素因子，p 为奇素数。-1 是模 p 的二次剩余，因为

$$\left(\frac{-1}{p}\right)=\left(\frac{-1+P}{p}\right)=\left(\frac{(2p_1\cdots p_l)^2}{p}\right)=1$$

因此 p 是形如 $4k+1$ 的素数，又显然有 $p\neq p_i$，$i=1,\cdots,l$，与假设矛盾。因此，形如 $4k+1$ 的素数有无穷多个。

勒让德符号 $\left(\dfrac{a}{p}\right)$ 的计算需要求出 a 的素因子分解式后才能用高斯二次互反律，这当 a 较大时计算并不方便。为了克服这一缺点需要引进雅可比(Jacobi)符号。

定义 3.2.3 设奇数 $P>1$，$P=p_1p_2\cdots p_l$，$p_i(1\le i\le l)$ 是素数。定义

$$\left(\frac{a}{P}\right)=\left(\frac{a}{p_1}\right)\cdots\left(\frac{a}{p_l}\right)$$

其中，$\left(\dfrac{a}{p_i}\right)(1\le i\le l)$ 是模 p_i 的勒让德符号。称 $\left(\dfrac{a}{P}\right)$ 为雅可比符号。

显然，当 P 是素数时，雅可比符号就是勒让德符号。雅可比符号有以下性质。

定理 3.2.7 雅可比符号有以下性质：

(1) $\left(\dfrac{1}{P}\right)=1$：当 $(a,P)>1$ 时，$\left(\dfrac{a}{P}\right)=0$；当 $(a,P)=1$ 时，$\left(\dfrac{a}{P}\right)$ 取值为 ± 1；

(2) $\left(\dfrac{a}{P}\right)=\left(\dfrac{a+P}{P}\right)$；

(3) $\left(\dfrac{ab}{P}\right)=\left(\dfrac{a}{P}\right)\left(\dfrac{b}{P}\right)$；

(4) $\left(\dfrac{a}{P_1P_2}\right)=\left(\dfrac{a}{P_1}\right)\left(\dfrac{a}{P_2}\right)$；

(5) 当 $(a,P)=1$ 时，$\left(\dfrac{a^2}{P}\right)=\left(\dfrac{a}{P^2}\right)=1$。

以上性质的证明比较简单，留给读者练习。

为了证明雅可比符号的进一步性质，需要用到以下引理。

引理 3.2.1 设 $a_j\equiv 1(\bmod m)(1\le j\le s)$，$a=a_1\cdots a_s$，有

$$\frac{a-1}{m}\equiv\frac{a_1-1}{m}+\cdots+\frac{a_j-1}{m}(\bmod m)$$

证明：显然只需要证明 $s=2$ 的情形。有

$$a-1=a_1a_2-1=(a_1-1)+(a_2-1)+(a_1-1)(a_2-1)$$

由于 $a_j\equiv 1(\bmod m)$ 知 $a\equiv 1(\bmod m)$，所以

$$\frac{a-1}{m} = \frac{a_1-1}{m} + \frac{a_2-1}{m} + \frac{(a_1-1)(a_2-1)}{m}$$

$$\equiv \frac{a_1-1}{m} + \frac{a_2-1}{m} \pmod{m}$$

证毕。　　　　　　　　　　　　　　　　　　　　　　　　　　　　　　　□

定理 3.2.8　(1) $\left(\dfrac{-1}{P}\right) = (-1)^{(P-1)/2}$；

(2) $\left(\dfrac{2}{P}\right) = (-1)^{(P^2-1)/8}$。

证明：设 $P = p_1 \cdots p_s$，p_j 是奇素数。

(1) 由定义 3.2.3 和定理 3.2.3(5) 可得

$$\left(\frac{-1}{P}\right) = \left(\frac{-1}{p_1}\right) \cdots \left(\frac{-1}{p_s}\right) = (-1)^{(p_1-1)/2+\cdots+(p_s-1)/2}$$

在引理 3.2.1 中取 $m = 2$，$a_j = p_j$ $(1 \leqslant j \leqslant s)$，则有

$$\frac{P-1}{2} \equiv \frac{p_1-1}{2} + \cdots + \frac{p_s-1}{2} \pmod{2}$$

由以上两式即可得 (1)。

(2) 由定义 3.2.3 和定理 3.2.5 得

$$\left(\frac{2}{P}\right) = \left(\frac{2}{p_1}\right) \cdots \left(\frac{2}{p_s}\right) = (-1)^{(p_1^2-1)/8+\cdots+(p_s^2-1)/8}$$

由于 p_j 是奇素数，所以 $p_j^2 \equiv 1 \pmod{8}$。在引理 3.2.1 中取 $m = 8$，$a_j = p_j^2$ $(1 \leqslant j \leqslant s)$，则有

$$\frac{P^2-1}{8} \equiv \frac{p_1^2-1}{8} + \cdots + \frac{p_s^2-1}{8} \pmod{8}$$

由以上两式即可得 (2)。　　　　　　　　　　　　　　　　　　　　　　□

对于雅可比符号，二次互反律同样成立。

定理 3.2.9　设奇数 $P > 1$，$Q > 1$，$(P, Q) = 1$，有

$$\left(\frac{Q}{P}\right) = (-1)^{(P-1)/2 \cdot (Q-1)/2} \left(\frac{P}{Q}\right)$$

证明：设 $P = p_1 \cdots p_s$，$Q = q_1 \cdots q_r$，p_j, q_i 均为奇素数。由雅可比符号的定义及定理 3.2.6 可得

$$\left(\frac{Q}{P}\right) = \prod_{j=1}^{s}\left(\frac{Q}{p_j}\right) = \prod_{j=1}^{s}\prod_{i=1}^{r}\left(\frac{q_i}{p_j}\right) = \prod_{j=1}^{s}\prod_{i=1}^{r}\left(\frac{p_j}{q_i}\right)(-1)^{(p_j-1)/2 \cdot (q_i-1)/2}$$

$$= \left\{\prod_{j=1}^{s}\prod_{i=1}^{r}\left(\frac{p_j}{q_i}\right)\right\}\left\{\prod_{j=1}^{s}\prod_{i=1}^{r}(-1)^{(p_j-1)/2 \cdot (q_i-1)/2}\right\}$$

$$= \left(\frac{P}{Q}\right)\prod_{j=1}^{s}(-1)^{(p_j-1)/2 \cdot \sum_{i=1}^{r}(q_i-1)/2} = \left(\frac{P}{Q}\right)(-1)^{\sum_{j=1}^{s}(p_j-1)/2 \cdot \sum_{i=1}^{r}(q_i-1)/2}$$

根据引理 3.2.1 可知

$$\frac{Q-1}{2} \equiv \frac{q_1-1}{2} + \cdots + \frac{q_r-1}{2} (\mathrm{mod}\, 2)$$

$$\frac{P-1}{2} \equiv \frac{p_1-1}{2} + \cdots + \frac{p_s-1}{2} (\mathrm{mod}\, 2)$$

因此有

$$\left(\frac{Q}{P}\right) = \left(\frac{P}{Q}\right)(-1)^{\sum\limits_{j=1}^{s}(p_j-1)/2 \cdot \sum\limits_{i=1}^{r}(q_i-1)/2} = \left(\frac{P}{Q}\right)(-1)^{(P-1)/2 \cdot (Q-1)/2} \qquad \square$$

以上这些性质表明，为了计算雅可比符号(或其特殊情形勒让德符号)，并不需要计算出素因子分解式。

例 3.2.6 计算勒让德符号 $\left(\dfrac{105}{317}\right)$。

解：将 $\left(\dfrac{105}{317}\right)$ 视作雅可比符号，根据定理 3.2.9 可得

$$\left(\frac{105}{317}\right) = \left(\frac{317}{105}\right) = \left(\frac{2}{105}\right) = 1$$

应该强调的是，雅可比符号 $\left(\dfrac{a}{P}\right) = -1$ 可以确定二次同余方程一定无解，但是雅可比符号 $\left(\dfrac{a}{P}\right) = 1$ 并不表示二次同余方程

$$x^2 \equiv a(\mathrm{mod}\, P)$$

一定有解。例如，奇素数 $p \equiv -1(\mathrm{mod}\, 4)$，取 $P = p^2$ 时总有 $\left(\dfrac{-1}{P}\right) = \left(\dfrac{-1}{p^2}\right) = 1$，但是

$$x^2 \equiv -1(\mathrm{mod}\, p)$$

无解，当然

$$x^2 \equiv -1(\mathrm{mod}\, p^2)$$

也无解。

要判断方程 $x^2 \equiv a(\mathrm{mod}\, P)$ 一定有解，则要求雅可比符号的分解式

$$\left(\frac{a}{P}\right) = \left(\frac{a}{p_1}\right) \cdots \left(\frac{a}{p_l}\right)$$

中所有的勒让德符号都等于 1。

根据勒让德符号和雅可比符号的二次互反律，可得出算法 3.2.1。

算法 3.2.1 雅可比符号（或勒让德符号）的计算 $\left(\dfrac{a}{P}\right)$。

输入：奇整数 $P \geqslant 3$，整数 a，且 $0 \leqslant a < P$。

输出：雅可比符号 $\left(\dfrac{a}{P}\right)$（当 P 为素数时，也就是勒让德符号）。

1. 如果 $a = 0$，则返回 (0)。

2. 如果 $a = 1$，则返回 (1)。

3. 令 $a = 2^e a_1$，其中 a_1 为奇数。

4. 如果 e 是偶数，则令 $s = 1$。否则如果 $P \equiv 1$ 或 $7(\bmod 8)$，则令 $s \leftarrow 1$；如果 $P \equiv 3$ 或 $5(\bmod 8)$，则令 $s \leftarrow -1$。

5. 如果 $P \equiv 3(\bmod 4), a_1 \equiv 3(\bmod 4)$，则令 $s \leftarrow -s$。

6. 令 $P_1 \leftarrow P \bmod a_1$。

7. 如果 $a_1 = 1$，则返回 (s)；否则返回 $s \cdot \left(\dfrac{P_1}{a_1}\right)$。

3.3　模 p 的平方根

设 p 为奇素数，对于任意给定的整数 a，利用高斯互反律可以快速地判断 a 是否为模 p 的平方剩余，即二次同余方程

$$x^2 \equiv a(\bmod p) \tag{3.16}$$

是否有解，也就是解决了解的存在性判定问题。本节讨论如何求二次同余方程(3.16)的解。

事实上，如果能找到奇数 k，使得 $a^k \equiv 1(\bmod p)$，则有

$$(a^{(k+1)/2})^2 \equiv a \cdot a^k \equiv a(\bmod p)$$

因此，方程(3.16)的解为

$$x \equiv \pm a^{(k+1)/2}(\bmod p)$$

更一般地，如果能找到整数 b、$2m$ 和奇数 k，使得 $b^{2m} \cdot a^k \equiv 1(\bmod p)$，则

$$x \equiv \pm b^m a^{(k+1)/2}(\bmod p)$$

是方程(3.16)的解。

当 $p \equiv 3(\bmod 4)$ 时，设 $p = 4k + 3$，则由定理 3.2.3 可知，a 是模 p 的二次剩余当且仅当 $a^{\frac{p-1}{2}} \equiv 1(\bmod p)$，即 $a^{2k+1} \equiv 1(\bmod p)$，因此 $x \equiv \pm a^{\frac{2k+2}{2}} \equiv \pm a^{k+1} \equiv \pm a^{\frac{p+1}{4}}(\bmod p)$ 为方程(3.16)的解。具体算法如算法 3.3.1 所示。

算法 3.3.1　当 $p \equiv 3(\bmod 4)$ 时求解模 p 的平方根。

输入：奇素数 p，$p \equiv 3(\bmod 4)$，平方数 a，且 a 是模 p 的二次剩余。

输出：a 模 p 的两个平方根。

1. 计算 $r = a^{(p+1)/4} \bmod p$（算法 2.2.2）。

2. 返回 $(r, -r)$。

当 $p \equiv 5(\bmod 8)$ 时，设 $p = 8k + 5$，由定理 3.2.5 可知，2 是模 p 的二次非剩余。由定理 3.2.3 可知 $2^{\frac{p-1}{2}} \equiv 2^{4k+2} \equiv 1(\bmod p)$。同样由定理 3.2.3 可知，若 $a^{\frac{p-1}{2}} \equiv a^{4k+2} \equiv 1(\bmod p)$，则 a 是模 p

的二次剩余，方程(3.16)有解。

计算 $u \equiv a^{\frac{p-1}{4}} \equiv 2^{2k+1} (\bmod p)$，则 $u \equiv \pm 1 (\bmod p)$。如果 $u \equiv 1 (\bmod p)$，则 $x \equiv \pm a^{\frac{2k+2}{2}} \equiv$

$\pm a^{k+1} \equiv \pm a^{\frac{p+3}{8}} (\bmod p)$ 为方程(3.16)的解。如果 $u \equiv -1 (\bmod p)$，则有 $a^{2k+1} \cdot 2^{4k+2} \equiv 1 (\bmod p)$，

因此 $x \equiv \pm 2^{2k+1} \cdot a^{k+1} \equiv \pm 2^{\frac{p-1}{4}} \cdot a^{\frac{p+3}{8}} (\bmod p)$，是方程(3.16)的解。具体如算法 3.3.2 所示。

算法 3.3.2 当 $p \equiv 5 (\bmod 8)$ 时求解模 p 的平方根。

输入：奇素数 p，$p \equiv 5 (\bmod 8)$，平方数 a，$a \in Q_p$。

输出：a 模 p 的两个平方根。

1. 计算 $u = a^{(p-1)/4} (\bmod p)$（算法 2.2.2）。

2. 如果 $u=1$，则计算 $r = a^{(p+3)/8} (\bmod p)$。

3. 若 $u=-1$，则计算 $r = 2a \cdot (4a)^{(p-5)/8} (\bmod p)$。

返回 $(r, -r)$。

对于其他的奇素数 p，可采用算法 3.3.3 来计算模 p 的平方根。

算法 3.3.3 求模素数 p 的平方根。

输入：奇素数 p 和整数 a，$1 \leqslant a \leqslant p-1$。

输出：若 a 是 p 的二次剩余，a 模 p 的两个平方根。

1. 用算法 2.4.1 计算勒让德符号 $\left(\dfrac{a}{p} \right)$，如果 $\left(\dfrac{a}{p} \right) = -1$ 则返回（a 是模 p 的二次非剩余）

并终止。

2. 选择整数 b，$1 \leqslant b \leqslant p-1$，$b$ 随机选择，直到 $\left(\dfrac{b}{p} \right) = -1$。（$b$ 是模 p 的二次非剩余）

3. 重复除 2，将 $p-1$ 写成 $p-1 = 2^s t$，这里 t 是奇数。

4. 用扩展欧几里得算法（算法 1.2.2）计算 $a^{-1} (\bmod p)$。

5. 令 $c \leftarrow b^t (\bmod p)$ 和 $r \leftarrow a^{(t+1)/2} (\bmod p)$（算法 2.2.2）。

6. 对于 i 从 1 到 $s-1$ 进行下述计算。

    6.1 计算 $u = (r^2 \cdot a^{-1})^{2^{s-i-1}} (\bmod p)$；

    6.2 如果 $u \equiv -1 (\bmod p)$，则设 $r \leftarrow r \cdot c (\bmod p)$；

    6.3 令 $c \leftarrow c^2 (\bmod p)$。

返回 $(r, -r)$。

算法 3.3.3 是一个随机化算法，因为步骤 2 中，二次非剩余 b 是随机选择的。现在还没有确定的多项式时间算法能够找到一个模素数 p 二次非剩余。

3.4 Rabin 公钥加密算法

Rabin 公钥加密算法与 RSA 公钥加密算法有些类似，它也选用了两个素数的乘积作为其模数，但其公钥和私钥与 RSA 有所不同。Rabin 公钥加密算法的密钥生成算法如算法 3.4.1 所示。

算法 3.4.1　Rabin 公钥加密的密钥生成。

概要：每个实体产生一个公钥和相应的私钥。

每个实体进行如下步骤：

1．生成两个大小差不多的素数 p 和 q 满足 $p \equiv q \equiv 3(\bmod 4)$。

2．计算 $n = pq$。

A 的公钥为 n，私钥为 (p, q)。

Rabin 公钥加密算法的加密/解密如算法 3.4.2 所示。

算法 3.4.2　Rabin 公钥加密和解密。

概要：B 为 A 加密消息 m，A 进行解密。

1．加密。B 进行如下步骤：

　　1.1　获得到 A 的认证的公钥 n；

　　1.2　把消息表示成 $\{0, 1, 2, \cdots, n-1\}$ 中的整数 m；

　　1.3　计算 $c = m^2(\bmod n)$；

　　1.4　发送密文 c 给 A。

2．解密。为了从 c 恢复出明文 m，A 进行如下步骤：

　　2.1　用扩展的欧几里得算法求整数 a 和 b，使得整数 a 和 b 满足 $ap + bq = 1$；（这可仅在密钥生成时计算，可用于每一次解密）

　　2.2　计算 $r = c^{(p+1)/4}(\bmod p)$；

　　2.3　计算 $s = c^{(p+1)/4}(\bmod q)$；

　　2.4　计算 $x = (aps + bqr)(\bmod n)$；

　　2.5　计算 $y = (aps - bqr)(\bmod n)$；

　　2.6　输出 $c(\bmod n)$ 的四个平方根为 $x, -x, y, -y$；

　　2.7　根据预先约定的消息冗余确定 $x, -x, y, -y$ 中正确明文。

Rabin 公钥加密算法的安全性基于计算模 n 的平方根问题的困难性，可以证明该困难问题与大整数分解困难问题是等价的。

3.5　本　章　小　结

本章主要介绍同余方程的求解问题。重点要掌握利用中国剩余定理求解一次同余方程组，利用勒让德符号判定模素数的二次同余方程是否有解，再利用求模 p 的平方根算法求解二次同余方程。

习　　题

1．通过直接计算求下列同余方程的解和解数：

(1) $x^5 - 3x^2 + 2 \equiv 0(\bmod 7)$；

(2) $3x^4 - x^3 + 2x^2 - 26x + 1 \equiv 0(\bmod 11)$；

(3) $3x^2 - 12x - 19 \equiv 0 (\bmod 28)$；

(4) $3x^2 + 18x - 25 \equiv 0 (\bmod 28)$；

(5) $x^2 + 8x - 13 \equiv 0 (\bmod 28)$；

(6) $4x^2 + 21x - 32 \equiv 0 (\bmod 141)$；

(7) $x^{26} + 7x^{21} - 5x^{17} + 2x^{11} + 8x^5 - 3x^2 - 7 \equiv 0 (\bmod 5)$；

(8) $5x^{18} - 13x^{12} + 9x^7 + 18x^4 - 3x + 8 \equiv 0 (\bmod 7)$。

2．求 $2^x \equiv x^2 (\bmod 3)$ 的解。

3．求解下列一元一次同余方程。

(1) $3x \equiv 2 (\bmod 7)$；

(2) $9x \equiv 12 (\bmod 15)$；

(3) $7x \equiv 1 (\bmod 31)$；

(4) $20x \equiv 4 (\bmod 30)$；

(5) $17x \equiv 14 (\bmod 21)$；

(6) $64x \equiv 83 (\bmod 105)$；

(7) $128x \equiv 833 (\bmod 1001)$；

(8) $987x \equiv 610 (\bmod 1597)$；

(9) $57x \equiv 87 (\bmod 105)$；

(10) $49x \equiv 5000 (\bmod 999)$。

4．求解下列一元一次同余方程。

(1) $x \equiv 1 (\bmod 4)$，$x \equiv 2 (\bmod 3)$，$x \equiv 3 (\bmod 5)$；

(2) $x \equiv 4 (\bmod 11)$，$x \equiv 3 (\bmod 17)$；

(3) $x \equiv 2 (\bmod 5)$，$x \equiv 1 (\bmod 6)$，$x \equiv 3 (\bmod 7)$，$x \equiv 0 (\bmod 11)$；

(4) $3x \equiv 1 (\bmod 11)$，$5x \equiv 7 (\bmod 13)$；

(5) $8x \equiv 6 (\bmod 10)$，$3x \equiv 10 (\bmod 17)$；

(6) $x \equiv 7 (\bmod 10)$，$x \equiv 3 (\bmod 12)$，$x \equiv 12 (\bmod 15)$；

(7) $x \equiv 6 (\bmod 35)$，$x \equiv 11 (\bmod 55)$，$x \equiv 2 (\bmod 33)$。

5．把同余方程化为同余方程组来解。

(1) $23x \equiv 1 (\bmod 140)$；

(2) $17x \equiv 229 (\bmod 1540)$。

6．证明：同余方程组 $x \equiv a_j (\bmod m_j)(j = 1, 2)$ 有解的充要条件是 $(m_1, m_2) \mid (a_1 - a_2)$，若有解则对模 $[m_1, m_2]$ 的解数为 1。

7．求模 $p = 13, 23, 37, 41$ 的二次剩余，二次非剩余。

8．在不超过 100 的素数 p 中，2 是哪些模 p 的二次剩余？-2 是哪些模 p 的二次剩余？

9．证明推论 3.2.1。

10．计算下列勒让德符号：

$$\left(\frac{13}{47}\right), \left(\frac{30}{53}\right), \left(\frac{71}{73}\right), \left(\frac{-35}{97}\right), \left(\frac{-23}{131}\right), \left(\frac{7}{223}\right), \left(\frac{-105}{223}\right), \left(\frac{91}{563}\right), \left(\frac{-70}{571}\right), \left(\frac{-286}{647}\right)。$$

11．证明定理 3.2.3 和定理 3.2.7。

12．判断下列同余方程是否有解：

(1) $x^2 \equiv 7(\mathrm{mod}\,227)$；

(2) $x^2 \equiv 11(\mathrm{mod}\,511)$；

(3) $11x^2 \equiv -6(\mathrm{mod}\,91)$；

(4) $5x^2 \equiv -14(\mathrm{mod}\,6193)$。

13．(1) 求以 -3 为其二次剩余的全体素数；

(2) 求以 ± 3 为其二次剩余的全体素数；

(3) 求以 ± 3 为其二次非剩余的全体素数；

(4) 求以 3 为其二次剩余、-3 为二次非剩余的全体素数；

(5) 求以 3 为其二次非剩余、-3 为二次剩余的全体素数；

(6) 求 $(100)^2 - 3, (150)^2 + 3$ 的素因数分解式。

14．求以 3 为其二次非剩余，2 为二次剩余的全体素数(即以 3 为正的最小二次非剩余的全体素数)。

15．证明下列形式的素数具有无穷多个：

(1) $8k-1, 8k+3, 8k-3$；

(2) $3k+1, 6k+1, 12k+7, 12k+1$。

16．编程实现勒让德符号和雅可比符号的计算算法。

17．编程实现计算模 p 的平方根。

18．编程实现中国剩余定理算法。

第4章 群

信息安全领域特别是密码学领域中运用了大量的代数系统的理论，如 AES、SM4 等分组密码算法是建立在有限域上的，椭圆曲线密码算法是建立在有限域上椭圆曲线上的点构成的加群上的。要理解这些代数系统的结构和性质，有必要对群、环、域等代数系统进行系统的学习。本章介绍有关群的概念和理论。

4.1 二 元 运 算

定义 4.1.1 设 A 为集合，一个映射 $f: A \times A \to A$ 称为集合 A 上的代数运算或二元运算。一个集合 A 上的二元运算必须满足以下条件：

(1) 可运算性，即 A 中的任何两个元素都可以进行这种运算；

(2) 单值性，即 A 中的任何两个元素的运算结果是唯一的；

(3) 封闭性，即 A 中的任何两个元素的运算结果都属于 A。

代数运算是一种特殊的映射。一个代数运算一般可用 "。"、"·"、"+"、"×" 符号来表示。假设 f 是集合 A 上的一个代数运算，$f(x, y) = z$，则可写成 $z = x \circ y$。

例 4.1.1 (1) 整数集合 $\mathbb{Z}$ 上的加法运算是代数运算，满足代数运算的 3 个性质。

(2) 自然数集合 $\mathbb{N}$ 上的减法运算不是代数运算，因为它不满足封闭性。

定义 4.1.2 设 "。" 是 A 上的代数运算，如果对于 A 中的任意三个元素 a, b, c 都有

$$(a \circ b) \circ c = a \circ (b \circ c)$$

则称 "。" 在集合 A 上满足结合律。

定义 4.1.3 设 "。" 是 A 上的代数运算，如果对于 A 中的任意两个元素 a, b，都有

$$a \circ b = b \circ a$$

则称 "。" 在集合 A 上满足交换律。

例 4.1.2 整数集合 $\mathbb{Z}$ 上的加法运算满足结合律和交换律，同样，整数集合 $\mathbb{Z}$ 上的乘法运算也满足结合律和交换律。

定义 4.1.4 设 "。" 和 "+" 是 A 上的两个代数运算，如果对于 A 中的任意三个元素 a, b, c 都有

$$a \circ (b + c) = a \circ b + a \circ c$$

$$(b + c) \circ a = b \circ a + c \circ a$$

则称 "。" 对 "+" 在集合 A 上满足分配律。

例 4.1.3 整数集合 $\mathbb{Z}$ 上的乘法对加法满足分配律，而加法对乘法不满足分配律。

4.2 群的定义和简单性质

群是最简单的代数结构，它只包含一个代数运算。本节介绍群的定义及其基本性质。

定义 4.2.1 设 G 是一个非空集合。如果在 G 上定义一个代数运算"$\circ$"，称为乘法，记为 $a \circ b$，或简记为 ab。称非空集合 G 对于上述乘法运算构成一个群，如果满足：

(1)结合律：对于任意三个元素 $a,b,c \in G$，都有 $(a \circ b) \circ c = a \circ (b \circ c)$；

(2)有单位元。即 G 中存在一个元素 e，满足对于任意 $a \in G$，有 $e \circ a = a \circ e = a$。这个元素称为 G 中的单位元。

(3)有逆元。即对于任意 $a \in G$，存在一个元素 $a^{-1} \in G$，使得 $a \circ a^{-1} = a^{-1} \circ a = e$。这个元素称为 a 的逆元。

例 4.2.1 (1)全体整数 $\mathbb{Z}$ 对于通常的加法构成一个群，这个群称为整数加群，在整数加群中，单位元是 0，a 的逆元是 $-a$；同样全体有理数集合 $\mathbb{Q}$，全体实数集合 $\mathbb{R}$，全体复数集合 $\mathbb{C}$ 对加法也构成群。

(2)全体非零实数 $\mathbb{R}^*$ 对于通常的乘法构成一个群，全体正实数 $\mathbb{R}^+$ 对于通常的乘法也构成一个群。

(3)模正整数 n 的最小非负完全剩余系 $\mathbb{Z}_n$，对于模 n 的加法构成一个群，这个群称为整数模 n 加群，其单位元为 0，a 的逆元是 $n-a$。

(4)元素在数域 P 中的全体 n 级可逆矩阵对于矩阵的乘法构成一个群，这个群记为 $GL_n(P)$，称为 n 级一般线性群。这个群当中的单位元为 n 级单位矩阵，每个矩阵的逆元为它的逆矩阵。$GL_n(P)$ 中全体行列式为 1 的矩阵对矩阵乘法也构成一个群(读者自行验证)，这个群记为 $SL_n(P)$，称为特殊线性群。

一般来说，验证一个集合对于某个运算构成一个群，首先验证该运算在集合上是否满足封闭性，然后再根据群的定义逐条验证。为了方便起见，在不产生歧义的情形下，均采用 ab 表示 $a \circ b$。

根据群的定义可以推导出群 G 的一些基本性质。

1. G 中存在唯一的元素 e，使得对于所有的 $a \in G$，有 $ea = ae = a$。

证明： 由群的定义可知，单位元 e 满足上述性质。假定还有另一个 e' 也满足上述性质，即

$$e'a = ae' = a$$

则有 $ee' = e = e'$。 $\square$

所以 G 中只有一个这样的 e。

2. 对于群 G 中的任意一元素 a，存在唯一元素 $b \in G$，使得 $ab = ba = e$。

证明： 由群的定义可知，对于任意一元素 $a \in G$，存在 G 中的一个元素是 a 的逆元，不妨设为 b。假定再有一个元素 c 也具有性质

$$ca = ac = e$$

则有

$$c = ce = c(ab) = (ca)b = eb = b$$ $\square$

这就证明了唯一性。

3．消去律。设 a,b,c 是群 G 中的任意三个元素，则

（1）若 $ab = ac$ ，则 $b = c$ ；

（2）若 $ba = ca$ ，则 $b = c$ 。

证明：假定 $ab = ac$ ，那么

$$a^{-1}(ab) = a^{-1}(ac)$$
$$(a^{-1}a)b = (a^{-1}a)c$$
$$eb = ec$$
$$b = c \qquad\qquad \square$$

同理，由 $ba = ca$ 可得 $b = c$ 。

4．对于群 G 中的任意元素 a,b ，方程

$$ax = b \text{ 和 } xa = b$$

在 G 中有唯一解。

证明：显然， $x = a^{-1}b$ 是方程 $ax = b$ 的解，因而有解。假设 x_1, x_2 是方程的两个解，则有

$$ax_1 = ax_2$$

根据消去律即可得 $x_1 = x_2$ 。这就证明了唯一性。同理可证，方程 $xa = b$ 在 G 中有唯一解。$\square$

5．对于群 G 中的任意元素 a,b ，都有

$$(ab)^{-1} = b^{-1}a^{-1}$$

证明：由于

$$abb^{-1}a^{-1} = b^{-1}a^{-1}ab = e$$

所以 $(ab)^{-1} = b^{-1}a^{-1}$ 。 $\square$

定理 4.2.1 设 G 为一非空集合， G 上乘法封闭且满足结合律。若对于任意 $a,b \in G$ ，方程

$$ax = b \text{ 和 } xa = b$$

在 G 中有解，则 G 是群。

证明：根据群的定义，需要证明 G 中存在单位元 e ，且对于任意 $a \in G$ ，存在逆元 $a^{-1} \in G$ ，使得 $aa^{-1} = a^{-1}a = e$ 。

由于 G 非空，根据已知条件，对于某个元素 $c \in G$ ，方程

$$xc = c$$

有解，不妨设解为 $x = e$ 。

对于任意 $a \in G$ ，方程

$$cx = a$$

有解，所以

$$ea = e(cx) = (ec)x = cx = a$$

又由于 $xa = e$ 有解，可知存在 $a' \in G$ ，使得 $a'a = e$ 。由于 $xa' = e$ 有解，可知存在 $a'' \in G$ 使得 $a''a' = e$ 。所以

$$(a''a')(aa') = e(aa') = (ea)a' = aa'$$

但是

$$(a''a')(aa') = a''[(a'a)a'] = a''a' = e$$

所以 $aa' = e$。

又因为

$$(aa')a = ea = a$$

$$(aa')a = a(a'a) = ae$$

所以 $ae = a$。因此，证明了 G 中存在单位元 e。

上述证明过程中，令 $a' = a^{-1}$，即证明了对于任意 $a \in G$，存在逆元 $a^{-1} \in G$，使得 $aa^{-1} = a^{-1}a = e$。 □

由上述定理的证明过程可知，在一个群 G 中单位元是唯一的，每个元素的逆元也是唯一的。

由于群中的运算满足结合律，因此对于 $a_1, a_2, \cdots, a_n \in G$

$$a_1 a_2 \cdots a_n$$

是有意义的。

据此，可在群中定义元素的方幂。

定义 4.2.2（元素的幂） 对于任意正整数 n，定义

$$a^n = \overbrace{aa \cdots a}^{n \uparrow}$$

即 n 个 a 连乘，称 a^n 为 a 的 n 次幂或 a 的 n 次方。

再约定

$$a^0 = e$$

$$a^{-n} = (a^{-1})^n$$

容易验证

$$a^n a^m = a^{m+n}$$

$$(a^n)^m = a^{mn}$$

定义 4.2.3（阿贝尔群） 如果群 G 上的乘法运算还满足交换律，即对于任意 $a, b \in G$ 都有 $ab = ba$，则称群 G 为交换群或阿贝尔群。此时也可把 "。" 表示成 "+"，同时把单位元 e 写成 0，a 的逆元写成 $-a$。

例 4.2.1 中的 (1)(2)(3) 中的群都是交换群，而 n 级一般线形群 $GL_n(P)$ 为非交换群。

对于加法群来说，其元素 a 的方幂可写成元素的倍数形式，即对于任意正整数 n，

$$na = \overbrace{a + a + \cdots + a}^{n \uparrow}$$

而且有

$$-(na) = n(-a)$$

$$na + ma = (n+m)a$$

$$m(na) = mna$$

一个群 G 中的元素的个数可以是有限的也可以是无限的。

定义 4.2.4　若群 G 中只含有有限个元素，则称群 G 为有限群；若群 G 中含有无限多个元素，则称群 G 为无限群。一个有限群 G 中的元素个数称为群的阶，记为 $|G|$。

例 4.2.1 中的 (1)、(2) 都是无限群，而整数模 n 加群 $\mathbb{Z}_n$ 为有限群，且 $|\mathbb{Z}_n| = n$。

定理 4.2.2　一个定义了乘法的有限集合 G，若其乘法在 G 中封闭，且满足结合律和消去律，则 G 是群。

证明：根据定理 4.2.1，只要证明对于任意 $a,b \in G$，方程

$$ax = b \text{ 和 } xa = b$$

在 G 中有解即可。

假定 G 中有 n 个元素，不妨设这 n 个元素为

$$a_1, a_2, \cdots, a_n$$

用 a 左乘所有的 a_i，可做成集合

$$G' = \{aa_1, aa_2, \cdots, aa_n\}$$

由于乘法在 G 上封闭，所以 $G' \subseteq G$。

但当 $i \neq j$ 的时候，$aa_i \neq aa_j$。否则由消去律可知，$a_i = a_j$，与假定不合。因此 G' 有 n 个不同的元素，所以有 $G' = G$。这样，对于方程中的 b，必然存在某个 k，使得 $b = aa_k$，也就是说方程 $ax = b$ 在 G 中有解。同理可证，方程 $xa = b$ 在 G 中也有解。

根据定理 4.2.1，G 是群。　　　　　　　　　　　　　　　　　　　　　　　　　　　　　□

例 4.2.2　取模 m 的最小非负简化剩余系，记为 $\mathbb{Z}_m^*$，其中元素个数为 $\varphi(m)$ 个，定义其上的乘法为模 m 的乘法。显然其乘法在 $\mathbb{Z}_m^*$ 上封闭，且满足结合律。由定理 2.2.6 可知，$\mathbb{Z}_m^*$ 中的元素均存在模 m 的乘法逆元。对于任意 $a,b,c \in \mathbb{Z}_m^*$，若

$$ab \equiv ac (\mathrm{mod}\, m)$$

则有

$$a^{-1}ab \equiv a^{-1}ac (\mathrm{mod}\, m)$$

即 $b \equiv c (\mathrm{mod}\, m)$。因此，模 m 的乘法在 $\mathbb{Z}_m^*$ 上满足消去律。根据定理 4.2.2，$\mathbb{Z}_m^*$ 是群。

4.3　子群、陪集

定义 4.3.1　如果群 G 的非空子集合 H 对于 G 中的运算也构成一个群，那么 H 称为 G 的子群，记为 $H \leqslant G$。

在群 G 中，仅有单位元素 e 构成的子集合 $\{e\}$ 和 G 本身显然都是 G 的子群。这两个子群称为 G 的平凡子群，其余的子群称为非平凡子群。

例 4.3.1　设 m 是一个正整数，在整数加群 $\mathbb{Z}$ 中所有 m 的倍数对于加法显然构成一个群，因而是 $\mathbb{Z}$ 的子群。这个子群记为 $m\mathbb{Z}$。

例 4.3.2　设 P 是一个数域。特殊线性群 $SL_n(P)$ 是一般线性群 $GL_n(P)$ 的子群。

例 4.3.3　设 G 是群，对于任意 $a \in G$，定义 $\langle a \rangle = \{a^i \mid i \in \mathbb{Z}\}$，则 $\langle a \rangle$ 是 G 的子群。

证明： 对于任意 $i,j \in \mathbb{Z}$ ，有 $a^i a^j = a^{i+j}$ ，所以 $\langle a \rangle$ 对于 G 中的乘法封闭。

乘法结合律在 $\langle a \rangle$ 显然成立。

设 e 是群 G 中的单位元。由于 $a^0 = e$ ，且对于任意 $i \in \mathbb{Z}$ ，有 $a^i a^0 = a^0 a^i = a^i$ ，所以 $\langle a \rangle$ 中存在单位元 $e = a^0$ 。

由任意 $a^i \in \langle a \rangle$ ，存在 $a^{-i} \in \langle a \rangle$ ，使得 $a^i a^{-i} = a^{-i} a^i = a^0$ ，所以 $\langle a \rangle$ 中任意元素又有逆元。

根据群的定义， $\langle a \rangle$ 是 G 的子群。　　　　　　　　　　　　　　□

实际上，证明 $H \subseteq G$ 是 G 的子群，并不需要逐条验证 H 满足群的定义。

定理 4.3.1 群 G 的非空集合 H 是一子群的充要条件是：对于任意 $a,b \in H$ ，有

$$ab^{-1} \in H$$

证明： 必要性是显然的。下证充分性。因为 H 非空，所以 H 中含有一个元素 a ，因此有

$$aa^{-1} = e \in H$$

由 $e,a \in H$ 可得 $a^{-1} = ea^{-1} \in H$ 。由 $a,b \in H$ 可得 $b^{-1} \in H$ ，从而有

$$ab = a(b^{-1})^{-1} \in H$$

这就证明了 H 是一个子群。　　　　　　　　　　　　　　□

例 4.3.4 设 G 是群，证明： G 中任意多个子群的交集也是 G 的子群。

证明： 设 $H_i \leqslant G, 1 \leqslant i \leqslant n$ ， n 是某个正整数。记 $\bigcap_{1 \leqslant i \leqslant n} H_i$ 为这 n 个子群的交集。

因为 $e \in H_i$ ，故 $\bigcap_{1 \leqslant i \leqslant n} H_i$ 非空。若 $a,b \in \bigcap_{1 \leqslant i \leqslant n} H_i$ ，则对于每一个指标 i ，有 $a,b \in H_i$ 。由 $H_i \leqslant G$ ，有 $ab^{-1} \in H_i$ ，故 $ab^{-1} \in \bigcap_{1 \leqslant i \leqslant n} H_i$ 。由定理 4.3.1 可得， $\bigcap_{1 \leqslant i \leqslant n} H_i$ 是群 G 的子群。　　□

定义 4.3.2 设 G 是群， S 是 G 的子集， G 中包含 S 的最小子群称为由 S 生成的子群，记为 $\langle S \rangle$ 。如果群 G 自身是由 S 生成的，则称 S 是 G 的一组生成元。如果 $G = \langle S \rangle$ ， S 是有限子集，则称群 G 是有限生成的。

事实上，根据例 4.3.4，所有包含 S 的子群的交集仍然是一个包含 S 的子群，显然这个交集包含在每一个包含 S 的子群当中，因而，它是最小的一个包含 S 的子群。对 S 中的任意元素 a ， a 和 a^{-1} 均属于 $\langle S \rangle$ ，从而对 $a_1, a_2, \cdots, a_m \in S \cup S^{-1}$ ，其中 $S^{-1} = \{a^{-1} \mid a \in S\}$ ，有 $a_1 a_2 \cdots a_m \in \langle S \rangle$ 。容易证明这种形式的元素的逆元仍然是这种形式的元素，这也是包含 S 的最小的子群。于是

$$\langle S \rangle = \{a_1 \cdots a_m \mid m \geqslant 0, a_i \in S \cup S^{-1}\}$$

其中，当 $m=0$ 时，理解为 $a_1 a_2 \cdots a_m = e$ 。

定义 4.3.3 设集合 A 上的一个二元关系 $\sim$ ，满足下列条件：

(1) 若 $a \in A$ ，则 $a \sim a$ ；（自反性）

(2) 若 $a,b \in A$ ， $a \sim b$ ，则 $b \sim a$ ；（对称性）

(3) 若 $a,b,c \in A$ ， $a \sim b, b \sim c$ ，则 $a \sim c$ ；（传递性）

那么称 $\sim$ 是集合 A 上的一个等价关系。

若 $\sim$ 是 A 上的一个等价关系， $a \in A$ ，则与 a 等价的所有元素组成的一个子集合称为 A 中由 a 确定的等价类，记为 $[a]$ 。

例 4.3.5　定理 2.1.2 表明，整数模 m 同余是整数集合 $\mathbb{Z}$ 上的一个等价关系。并且这个等价关系根据模 m 的余数不同将整数集合划分成 m 个互不相交的集合，这些集合是这个等价关系的等价类，又称为模 m 的剩余类。

设 G 是群，H 是群 G 的一个子群，在群 G 上定义关系 $\sim$ 如下：

$$a \sim b \text{ 当且仅当 } b^{-1}a \in H$$

(1) 对于任意 $a \in G$，$a^{-1}a = e \in H$，故 $a \sim a$；

(2) 若 $a \sim b$，则 $b^{-1}a \in H$，从而 $a^{-1}b = (b^{-1}a)^{-1} \in H$，故 $b \sim a$；

(3) 若 $a \sim b, b \sim c$，则 $b^{-1}a \in H, c^{-1}b \in H$，从而 $c^{-1}a \in H$，故 $a \sim c$。

因此 $\sim$ 是 G 上的一个等价关系，记为 R_H。

定义 4.3.4　设 H 是群 G 的一个子群。对于 G 中的任意元素 a，称集合

$$\{ah \mid h \in H\}$$

为 H 的一个左陪集，简记为 aH。因为 H 中有单位元素，所以 $a \in aH$。同样可以定义右陪集为

$$Ha = \{ha \mid h \in H\}$$

对于任意元素 $a \in G$，aH 与 H 中有相同的元素个数。因为对于任意 $h_1, h_2 \in H$，由 $ah_1 = ah_2$ 可推导出 $h_1 = h_2$。

定理 4.3.2　设 H 是 G 的子群，$a \in G$，则在等价关系 R_H 下，a 的等价类 $[a] = aH$。

证明：

$$\begin{aligned}
[a] &= \{b \mid b \sim a\} \\
&= \{b \mid a^{-1}b \in H\} \\
&= \{b \mid b \in aH\} \\
&= aH
\end{aligned}$$

□

定理 4.3.3　设 H 是群 G 的一个子群。H 的任意两个左陪集相等或者无公共元素。群 G 可以表示成若干个不相交的左陪集之并。

证明：设 aH, bH 是两个左陪集。假如它们由公共元素，即有 $h_1, h_2 \in H$，使得

$$ah_1 = bh_2$$

于是有 $a = bh_2h_1^{-1}$，其中 $h_2h_1^{-1} \in H$。由

$$ah = bh_2h_1^{-1}h \in bH$$

可知 $aH \subseteq bH$。同理可证，$bH \subseteq aH$，即有

$$aH = bH$$

这就证明了第一个结论。

因为 $a \in aH$，所以

$$G = \bigcup_{a \in G} aH$$

把其中重复出现的左陪集去掉，即可得

$$G = \bigcup_{\alpha} a_{\alpha}H$$

其中，当 $\alpha \neq \beta$ 时，有 $a_\alpha H \bigcap a_\beta H = \varnothing$。这就证明了第二点。　　　　　　□

例 4.3.6　设 m 是一个正整数，$m\mathbb{Z}$ 是整数加群 $\mathbb{Z}$ 一个子群。$m\mathbb{Z}$ 的所有加法陪集如下所示：

$$0 + m\mathbb{Z} = \{\cdots, -2m, -m, 0, m, 2m, \cdots\}$$

$$1 + m\mathbb{Z} = \{\cdots, -2m+1, -m+1, 1, m+1, 2m+1, \cdots\}$$

$$2 + m\mathbb{Z} = \{\cdots, -2m+2, -m+2, 2, m+2, 2m+2, \cdots\}$$

$$\vdots$$

$$(m-1) + m\mathbb{Z} = \{\cdots, -2m+(m-1), -m+(m-1), m-1, m+(m-1), 2m+(m-1), \cdots\}$$

事实上，$m\mathbb{Z}$ 的所有加法陪集恰好是模 m 的 m 个剩余类。这也符合定理 4.3.3 的结论。

定义 4.3.5　群 G 关于子群 H 的左陪集的个数称为 H 在 G 中的指数，记为 $[G:H]$。

推论 4.3.1(拉格朗日定理)　设群 G 是一个有限群，H 是群 G 的一个子群，则 H 的阶 $|H|$ 是群 G 的阶 $|G|$ 的因子，而且 $|G| = |H|[G:H]$。

证明：设 $|G| = n$，$|H| = m$，$[G:H] = t$。由定理 4.3.3 可知，G 可以表示成 H 的不相交的左陪集之并，即

$$G = a_1 H \bigcup \cdots \bigcup a_t H$$

又因为 $|a_i H| = |H| = m$，所以有 $n = mt$，即 $|G| = |H|[G:H]$。　　　　　　□

例 4.3.3 表明，群 G 中的任意一个元素 a，a 的全体方幂构成的集合 $\langle a \rangle = \{a^i \mid i \in \mathbb{Z}\}$，对于群 G 中的乘法构成子群，这个子群称为由 a 生成的子群。

定义 4.3.6　对于群 G 当中的任一元素 a，若存在正整数 k，使得

$$a^k = e$$

那么，称满足上式的最小正整数 k 为元素 a 的阶，记为 $o(a)$。等价地，a 生成的子群的阶也为 $o(a)$。若不存在上述的正整数 k，则称 a 是无限阶元，记 $o(a) = \infty$。

例 4.3.7　求 $\mathbb{Z}_{21}^*$ 中所有元素的阶。

解：$\mathbb{Z}_{21}^* = \{1, 2, 4, 5, 8, 10, 11, 13, 16, 17, 19, 20\}$，通过简单的计算可知

$a \in \mathbb{Z}_{21}^*$	1	2	4	5	8	10	11	13	16	17	19	20
a 的阶	1	6	3	6	2	6	6	2	3	6	6	2

由拉格朗日定理可得以下结论。

推论 4.3.2　设 G 是一个有限群，则 G 中每一个元素的阶一定是 $|G|$ 的因子。设 $|G| = n$，对于 G 中的每一个元素 a，有

$$a^n = e$$

推论 4.3.3(欧拉定理)　设 m 是正整数，$\varphi(m)$ 为 m 的欧拉函数，$r \in \mathbb{Z}_m$，若 $(r, m) = 1$，则

$$r^{\varphi(m)} \equiv 1 \pmod{m}$$

证明：根据例 4.2.2，$r \in \mathbb{Z}_m^*$，$|\mathbb{Z}_m^*| = \varphi(m)$。根据推论 4.3.2，有 $r^{\varphi(m)} \equiv 1 \pmod{m}$。　　□

4.4　正规子群、商群和同态

定义 4.4.1　若 H 是 G 的子群，且对于任意元素 $a \in G$，均有 $aH = Ha$，则称 H 是 G 的正规子群，记为 $H \triangleleft G$。

根据定义，显然有交换群的所有子群都是正规子群。因为整数加法群 $\mathbb{Z}$ 是交换群，所以它的子群 $m\mathbb{Z}$ 是 $\mathbb{Z}$ 的正规子群。

例 4.4.1　设 N 是群 G 中所有满足下列条件的元素构成的集合：

$$na = an, \forall a \in G$$

那么 N 是 G 的正规子群，这个正规子群称为 G 的中心。

证明：因为 $\forall a \in G$，有 $ea = ae$，所以 $e \in N$，N 非空。又 $\forall n_1, n_2 \in N$，有

$$n_1 a = an_1, n_2 a = an_2 \Rightarrow an_2^{-1} = n_2^{-1}a \Rightarrow n_1 n_2^{-1} a = n_1 a n_2^{-1} = an_1 n_2^{-1}$$

根据定理 4.4.1，有 N 是 G 的子群。由 G 的每一个元素可以同 N 中的每一个元素交换，所以显然有 $Na = aN$，即 N 是 G 的正规子群。　□

定理 4.4.1　设 H 是 G 的子群，$a \in G$。令 $a^{-1}Ha = \{a^{-1}ha \mid h \in H\}$，则下列条件等价：

(1) H 是 G 的正规子群；

(2) $\forall a \in G$，$h \in H$，有 $a^{-1}ha \in H$；

(3) $\forall a \in G$，$a^{-1}Ha \subseteq H$；

(4) $\forall a \in G$，$a^{-1}Ha = H$。

证明：

(1) $\Rightarrow$ (2)：H 是 G 的正规子群，所以 $\forall a \in G$，有 $aH = Ha$。故 $\forall h \in H$，$ha \in Ha = aH$，从而存在 $h' \in H$ 使得 $ha = ah'$，即 $a^{-1}ha = h' \in H$。

(2) $\Rightarrow$ (3)：显然。

(3) $\Rightarrow$ (4)：$\forall a \in G$，有 $a^{-1}Ha \subseteq H$。同样，$\forall a^{-1} \in G$，也有 $(a^{-1})^{-1}Ha^{-1} \subseteq H$，此即 $aHa^{-1} \subseteq H$，从而可得 $H \subseteq a^{-1}Ha$。因此，$a^{-1}Ha = H$。

(4) $\Rightarrow$ (1)：$Ha = aa^{-1}Ha = aH$。　□

定理 4.4.2　设 H 是 G 的正规子群，记 $G/H = \{aH \mid a \in G\}$，在集合 G/H 上定义运算：

$$(aH) \cdot (bH) = (ab)H$$

则上述定义的运算给出了 G/H 上的一个乘法，且 G/H 在这个乘法下构成群。

证明：首先，要证明定理中定义的运算不依赖陪集代表元的选择，即要证明当 $a_1 H = a_2 H$，$b_1 H = b_2 H$ 时，有 $(a_1 b_1)H = (a_2 b_2)H$。

由于 $a_1 H = a_2 H$，$b_1 H = b_2 H$，故 $a_2^{-1}a_1 \in H$，$b_2^{-1}b_1 \in H$，而

$$(a_2 b_2)^{-1}(a_1 b_1) = b_2^{-1}a_2^{-1}a_1 b_1 = (b_2^{-1}b_1)(b_1^{-1}(a_2^{-1}a_1)b_1)$$

因为 H 是正规子群，所以 $b_1^{-1}(a_2^{-1}a_1)b_1 \in H$，从而 $(a_2 b_2)^{-1}(a_1 b_1) \in H$，即有 $(a_1 b_1)H = (a_2 b_2)H$。

其次证明 G/H 上在该乘法下构成群。

(1) 结合律显然满足；

(2) $\forall aH \in G/H$，存在 eH，使得 $eH \cdot aH = aH \cdot eH = aH$，即 eH 是 G/H 中的单位元。

(3) $\forall aH \in G/H$，则 $a^{-1}H \in G/H$，且 $a^{-1}H \cdot aH = (a^{-1}a)H = eH$，即 aH 的逆元是 $a^{-1}H$。

综上所述，G/H 所述在定理中所定义的乘法下构成群。　　　　　　　　□

定义 4.4.2　群 G/H 称为 G 关于正规子群 H 的商群。

例 4.4.2　对于正整数 m，$m\mathbb{Z}$ 是整数加法群 $\mathbb{Z}$ 的正规子群，其所有加法陪集为

$$r + m\mathbb{Z} = \{mk + r \mid k \in \mathbb{Z}\}, 0 \leqslant r < m$$

可分别用[0]，[1]，$\cdots$，[m-1]表示这 m 个陪集。$\mathbb{Z}/m\mathbb{Z} = \{[0],[1],\cdots,[m-1]\}$。定义加法

$$[a] + [b] = [(a+b)(\bmod m)]$$

显然，在这个运算下，$\mathbb{Z}/m\mathbb{Z}$ 构成一个加群。由于[a]又表示 a 这个整数所在的剩余类，因此，$\mathbb{Z}/m\mathbb{Z}$ 又称为剩余类群。

为了研究群与群之间的关系，引入同态和同构的概念。

定义 4.4.3　设 G 和 G' 是两个群。f 是群 G 到群 G' 的一个映射。如果 $\forall a,b \in G$，映射 f 满足

$$f(ab) = f(a)f(b)$$

则称 f 是群 G 到群 G' 的一个同态映射。当该映射是满射时，称 f 是群 G 到群 G' 的一个满同态映射。若该映射是一一映射，则称 f 是群 G 到群 G' 的一个同构映射。若群 G 和群 G' 之间存在同态(同构)映射，则称群 G 和群 G' 同态(同构)。用符号 $G \cong G'$ 表示群 G 和群 G' 同构。G 到 G 自身的同构称为内自同构。

在满同态映射下，单位元映射到单位元，逆元映射到映射象的逆元。

例 4.4.3　试证明整数加法群 $\mathbb{Z}$ 与商群 $\mathbb{Z}/m\mathbb{Z}$ 同态。

证明： 定义映射 $f: \mathbb{Z} \to \mathbb{Z}/m\mathbb{Z}$ 为，$\forall a \in \mathbb{Z}$，

$$f(a) = [a]$$

显然，这是一个满射。根据对于 $\mathbb{Z}$ 中任意两个整数 a,b，有

$$f(a+b) = [a+b] = [a] + [b]$$

所以，f 是整数加法群 $\mathbb{Z}$ 到商群 $\mathbb{Z}/m\mathbb{Z}$ 的一个同态映射，即整数加法群 $\mathbb{Z}$ 与商群 $\mathbb{Z}/m\mathbb{Z}$ 同态。

实际上，对于一般的群和商群之间有以下关系成立。

定理 4.4.3（自然同态）　一个群 G 与它的每一个商群 G/H 同态。

证明： 设 H 是 G 的正规子群。定义映射 $\varphi: G \to G/H$ 为

$$\varphi(a) = aH$$

根据定理 4.4.2 很容易证明这个结论。　　　　　　　　□

上述定理证明过程中定义的映射 φ 为群 G 到它的商群的自然同态。

定义 4.4.4　设 f 是群 G 到群 G' 的一个同态映射，称 $f(G) = \{f(a) \mid a \in G\}$ 为同态 f 的象。对于任意 $a' \in G'$，集合：

$$\{a \in G \mid f(a) = a'\}$$

称为元素 a' 的完全逆象，记为 $f^{-1}(a')$。单位元素 $e' \in G'$ 的完全逆象 $f^{-1}(e')$ 称为同态 f 的核，记为 $\ker(f)$。

显然 $f(G)$ 是 G' 的一个子群。自然同态的核为正规子群 H。

定理 4.4.4(群同态基本定理)　设 f 是群 G 到群 G' 的一个满同态映射，N 为 f 的核，则 N 是 G 的一个正规子群，且

$$G / N \cong G'$$

证明：设 e 是群 G 的单位元，e' 是群 G' 的单位元。又设 $a, b \in N$，则有 $f(a) = f(b) = e'$。因此 $f(ab^{-1}) = f(a)f(b^{-1}) = e'(e')^{-1} = e'$。也就是说

$$a, b \in N \Rightarrow ab^{-1} \in N$$

即 N 是 G 的子群。又 $\forall c \in G, a \in N$，

$$f(cac^{-1}) = f(c)e'(f(c))^{-1} = e'$$

也就是说

$$\forall c \in G, a \in N \Rightarrow cac^{-1} \in N$$

所以 N 是 G 的正规子群。

定义 $\psi : G / N \to G'$ 为

$$\psi(aN) = f(a)$$

这个映射就是 G / N 与 G' 之间的同构映射。因为：

(1) $aN = bN \Rightarrow b^{-1}a \in N \Rightarrow e' = f(b^{-1}a) = (f(b))^{-1}f(a) \Rightarrow f(a) = f(b)$，这就是说，在 ψ 之下 G / N 的一个元素只有唯一的象。

(2) 给定 G' 中的任意一个元素 a'，在 G 中至少有一个元素 a 满足 $f(a) = a'$，则有

$$\psi(aN) = f(a) = a'$$

也就是说，ψ 是 G / N 到 G' 的满射。

(3) $aN \neq bN \Rightarrow b^{-1}a \notin N \Rightarrow (f(b))^{-1}f(a) \neq e' \Rightarrow f(a) \neq f(b)$。这说明 ψ 是单射。

(4) $aNbN = abN \Rightarrow \psi(aNbN) = \psi(abN) = f(ab) = f(a)f(b) = \psi(aN)\psi(bN)$。

综上所述，有 $G / N \cong G'$。　　　　　　　　　　　　　□

例 4.4.4　试证明 $\mathbb{Z} / m\mathbb{Z} \cong \mathbb{Z}_m$。

证明：定义映射 $f : \mathbb{Z} \to \mathbb{Z}_m$ 为，$\forall a \in \mathbb{Z}$，

$$f(a) = a(\bmod m)$$

显然，这是一个满射。根据余数的可加性，对于 $\mathbb{Z}$ 中任意两个整数 a, b，有

$$f(a+b) = (a+b)(\bmod m) = a(\bmod m) + b(\bmod m) = f(a) + f(b)$$

所以，f 是 $\mathbb{Z}$ 到 $\mathbb{Z}_m$ 的一个同态映射。

考察映射 f 的核 $\ker(f)$。$\forall a \in \ker(f)$，有

$$f(a) = a(\bmod m) = 0(\bmod m)$$

即 $a \equiv 0(\bmod m)$，因此有 $a \in m\mathbb{Z}$。显然，$m\mathbb{Z}$ 中任意元素在映射 f 的作用下都映射为 $\mathbb{Z}_m$ 中的零元。所以有 $\ker(f) = m\mathbb{Z}$。

根据定理 4.4.4，有 $\mathbb{Z} / m\mathbb{Z} \cong \mathbb{Z}_m$。　　　　　　　　　　　　　□

4.5 循 环 群

循环群在密码学应用到中起着重要的作用。本节介绍循环群的相关性质以及生成元的寻找算法等。

由例 4.3.3 可知，对于群 G 中的任意一个元素 a，集合 $\langle a \rangle = \{a^i \mid i \in \mathbb{Z}\}$ 是 G 子群。

定义 4.5.1 设 G 是一个群，若存在一个元素 $a \in G$，使得 $G = \langle a \rangle$，则称 G 为循环群。元素 a 称为 G 的生成元。若 $o(a) = \infty$，G 称为无限循环群；若 $o(a) = n$，n 是某个正整数，则 G 称为有限循环群。

例 4.5.1 (1) 整数加法群 $\mathbb{Z}$ 是循环群，其生成元为 1 或–1。

(2) 模整数 m 剩余类加群 $\mathbb{Z}_m$ 是循环群，其生成元为 [1]。

定理 4.5.1 设 $G = \langle a \rangle$ 是无限循环群，则 G 只有两个生成元为 a 和 a^{-1}。

证明： 因为 $a = (a^{-1})^{-1} \in \langle a^{-1} \rangle$，故 a 和 a^{-1} 都是 G 的生成元。假设 $k \in \mathbb{Z}$，a^k 是 G 的生成元，即 $G = \langle a^k \rangle$，则 $a \in G = \langle a^k \rangle$，这样存在整数 m，使得 $a = (a^k)^m = a^{mk}$，而 $o(a) = \infty$，所以 $mk = 1$，$k = \pm 1$。因此，G 只有两个生成元为 a 和 a^{-1}。 □

设 $G = \langle a \rangle$ 是 n 阶循环群，则群 G 中的元素都是 a^k 的形式，其中 $1 \leq k \leq n$。a^k 是 G 的生成元当且仅当 a^k 的阶为 n。定理 4.5.1 给出了 a^k 是 G 的生成元的充要条件。

定理 4.5.2 设 $G = \langle a \rangle$ 是 n 阶循环群，a^k 是 G 的生成元的充要条件是 $(k, n) = 1$。

要证明定理 4.5.2，首先要证明以下两个引理。

引理 4.5.1 设 a 是群 G 中的一个有限阶元素，$o(a) = n$，则对于任意正整数 m，$a^m = e$ 当且仅当 $n \mid m$。

证明： 充分性：假设 $n \mid m$，则存在整数 t，使得 $m = nt$，所以 $a^m = a^{nt} = (a^n)^t = e^t = e$。

必要性：$a^m = e$。不妨设 $m = nq + r$，其中 q, r 为非负整数，$0 \leq r < n$，那么有

$$e = a^m = a^{nq+r} = (a^n)^q a^r = a^r$$

但是由于 $0 \leq r < n$，根据定义 4.3.5 有 $r = 0$。因此有 $n \mid m$。 □

引理 4.5.2 设 a 是群 G 中的一个有限阶元素，$o(a) = n$，则对于任意正整数 k，a^k 的阶为 $\dfrac{n}{(k, n)}$。

证明： 令 $d = (k, n)$。显然有

$$(a^k)^{\frac{n}{d}} = a^{\frac{nk}{d}} = (a^n)^{\frac{k}{d}} = e$$

设 l 是 a^k 的阶，那么由引理 4.5.1 可知

$$l \,\bigg|\, \frac{n}{d} \tag{4.1}$$

又有

$$a^{kl} = (a^k)^l = e$$

仍由引理 4.5.1 可知 $n \mid kl$，但是 $d \mid n, d \mid k$，所以

$$\frac{n}{d}\left|\frac{k}{d}l\right.$$

又

$$\left(\frac{n}{d},\frac{k}{d}\right)=1$$

所以有

$$\frac{n}{d}\left|l\right. \tag{4.2}$$

由式 (4.1) 和式 (4.2) 可得 $l=\dfrac{n}{d}$，即 $l=\dfrac{n}{(k,n)}$。 $\qquad\square$

根据引理 4.5.2 的结论，很容易得出定理 4.5.2 的结论。根据定理 4.5.2，n 阶循环群 $G=\langle a\rangle$ 的生成元的个数为 $\varphi(n)$。

根据定理 4.5.2 可知，模整数 m 的剩余类加群 $\mathbb{Z}_m$ 中的生成元有 $\varphi(m)$ 个，其生成元 a 满足 $(a,m)=1$。

定义 4.5.2　设 $\alpha\in\mathbb{Z}_m^*$，若 α 的阶为 $\varphi(m)$，则 α 称为 $\mathbb{Z}_m^*$ 的生成元或原根。

如果 $\mathbb{Z}_m^*$ 有一个生成元 α，则 $\mathbb{Z}_m^*$ 是循环群，且 $\mathbb{Z}_m^*=\{\alpha^i(\mathrm{mod}\,m)\,|\,0\leqslant i\leqslant\varphi(n)-1\}$。

根据定理 4.5.2，α 为 $\mathbb{Z}_m^*$ 的一个生成元，则 $\beta=\alpha^i(\mathrm{mod}\,m)$ 为 $\mathbb{Z}_m^*$ 的生成元当且仅当 $(i,\varphi(m))=1$。由此可知，若 $\mathbb{Z}_m^*$ 为循环的，则生成元的个数为 $\varphi(\varphi(m))$。

定理 4.5.3　$\mathbb{Z}_m^*$ 有生成元当且仅当 $m=2,4,p^k,2p^k$ 时，这里 p 为一个奇素数，且 $k\geqslant1$。特别地，如果 p 为一素数，则 $\mathbb{Z}_p^*$ 有生成元。

该定理的证明超出了本书的范围，有兴趣的读者可以参阅相关文献。

例 4.5.2　(1) $\mathbb{Z}_{21}^*$ 不是循环的，因为 $\mathbb{Z}_{21}^*$ 中没有一个元素的阶为 $\varphi(21)=12$（参考例 4.4.7），注意到 21 不满足定理 4.5.3 的条件。

(2) $\mathbb{Z}_7^*$ 是循环的，$\varphi(7)=6$ 有生成元 $\alpha=5$。

$$\mathbb{Z}_7^*=\{1=5^6,2=5^4,3=5^5,4=5^2,5=5^1,6=5^3\}_{\mathrm{mod}\,7}$$

定理 4.5.4　循环群的子群是循环群。循环群的商群也是循环群。

证明：设 $G=\langle a\rangle$ 是循环群，H 是 G 的子群，不妨设 $H\neq\{e\}$。在自然数 $\mathbb{N}$ 的子集

$$S=\{s\in\mathbb{N}\,|\,a^s\in H\}$$

中，注意到 $a^s\in H\Leftrightarrow(a^s)^{-1}=a^{-s}\in H$，可知 S 是非空集合。取 S 中的最小元素 d，可断言 $H=\langle a^d\rangle$。

事实上，任取 $a^t\in H$，不妨设 $t\geqslant0$。令 $t=dq+r,0\leqslant r<d,q\in\mathbb{Z}$。于是有

$$a^r=a^{t-dq}=a^t(a^d)^{-q}\in H$$

根据 d 的极小性，$r=0$。因此有 $t=dq$，$a^t=(a^d)^q\in\langle a^d\rangle$，故 $H=\langle a^d\rangle$ 是个循环群。

容易验证 aH 是商群 G/H 的生成元，证明留给读者。 $\qquad\square$

在实际应用当中，经常需要去确定群中某个元素的阶。根据推论 4.4.2，群中元素的阶必

须整除群的阶。对于给定的群，如果群的阶 n 的素因子分解已知，则算法 4.5.1 是确定群中元素的阶的有效方法。推论 4.4.2 保证了算法的正确性。

算法 4.5.1 确定群中一个元素的阶。

输入：n 阶有限群 G，元素 $a \in G$，n 的因子分解 $n = p_1^{e_1} p_2^{e_2} \cdots p_k^{e_k}$。

输出：a 的阶。

1. 令 $t \leftarrow n$。

2. 对 i 从 1 到 k 执行如下计算：

    2.1 令 $t \leftarrow t / p_i^{e_i}$；

    2.2 计算 $a_1 \leftarrow a^t$；

    2.3 当 $a_1 \neq 1$ 时进行如下计算：计算 $a_1 \leftarrow a_1^{p_i}$ 和 $t \leftarrow t \cdot p_i$。

3. 返回（t）。

对于循环群，如果其生成元确定了，就很容易刻画这个群的结构。这也是实际应用当中经常要解决的问题。假设 G 是一个阶为 n 的循环群，则对于 n 的任何因子 d，G 中阶为 d 的元素个数为 $\varphi(d)$，这里的函数 φ 是欧拉函数。特别地，G 有 $\varphi(n)$ 个生成元，因此 G 中的一个随机元素是生成元的概率是 $\varphi(n) / n$。算法 4.5.2 给出了求循环群生成元的有效随机算法。

算法 4.5.2 寻找循环群的生成元。

输入：n 阶循环群 G，n 的素因子分解 $n = p_1^{e_1} p_2^{e_2} \cdots p_k^{e_k}$。

输出：G 的一个生成元 α。

1. 随机选择一个 G 中的元素 α。

2. 对 i 从 1 到 k 执行如下计算：

    2.1 计算 $b \leftarrow \alpha^{n/p_i}$；

    2.2 如果 $b = 1$ 则转到步骤 1。

3. 返回（α）。

实际上，认识了整数加群和整数模 m 的剩余类加群，即了解了所有的循环群。

定理 4.5.5 设 $G = \langle a \rangle$ 是循环群，有

(1) 若 a 的阶是无限，则 G 与整数加群 $\mathbb{Z}$ 同构；

(2) 若 a 的阶是某个正整数 m，则 G 与整数模 m 的剩余类加群同构。

证明： 定义 $f : \mathbb{Z} \to G$ 为 $f(k) = a^k$，则 f 是个满射。又对于任意整数 $l, n \in \mathbb{Z}$，有

$$f(l+n) = a^{l+n} = a^l a^n = f(l) f(n)$$

故 f 是个群同态。

(1) 若 $o(a) = \infty$，$n \in \ker f$，则 $f(n) = a^n = e$，故 $n = 0$，即 $\ker f = \{0\}$。根据定理 4.4.4，有

$$\mathbb{Z} = \mathbb{Z} / \{0\} \cong G$$

(2) 若 $o(a) = m$，$n \in \ker f$，则 $f(n) = a^n = e$。设

$$n = qm + r, \ 0 \leq r < m$$

则 $e = a^n = (a^m)^q a^r = a^r$。由阶的定义，$r = 0$，所以 $m \mid n$。反之，若 $m \mid n$，则有 $a^n = e$。故

$\ker f = \{ mk \mid k \in \mathbb{Z} \} = m\mathbb{Z}$。由定理 4.4.4，有

$$\mathbb{Z}_m = \mathbb{Z} / m\mathbb{Z} \cong G$$ $\qquad\qquad \Box$

4.6　ElGamal 公钥加密算法

定义 4.6.1（离散对数问题）　设 $G = \langle a \rangle$ 是循环群。群 G 中的离散对数问题是指：给定 G 中一个元素 h，找到正整数 k，使得

$$h = a^k$$

把 k 称为 h 相对于生成元 a 的离散对数，记作 $k = \log_a h$。

显然，当 $G = \langle a \rangle$ 是有限循环群时，可以通过比较 h 与所有的 $a^t, 1 \leqslant t < |G|$，来求解 G 中的离散对数问题，这种方法称为穷举搜索。穷举搜索最坏的情形下，最多需要 $|G|$ 次 G 中的运算，因此对于较大阶群不实用。

例 4.6.1　在整数加群 $\mathbb{Z}$ 中，1 是 $\mathbb{Z}$ 的一个生成元。$\mathbb{Z}$ 中的离散对数问题是，任意给定一个整数 h，求 k，使得 $k \cdot 1 = h$，显然这是一个平凡的问题。

例 4.6.2　在模整数 m 的剩余类加群 $\mathbb{Z}_m$ 中，设 a 是 $\mathbb{Z}_m$ 的一个生成元。$\mathbb{Z}_m$ 中的离散对数问题是，给定 $h \in \mathbb{Z}_m$，求解 x，使得

$$ax \equiv h (\bmod m)$$

因为 a 是 $\mathbb{Z}_m$ 的生成元，所以 $(a, m) = 1$，从而 a 具有模 m 的乘法逆元 a^{-1}，根据扩展的欧几里得算法很容易求出 a^{-1}。因此有

$$\log_a h = x \equiv h a^{-1} (\bmod m)$$

某些循环群中求解离散对数问题被认为是困难的，而相同阶的循环群都是同构的，所以求解离散对数问题的困难性不在于群本身，而在于群的表示。如果能够找到从 n 阶循环群 G 到模整数 n 的剩余类加群的一个同构映射，那么就能有效地计算出群 G 中的离散对数。求解离散对数问题的困难性已被广泛地应用于构造公钥密码算法。目前，人们关注的两类求解离散对数问题是有限域中的离散对数问题和有限域上椭圆曲线中的离散对数问题。

Shanks 在 1971 年给出了一个求解离散对数问题的快速搜索算法，称为大步-小步算法。

设 $G = \langle a \rangle$ 是 n 阶循环群。取 $m = \lceil \sqrt{n} \rceil$，则根据整数的除法，对于任意 $0 \leqslant t < n$，有唯一的表达式

$$t = qm + r, 0 \leqslant q \leqslant m, 0 \leqslant r \leqslant m$$

因此

$$h = a^t = a^{qm+r} = (a^m)^q a^r$$

所以

$$h \cdot (a^{-m})^q = a^r$$

因此，可以先计算 $1, a, a^2, \cdots, a^{r-1}$，并作成一张表

$$L = \{a^r, r\}, r = 0, 1, \cdots, m-1$$

这部分对于求解离散对数可以预计算。然后，得到 h 后，依次计算 $h \cdot (a^{-m})^q$，$q = 0, 1, \cdots$，

$m-1$ 值,并找出哪一个出现在表 L 中数对的第一个分量中,记下相应的 q 和 r 的值,则 $t=mq+r$ 就是所要求的离散对数。算法 4.6.1 给出了计算离散对数的大步-小步算法。

算法 4.6.1　大步-小步算法计算离散对数。

输入:以 n 为秩的循环群 G 的一个生成元 α , G 中的一个元素 h 。

输出:离散对数 $t = \log_\alpha h$ 。

1. 设 $m = \lceil \sqrt{n} \rceil$ 。

2. 以 (r, α^r) 为索引建立一张表, $0 \leq r < m$ 。并按 α^r 将这张表排序。

3. 计算 α^{-m} 和设 $\gamma \leftarrow h$ 。

4. 对于 q 从 0 到 $m-1$ 进行如下计算:

    4.1　检查 γ 是否是表中某一条目的第二项;

    4.2　如果有 $\gamma = \alpha^r$ 则返回 $(t=qm+r)$;

    4.3　令 $\gamma \leftarrow \gamma \cdot \alpha^{-m}$ 。

原始的 ElGamal 公钥加密算法的安全性是建立在求解离散对数问题的困难性之上的,其所有的运算都是在模大素数 p 上进行的。

ElGamal 公钥加密算法的密钥生成如算法 4.6.2 所示。

算法 4.6.2　ElGamal 公钥加密的密钥生成。

概要:每个实体产生一个公钥和相应的私钥。

每个实体进行如下步骤:

1. 生成一个大的随机素数 p 和整数模 p 的乘法群的生成元 g (用算法 4.5.2)。

2. 选择一个随机整数 $x, 1 \leq x \leq p-2$,计算 $y \equiv g^x \pmod{p}$ (用算法 2.3.2)。

A 的公钥是 (p, g, y) ; A 的私钥是 x 。

注意到,ElGamal 公钥加密算法中由公钥 (p,g,y) 计算私钥就是在求解离散对数,所以其私钥的安全性基于求解离散对数问题的困难性。

ElGamal 公钥加密算法的加密和解密如算法 4.6.3 所示。

算法 4.6.3　ElGamal 公钥加密和解密。

概要: B 为 A 加密消息 m , A 进行解密。

1. 加密。 B 进行如下步骤:

    1.1　得到 A 的认证的公钥 (p, g, y) ;

    1.2　把消息表示成 $\{0, 1, \cdots, p-1\}$ 中的某个整数 m ;

    1.3　选择随机整数 k , $1 \leq k \leq p-2$;

    1.4　计算 $\gamma = g^k \pmod{p}$ 和 $\delta = m \cdot y^k \pmod{p}$;

    1.5　发送密文 $c = (\gamma, \delta)$ 给 A 。

2. 解密。为了从 c 恢复出明文 m , A 进行如下步骤:

    2.1　用私钥 x 计算 $\gamma^{p-1-x} \pmod{p}$ (注意: $\gamma^{p-1-x} = \gamma^{-x} = g^{-xk}$);

    2.2　计算 $(\gamma^{-x}) \cdot \pmod{p}$ 得到 m 。

算法 4.6.3 的解密可正确恢复明文,是因为

$$\gamma^{-x} \cdot \delta \equiv g^{-xk} m g^{xk} \equiv m (\bmod p)$$

4.7 置 换 群

本节介绍另一类重要的群——置换群。

定义 4.7.1 集合 S 到自身的一个映射称为一个变换。有限集合 S 上的一个一一变换称为一个置换。

记集合 S 上所有的置换的集合为 $T(S)$,当集合 S 是含有 n 个元素的有限集合时,记 $T(S) = S_n$。

设集合 $S = \{a_1, a_2, \cdots, a_n\}$ 是有限集合,该集合上的一个置换 σ 可表示成为

$$\sigma = \begin{pmatrix} a_1 & a_2 & \cdots & a_n \\ \sigma(a_1) & \sigma(a_2) & \cdots & \sigma(a_n) \end{pmatrix}$$

上述映射可以简写为

$$\sigma = \begin{pmatrix} 1 & 2 & \cdots & n \\ i_1 & i_2 & \cdots & i_n \end{pmatrix}$$

其中,$\sigma(k) = i_k, 1 \leqslant k \leqslant n$,称 σ 为 n 元置换。实际上,由于 σ 是一一映射,所以 $i_1, i_2, \cdots, i_n$ 也是 $1, 2, \cdots, n$ 的一个排列,这样的排列共有 $n!$ 个,因此 S_n 的阶为 $n!$。又由于 σ 是一一映射,所以存在映射 σ^{-1} 为映射 σ 的逆映射,表示为

$$\sigma^{-1} = \begin{pmatrix} i_1 & i_2 & \cdots & i_n \\ 1 & 2 & \cdots & n \end{pmatrix}$$

本节后续部分均考虑集合 $S = \{1, 2, \cdots, n\}$ 上的置换。

例 4.7.1 集合 $S = \{1, 2, 3\}$ 上有 $3! = 6$ 个置换。

$$\sigma_1 = \begin{pmatrix} 1 & 2 & 3 \\ 1 & 2 & 3 \end{pmatrix}, \sigma_2 = \begin{pmatrix} 1 & 2 & 3 \\ 2 & 1 & 3 \end{pmatrix}, \sigma_3 = \begin{pmatrix} 1 & 2 & 3 \\ 3 & 2 & 1 \end{pmatrix}$$

$$\sigma_4 = \begin{pmatrix} 1 & 2 & 3 \\ 1 & 3 & 2 \end{pmatrix}, \sigma_5 = \begin{pmatrix} 1 & 2 & 3 \\ 2 & 3 & 1 \end{pmatrix}, \sigma_6 = \begin{pmatrix} 1 & 2 & 3 \\ 3 & 1 & 2 \end{pmatrix}$$

定义 4.7.2 σ, τ 是 n 元置换,则 σ 和 τ 的复合 $\sigma \circ \tau$ 也是 n 元置换,称为 σ 和 τ 的乘积,记为 $\sigma\tau$。

例 4.7.2 计算例 4.7.1 中的 $\sigma_2\sigma_3, \sigma_3\sigma_2, \sigma_5^{-1}$。

解:

$$\sigma_2\sigma_3 = \begin{pmatrix} 1 & 2 & 3 \\ 2 & 1 & 3 \end{pmatrix}\begin{pmatrix} 1 & 2 & 3 \\ 3 & 2 & 1 \end{pmatrix} = \begin{pmatrix} 1 & 2 & 3 \\ 3 & 1 & 2 \end{pmatrix} = \sigma_6$$

$$\sigma_3\sigma_2 = \begin{pmatrix} 1 & 2 & 3 \\ 3 & 2 & 1 \end{pmatrix}\begin{pmatrix} 1 & 2 & 3 \\ 2 & 1 & 3 \end{pmatrix} = \begin{pmatrix} 1 & 2 & 3 \\ 2 & 3 & 1 \end{pmatrix} = \sigma_5$$

$$\sigma_5^{-1} = \begin{pmatrix} 2 & 3 & 1 \\ 1 & 2 & 3 \end{pmatrix} = \begin{pmatrix} 1 & 2 & 3 \\ 3 & 1 & 2 \end{pmatrix} = \sigma_6$$

从上面的例子可以看出，计算置换的复合是从右至左计算，实际上，写成函数的复合即 $\sigma_2\sigma_3(i) = \sigma_2(\sigma_3(i))$。从上面的例子还可以看出，置换的复合不满足交换律。

定理 4.7.1　对于有限集合 $S = \{1, 2, \cdots, n\}$，S_n 关于映射的复合构成群，其阶为 $n!$。

证明：因为一一映射的复合仍为一一映射，且映射的复合满足结合律，所以置换的乘积满足结合律。

n 元恒等置换 $I = \begin{pmatrix} 1 & 2 & \cdots & n \\ 1 & 2 & \cdots & n \end{pmatrix}$ 是 S_n 的单位元。

置换 $\sigma = \begin{pmatrix} 1 & 2 & \cdots & n \\ i_1 & i_2 & \cdots & i_n \end{pmatrix}$ 有逆元 $\sigma^{-1} = \begin{pmatrix} i_1 & i_2 & \cdots & i_n \\ 1 & 2 & \cdots & n \end{pmatrix}$。

因此，S_n 对置换的乘法构成群，其阶为 $n!$。　　　　　　　　　　　　　　　　　□

定义 4.7.3　S_n 称为 n 次对称群，S_n 及其任一子群都称为集合 A 上的置换群。

定义 4.7.4　设 $\sigma \in S_n$，若 σ 满足 $\sigma(i_1) = i_2, \sigma(i_2) = i_3, \cdots, \sigma(i_{k-1}) = i_k, \sigma(i_k) = i_1$，其中 $1 \leqslant k \leqslant n$，且保持其他元素不变，则称置换 σ 为 k-循环置换或 k-轮换，记为

$$\sigma = (i_1 i_2 \cdots i_k)$$

当 $k=2$ 时，置换 $(i_1 i_2)$ 称为对换。用 (1) 表示恒等置换。两个循环置换中如不存在相同的元素，则称这两个循环置换互不相交。

例 4.7.3　将置换 $\sigma = \begin{pmatrix} 1 & 2 & 3 & 4 & 5 & 6 \\ 3 & 1 & 2 & 5 & 4 & 6 \end{pmatrix}$ 表示成为循环置换。

解：可以看出在 σ 当中，1 变为 3，3 变为 2，2 又变为 1；4 变成 5，5 又变成 4；6 变为 6。因此，σ 可表示为 $\sigma = (132)(45)(6)$。

实际上，有以下结论成立。

定理 4.7.2　任意 n 元置换 σ 都可以唯一地表示成为若干不相交的循环置换的乘积。

证明：首先证明 σ 可表示成为循环置换的乘积。

如果 $\sigma(1) = 1$，则取 $\sigma_1 = (1)$。否则，不妨设 $\sigma(1) = i_1, \sigma(i_1) = i_2, \cdots$ 由于 σ 是 n 元置换，因此，序列 $1, i_1, i_2, \cdots$ 中不可能两两不同，即一定存在某个 k，使得 $\sigma(i_k) = i_{k+1}$，i_{k+1} 必定是 $1, i_1, i_2, \cdots, i_k$ 中的某一个。由于 σ 是一一映射，i_{k+1} 只能等于 1，这样取 σ_1 为

$$\sigma_1 = (1 i_1 i_2 \cdots i_k)$$

是一个循环置换。若 $k=n-1$，则 σ 就等于 σ_1，否则在剩下的元素中取一个最小的，设为 i_{k+1}，采用上述类似的方法可得到循环置换 σ_2。依次下去，不妨设最终可得到 t 个循环置换，$\sigma_1, \sigma_2, \cdots, \sigma_t$，使得 $\sigma = \sigma_1\sigma_2\cdots\sigma_t$。根据上述推导过程可知，$\sigma_1, \sigma_2, \cdots, \sigma_t$ 两两互不相交。

下证唯一性。若 σ 还存在另一分解，则它含有元素 1 的循环置换反映了 σ 作用在元素 1 上形成的循环变幻序列。这是由 σ 唯一决定的。故两个分解中含有元素 1 的循环置换应完全相同。类似地，其他的循环置换也相同。这就证明了唯一性。　　　　　　　　　　□

定理 4.7.3　任意置换都可以分解成为若干对换的乘积。

证明：因为任意置换都可以表示成为不相交的循环置换的乘积，所以只需要证明循环置换可分解为若干对换的乘积即可。设 $\sigma = (i_1 i_2 \cdots i_k)$。根据置换的乘法，当 $k = 3$ 时，有

$$(i_1i_3)(i_1i_2) = \begin{pmatrix} i_1 & i_2 & i_3 \\ i_3 & i_2 & i_1 \end{pmatrix}\begin{pmatrix} i_1 & i_2 & i_3 \\ i_2 & i_1 & i_3 \end{pmatrix} = \begin{pmatrix} i_1 & i_2 & i_3 \\ i_2 & i_3 & i_1 \end{pmatrix} = (i_1i_2i_3)$$

依次类推，可以证明，当 $k > 1$ 时，

$$\sigma = (i_1i_k)(i_1i_{k-1})\cdots(i_1i_3)(i_1i_2)$$

而当 $k = 1$ 时，$\sigma = (i_1) = (i_1i_2)(i_1i_2)$。结论得证。　　　　　　□

例 4.7.4　设 $S = \{1,2,3\}$，试确定 S_3 中元素的对换表示，并给出 S_3 的所有子群。

解：根据例 4.7.1，有

$$\sigma_1 = \begin{pmatrix} 1 & 2 & 3 \\ 1 & 2 & 3 \end{pmatrix} = (1), \sigma_2 = \begin{pmatrix} 1 & 2 & 3 \\ 2 & 1 & 3 \end{pmatrix} = (12)$$

$$\sigma_3 = \begin{pmatrix} 1 & 2 & 3 \\ 3 & 2 & 1 \end{pmatrix} = (13), \sigma_4 = \begin{pmatrix} 1 & 2 & 3 \\ 1 & 3 & 2 \end{pmatrix} = (23)$$

$$\sigma_5 = \begin{pmatrix} 1 & 2 & 3 \\ 2 & 3 & 1 \end{pmatrix} = (123) = (13)(12), \sigma_6 = \begin{pmatrix} 1 & 2 & 3 \\ 3 & 1 & 2 \end{pmatrix} = (132) = (12)(13)$$

S_3 的子群如下：

$$\langle(1)\rangle = \{(1)\}$$
$$\langle(12)\rangle = \{(1),(12)\}$$
$$\langle(13)\rangle = \{(1),(13)\}$$
$$\langle(23)\rangle = \{(1),(23)\}$$
$$\langle(123)\rangle = \langle(132)\rangle = \{(1),(123),(132)\}$$
$$S_3 = \{(1),(12),(13),(23),(123),(132)\}$$

因为 $(23) = (12)(13)(12)$，所以实际上 S_3 中所有的元素均可以表示成为 $\{(12),(13)\}$ 的乘积。事实上，对于任意的置换群，都可以分解为类似例 4.7.4 中的表示。

定理 4.7.4　当 $n \geq 2$ 时，$(12),(13),\cdots,(1n)$ 是 S_n 的一组生成元，即

$$S_n = \langle(12),(13),\cdots,(1n)\rangle$$

证明：由于每一个置换都是若干个对换得乘积，而当 $n \geq 2$，$i \neq j$，$i \neq 1, j \neq 1$ 时，有

$$(ij) = \begin{pmatrix} 1 & i & j \\ 1 & j & i \end{pmatrix} = \begin{pmatrix} 1 & i \\ i & 1 \end{pmatrix}\begin{pmatrix} 1 & j \\ j & 1 \end{pmatrix}\begin{pmatrix} 1 & i \\ i & 1 \end{pmatrix} = (1i)(1j)(1i)$$

所以，S_n 中任意元素都可表示成为 $\{(12),(13),\cdots,(1n)\}$ 中若干元素的乘积。　　□

4.8　本 章 小 结

本章主要介绍群及相关性质。重点是掌握群、子群、正规子群、陪集、商群的定义。学会利用群同态基本定理证明两个群同构。重点掌握循环群和置换群的结构以及循环群中相关算法，如寻找生成元、确定群元素的阶等算法。

习　　题

1. 如果在群 G 中，对于任意元素 a,b 有 $(ab)^2 = a^2 b^2$ ，则 G 为交换群。

2. 如果在群 G 中，每个元素 a 都适合 $a^2 = e$ ，则 G 为交换群。

3. 证明： $GL_n(P)$ 中全体行列式为 1 的矩阵对于矩阵乘法也构成一个群。

4. 设 G 是一个非空的有限集合，其中定义了一个乘法 ab ，适合条件：

（1） $a(bc) = (ab)c$ ；

（2） $ab = ac \Rightarrow b = c$ ；

（3） $ac = bc \Rightarrow a = b$ ；

证明： G 在这个乘法下成一群。

5. 设 G 是一群， $a,b \in G$ ，如果 $a^{-1}ba = b^r$ ，其中 r 为一正整数，证明 $a^{-i}ba^i = b^{r^i}$ 。

6. 设 n 为一正整数， $n\mathbb{Z}$ 为整数加法群 $\mathbb{Z}$ 的一个子群，证明 $n\mathbb{Z}$ 与 $\mathbb{Z}$ 同构。

7. 证明：如果在一阶为 $2n$ 的群中有一 n 阶子群，它一定是正规子群。

8. 设 i 为一正整数，如果群 G 中任意元素 a,b 都适合 $(ab)^k = a^k b^k, k = i, i+1, i+2$ ，证明 G 为交换群。

9. 设 H,K 为群 G 的子群，证明 HK 为一子群当且仅当 $HK = KH$ 。

10. 设 H,K 为有限群 G 的子群。证明：

$$| HK | = \frac{| H | \cdot | K |}{| H \bigcap K |}$$

11. 设 M,N 是群 G 的正规子群。证明：

（1） $MN = NM$ ；

（2） MN 是 G 的一正规子群；

（3）如果 $M \bigcap N = \{e\}$ ，那么 MN / N 与 M 同构。

12. 设 G 是一个群， a,b,c 是 G 中任意三个元素，证明：方程 $xaxba = xbc$ 在 G 中有且仅有一解。

13. 证明：如果 a,b 是群中的任意元素，则 $(ab)^{-1} = b^{-1}a^{-1}$ 。

14. 证明在任意群中，下列各组中的元素有相同的阶：

（1） a 与 a^{-1} ；

（2） a 与 cac^{-1} ；

（3） ab 与 ba ；

（4） abc, bca, cab 。

15. 设 G 是 n 阶有限群。证明对于任意元 $a \in G$ ，都有 $a^n = e$ 。

16. 证明：群 G 的两个子群的交集也是 G 的子群。

17. 证明： $f(ab) = f(a)f(b)$ 将一个群映射为另一个群。

18. 分别求出 13,16 阶循环群各个元素的阶，指出其中的生成元。

19. 分别求出 15,20 阶循环群的真子群。

20．证明：设 p 是一个素数，任意两个 p 阶群都同构。

21．设 $G=\langle a\rangle$ 是循环群，H 是 G 的子群，证明：商群 G/H 是循环群，且 aH 是商群 G/H 的生成元。

22．证明：设 p 是一个素数，则阶是 p^m 的群一定有一个阶为 p 的子群。

23．a,b 是一个群 G 的元素，并且 $ab=ba$，又假设 a 的阶为 m，b 的阶为 n，且 $(m,n)=1$。证明 ab 的阶为 mn。

24．求出三次对称群 S_3 的所有子群。

25．把三次对称群 S_3 的所有元素写成不相交的循环乘积。

26．把置换 $(4\,5\,6)(5\,6\,7)(6\,7\,1)(1\,2\,3)(2\,3\,4)(3\,4\,5)$ 写为不相交循环乘积。

27．设 $\tau=(3\,2\,7)(2\,6)(1\,4)$，$\sigma=(1\,3\,4)(5\,7)$ 求 $\sigma\tau\sigma^{-1}$ 和 $\sigma^{-1}\tau\sigma$。

28．四次对称群 S_4 的一个 4 阶子群如下：

$$H=\{(1),(12)(34),(13)(24),(14)(23)\}$$

求出 H 的全部左陪集。

29．证明：两个正规子群的交还是正规子群。

30．证明：指数是 2 的子群一定是正规子群。

31．编程实现 $\mathbb{Z}_p^*$ 中生成元寻找算法。

32．编程实现大步-小步算法。

第5章 环 和 域

第4章讨论了只包含一种运算的代数系统——群。本章主要讨论同时定义两种运算的两种基本代数系统——环与域。和第4章一样，在这一章只讨论环与域的若干最基本的性质及一些基本理论，并且介绍几种特殊的环与域。

5.1 环 的 定 义

定义 5.1.1 设 R 是一个非空集合，R 上定义有两个代数运算：加法(记为"＋")和乘法(记为"·")，假如

(1) $(R,+)$ 是一个交换群。

(2) R 关于乘法满足结合律。即对于任意 $a,b,c \in R$，有

$$a \cdot (b \cdot c) = (a \cdot b) \cdot c$$

(3) 乘法对加法满足左、右分配律，即对于任意 $a,b,c \in R$，有

$$a \cdot (b+c) = a \cdot b + a \cdot c$$
$$(b+c) \cdot a = b \cdot a + c \cdot a$$

则称 R 为环。

如果，R 还满足

(4) 乘法交换，即对于任意 $a,b \in R$，有 $a \cdot b = b \cdot a$。

则称 R 为交换环。

如果 R 中存在元素 1_R，使得

(5) 对于任意 $a \in R$，有 $1_R \cdot a = a \cdot 1_R = a$。

则称 R 为有单位元环。元素 1_R (或简记为 1) 称为 R 中的单位元。

R 的加法群中的单位元素记为 0，称为环 R 的零元素。R 中的元素 $a \in R$ 加法逆元称为负元，记为 $-a$。与第3章中的群的乘法一样，R 中两个元素的乘法 $a \cdot b$ 可简记为 ab。

例 5.1.1 (1)全体整数关于数的普通加法和乘法构成一个环，称为整数环，记为 $\mathbb{Z}$。

(2)全体有理数(实数、复数)关于数的普通加法和乘法构成一个环，称为有理数域，记为 $\mathbb{Q}$ ($\mathbb{R}$、$\mathbb{C}$)。

例 5.1.2 $R=\{$所有模 m 的剩余类$\}$，规定运算为

$$[a]+[b]=[a+b],[a][b]=[ab]$$

可以证明 R 关于上述运算构成一个环，称为模 m 的剩余类环，记为 $\mathbb{Z}/m\mathbb{Z}$，或 $\mathbb{Z}_m$。

例 5.1.1 中的环都是有单位元的交换环，其单位元都为整数 1。例 5.1.2 中的 $\mathbb{Z}_m$ 也是有单位元的交换环，其单位元为[1]。事实上有很多环并没有单位元，也可能不满足交换律。

例 5.1.3 设 n 是偶数，$n\mathbb{Z}$ 对于数的普通加法和乘法来说作成一个环，但 $n\mathbb{Z}$ 没有单位元。

例 5.1.4 数域 F 上的 n 阶方阵的全体关于矩阵的加法和乘法构成一个环，称为 F 上的 n 阶方阵环，记为 $M_n(F)$。这个环的单位元为 n 阶单位矩阵。因为矩阵的乘法不满足交换律，所以 $M_n(F)$ 不是交换环。

例 5.1.5 $R = \{0, a, b, c\}$。加法和乘法由以下两个表给定：

+	0	a	b	c
0	0	a	b	c
a	a	0	c	b
b	b	c	0	a
c	c	b	a	0

×	0	a	b	c
0	0	0	0	0
a	0	0	0	0
b	0	a	b	c
c	0	a	b	c

则 R 对于上述两种运算构成一个环。

证明： 首先证明 R 对于加法构成加法交换群。根据其运算表可以看出：

(1) 加法封闭。

(2) 满足结合律。因为 $a + (b + c) = a + a = 0, (a + b) + c = c + c = 0$，所以 $a + (b + c) = (a + b) + c$。其余可一一验证。

(3) 有零元为 0，0 加上任何 R 中的元素都等于该元素。

(4) 有负元。任何 R 中的元素的负元为其本身。

(5) 满足交换律。R 的加法运算表是对称的，所以加法满足交换律。

其次，要证明乘法封闭且满足结合律。根据乘法运算表，乘法封闭显然。又 $a(bc) = ac = 0, (ab)c = 0c = 0$，所以 $a(bc) = (ab)c$。其余的结合律可一一验证。

最后，可验证乘法对加法满足分配律。因为，$c(a + b) = cc = c, ca + cb = a + b = c$，所以 $c(a + b) = ca + cb$。其余情形可一一验证。

综上所述，R 是环。   □

从 R 的乘法表还可以看出，R 没有单位元，也不满足乘法交换律。

环 R 满足以下性质。

定理 5.1.1 设 R 是一个环，$a, b \in R$，m, n 是正整数，ma 表示 m 个 a 相加，a^m 表示 m 个 a 相乘，则

(1) $a \cdot 0 = 0 \cdot a = 0$；

(2) $a(-b) = (-a)b = -(ab)$；

(3) $n(a + b) = na + nb$；

(4) $m(ab) = (ma)b = a(mb)$；

(5) $a^m a^n = a^{m+n}$；

(6) $(a^m)^n = a^{mn}$。

证明： (1) 由分配律

$$a \cdot 0 = a(0 + 0) = a \cdot 0 + a \cdot 0$$

两边同时加上 $-(a \cdot 0)$，则可得 $a \cdot 0 = 0$。同理可证 $0 \cdot a = 0$。

(2) 由 $a(-b) + ab = a(-b + b) = 0$，可得

$$a(-b) = -(ab)$$

同理可证 $(-a)b = -(ab)$。

（3）由加法交换律

$$n(a+b)=\overbrace{a+b+\cdots+a+b}^{n}=\overbrace{a+\cdots+a}^{n}+\overbrace{b+\cdots+b}^{n}=na+nb$$

（4）由分配律

$$m(ab)=\overbrace{ab+\cdots+ab}^{m}=(\overbrace{a+\cdots+a}^{m})b=(ma)b$$

同理可证 $m(ab)=a(mb)$ 。

（5）（6）显然成立。　　　　　　　　　　　　　　　　　　　　　　　　□

在初等数学当中，$ab=0$ 可以得出 $a=0$ 或 $b=0$ 。这一性质在环中不一定成立。例如，在 $\mathbb{Z}_{12}$ 中，$[3]\neq[0]$，$[4]\neq[0]$，而 $[3][4]=[12]=[0]$ 。

定义 5.1.2　设 $(R,+,\cdot)$ 是一个环，如果存在 $a,b\in R$，满足 $a\neq 0,b\neq 0$，但 $ab=0$，则称环 R 为有零因子环，称 a 为 R 的左零因子，称 b 为 R 的右零因子，否则称 R 为无零因子环。

例 5.1.6　$\mathbb{Z}$、$\mathbb{Q}$、$\mathbb{R}$、$\mathbb{C}$ 均是无零因子环，而对于一个合数 n，$\mathbb{Z}_n$ 为有零因子环。

例 5.1.7　对于环 $M_n(F)$，当 $n\geq 2$ 时，这个环是有零因子环。

例 5.1.8　设 p 是一个素数，则 $\mathbb{Z}_p$ 是无零因子环。

证明： 根据推论 2.2.1，$\mathbb{Z}_p$ 中任何一个非零元均存在逆元。设 $[a],[b]\in\mathbb{Z}_p$ 。若 $[a][b]=[0]$，即 $ab\equiv 0(\mathrm{mod}\,p)$，则有当 $a\not\equiv 0(\mathrm{mod}\,p)$ 时，

$$ab\equiv 0(\mathrm{mod}\,p)\Rightarrow b\equiv a^{-1}\cdot 0(\mathrm{mod}\,p)\Rightarrow b\equiv 0(\mathrm{mod}\,p)$$

当 $b\not\equiv 0(\mathrm{mod}\,p)$，有 $a\equiv 0(\mathrm{mod}\,p)$ 。也就是说，由 $[a][b]=[0]$，可得出 $[a]=[0]$ 或 $[b]=[0]$ 。因此，$\mathbb{Z}_p$ 是无零因子环。

无零因子环中乘法消去律成立。

定理 5.1.2　设 $(R,+,\cdot)$ 是一个无零因子环，$a,b,c\in R$，$a\neq 0$，则有

$$ab=ac\Rightarrow b=c$$

$$ba=ca\Rightarrow b=c$$

反之，若一个环中乘法消去律成立，则这个环是无零因子环。

证明： 因为 R 是无零因子环，$a\neq 0$，所以

$$ab=ac\Rightarrow a(b-c)=0\Rightarrow b-c=0\Rightarrow b=c$$

$$ba=ca\Rightarrow (b-c)a=0\Rightarrow b-c=0\Rightarrow b=c$$

故 R 中的乘法满足左、右消去律。

反过来，假定 R 中的乘法满足左消去律，则

$$ab=0\Rightarrow ab=a0\Rightarrow b=0$$

即 R 无零因子。　　　　　　　　　　　　　　　　　　　　　　　　　□

定义 5.1.3　设 $(R,+,\cdot)$ 是一个有单位元环，$a\in R$ 。若存在元素 $b\in R$，使得 $ab=ba=1$，则称 a 是一个可逆元。

环中并不一定所有的非零元都有逆元，如在整数环 $\mathbb{Z}$ 中，仅有 ± 1 两个元素存在逆元。

在交换环中，左零因子、右零因子、零因子的概念是统一的。在非交换环中，左零因子

不一定是右零因子，如特殊矩阵环

$$R = \left\{ \begin{bmatrix} 0 & a \\ 0 & b \end{bmatrix} \middle| a,b \in \mathbb{Q} \right\}$$

乘法可逆元一定不是左、右零因子。

定理 5.1.3 设 R 是一个无零因子环，则 R 中非零元的加法阶相等，这个加法阶或者是 ∞，或者是素数 p。

证明： 当环 R 中每个非零元的加法阶都是无穷大时，定理成立。

设 $a,b \in R$ 是非零元，a 的加法阶为 n，b 的加法阶是 m。则由

$$(na)b = a(nb) = 0$$

可得 $nb = 0$，所以 $n \geqslant m$。同理可证 $m \geqslant n$。因此，$m = n$。即所有非零元的加法阶相等。

设 R 中所有非零元的加法阶为 n。若 n 不是素数，不妨设 $n = n_1 n_2$，$n_1 < n, n_2 < n$。对于 $a \in R, a \neq 0$，有

$$(n_1 a)(n_2 a) = n_1 n_2 a^2 = 0$$

又 R 是无零因子环，所以有

$$n_1 a = 0 \text{ 或 } n_2 a = 0$$

这与 n 是 a 的加法阶矛盾。因此，n 是素数。 □

定义 5.1.4 设 R 是一个无零因子环，称 R 中非零元的加法阶为环 R 的特征，记为 $\mathrm{Char}R$。当 R 中非零元的加法阶为无穷大时，称 R 的特征为零，记 $\mathrm{Char}R = 0$；当 R 中非零元的加法阶为某个素数 p 时，称 R 的特征为 p，记 $\mathrm{Char}R = p$。

例 5.1.9 设 R 是特征为 p 的交换环，$a,b \in R$，有 $(a \pm b)^p = a^p \pm b^p$。

证明： $(a+b)^p = a^p + \binom{p}{1} a^{p-1} b + \cdots + \binom{p}{p-1} ab^{p-1} + b^p$

因为，对于 $1 \leqslant k \leqslant p-1$，

$$\binom{p}{k} = \frac{p!}{k!(p-k)!} = \frac{p \cdot (p-1)!}{k!(p-k)!}$$

由上式可知 $k!(p-k)! \mid p \cdot (p-1)!$，而 $k!(p-k)!$ 与素数 p 互素，所以 $k!(p-k)! \mid (p-1)!$，因此 $\binom{p}{k}$ 是 p 的倍数，进而有 $\binom{p}{k} a^{p-k} b^k = 0$，由此可得

$$(a+b)^p = a^p + b^p$$

$(a-b)^p = a^p - b^p$ 的证明留给读者。 □

5.2 整环、除环和域

定义 5.2.1 一个有单位元的无零因子的交换环称为一个整环。

例如，$\mathbb{Z}$、$\mathbb{Q}$、$\mathbb{R}$、$\mathbb{C}$ 都是整环，而 $2\mathbb{Z}$、$\mathbb{Z}_n$（n 是合数）、$M_n(F)$ 不是整环。

5.1 节提到，不是所有的环中的非零元都存在逆元。当然，也存在着一些环，它们的非零元都存在逆元。

例 5.2.1　$\mathbb{Q}$、$\mathbb{R}$、$\mathbb{C}$ 中任意一个非零数 a 都有一个逆元 $\dfrac{1}{a}$，且 $a\left(\dfrac{1}{a}\right)=\left(\dfrac{1}{a}\right)a=1$。

一般地，有如下的概念。

定义 5.2.2　一个环 R 称为除环，则

(1) R 中至少包含一个不等于零的元　（即 R 中至少有两个元素）；

(2) R 有单位元；

(3) R 的每一个不等于零的元有一个逆元。

注意到，除环的概念中，并没有要求它满足乘法交换律。

定义 5.2.3　交换的除环称为**域**。

例如，$\mathbb{Q}$、$\mathbb{R}$、$\mathbb{C}$ 都是域。

容易证明，除环具有下面的性质。

命题 5.2.1　(1) 除环是无零因子环。

(2) 设 R 是一个非零环，记 $R^*=\{a\in R\,|\,a\neq 0\}=R\setminus\{0\}$，则 R 是除环当且仅当 R^* 对于 R 的乘法构成一个群，称这个群为除环 R 的乘法群。

(3) 在除环 R 中，$\forall a(\neq 0)\in R, b\in R$，方程 $ax=b$ 和 $ya=b$ 都有唯一解。

证明：(1) 设 R 是除环，$a,b\in R$

$$a\neq 0, ab=0 \Rightarrow a^{-1}ab=b=0$$

(2) R^* 对于 R 的乘法构成一个群，显然 R 可满足除环定义中的三个条件。

设 R 是除环。由于 R 是无零因子环，所以 R^* 对于乘法封闭；由环的定义，乘法满足结合律；由除环的定义，R^* 中有单位元，即 R 的单位元，而且 R^* 中每一个元素均有逆元。因此，R^* 是群。

(3) 在除环 R 中，$\forall a(\neq 0)\in R, b\in R$，方程 $ax=b$ 和 $ya=b$ 的唯一解分别为 $a^{-1}b$ 和 ba^{-1}。

注意，$a^{-1}b$ 与 ba^{-1} 未必相等。若 R 是域，则 $a^{-1}b=ba^{-1}$，统一记为 $\dfrac{b}{a}$，称为 b 除以 a 的商，易知商具有与普通数相似的一些性质。　　　　　□

例 5.2.2　设 $H=\{a_0+a_1 i+a_2 j+a_3 k\,|\,a_0,a_1,a_2,a_3\in\mathbb{R}\}$ 是实数域 $\mathbb{R}$ 上的四维向量空间，$1,i,j,k$ 为其一组基，规定基元素之间的乘法为

$$(1)\ i^2=j^2=k^2=-1; \qquad (2)\ ij=k, jk=i, ki=j。$$

将其线性扩张为 H 中的元素之间的乘法。则 H 关于向量的加法和上面定义的乘法构成一个除环，称为 (哈密顿) 四元数除环。

证明：只需证明 H^* 对于 H 的乘法构成一个群，为此只需证明 H 中的每个非零元均可逆：事实上，设 $0\neq\alpha=a_0+a_1 i+a_2 j+a_3 k\in H$，则 $\Delta=a_0^2+a_1^2+a_2^2+a_3^2\neq 0$，令

$$\beta=\frac{a_0}{\Delta}-\frac{a_1}{\Delta}i-\frac{a_2}{\Delta}j-\frac{a_3}{\Delta}k\in H，则\ \alpha\beta=\beta\alpha=1，即\ \alpha\ 可逆，从而\ H\ 为除环。$$

定理 5.2.1　一个至少含有两个元素的无零因子的有限环是除环。

证明：设 $R=\{0,a_1,\cdots,a_n\}$ 是一个无零因子环，n 是正整数，$a_i\neq 0, 1\leqslant i\leqslant n$。要证明 R^* 对

于 R 的乘法构成一个群。

因为 R 无零因子，所以 R^* 对于 R 中的乘法封闭。任选 $a(\neq 0)\in R$，考察 $aa_1,aa_2,\cdots,aa_n$。若 $aa_i=aa_j$，则 $a(a_i-a_j)=0$，又 $a\neq 0$，所以 $a_i=a_j$。因此，$\{aa_1,aa_2,\cdots,aa_n\}=\{a_1,a_2,\cdots,a_n\}$。同理可得 $\{a_1a,a_2a,\cdots,a_na\}=\{a_1,a_2,\cdots,a_n\}$。故对于任意 $a,b\in R^*$，方程

$$ax=b \text{ 和 } xa=b$$

在 R^* 中有解。根据定理 4.2.1，R^* 是群。 □

推论 5.2.1 有限整环是域。

证明：根据定理 5.2.1，有限整环是除环，又因为整环满足乘法交换律，根据域的定义，有限整环是域。 □

例 5.2.3 模 p 的剩余类环 $\mathbb{Z}_p$ 是域当且仅当 p 是素数。

证明：（$\Rightarrow$）：易知 $p\neq 0,1$。若 p 为合数，则 $p=ab,a,b\neq\pm 1$。于是 $[a]\neq 0,[b]\neq 0$，但 $[a][b]=[p]=0$，即 $\mathbb{Z}_p$ 中有零因子，此与 $\mathbb{Z}_p$ 是域矛盾，故 p 是素数。

（$\Leftarrow$）：设 p 是素数。若 $[a][b]=0$，则 $p|ab$，从而 $p|a$ 或 $p|b$，即有 $[a]=0$ 或 $[b]=0$，故 $\mathbb{Z}_p$ 为一个无零因子环，于是 $\mathbb{Z}_p$ 是一个有限整环，根据推论 5.2.1，$\mathbb{Z}_p$ 是域。 □

本节介绍的几种最常见的环之间的关系如图 5.1 所示。

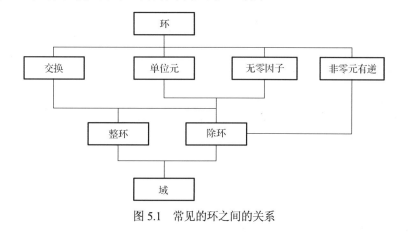

图 5.1　常见的环之间的关系

5.3　子环、理想和商环

环中与群中的子群、正规子群、商群对应的概念是子环、理想和商环。本节介绍它们的定义和相关性质。

定义 5.3.1 设 S 是环 R 的一个非空子集合。如果 S 对 R 的两个运算也构成一个环，则称 S 为 R 的一个子环，称 R 为 S 的扩环。

例 5.3.1 例 5.1.1 当中，$\mathbb{Z}$ 是 $\mathbb{Q}$ 的子环，$\mathbb{Q}$ 是 $\mathbb{R}$ 的子环，$\mathbb{R}$ 是 $\mathbb{C}$ 的子环。$n\mathbb{Z}$ 是 $\mathbb{Z}$ 的子环。

类似地，可以定义子整环、子除环、子域的概念。

任意环 R 都至少有两个子环：0 和 R，称为 R 的平凡子环。设 $S\leqslant R$ 且 $S\neq R$，则称 S 是 R 的一个真子环。易知，子环的交仍为子环。

设 S 是环 R 的一个非空子集，则 S 对于 R 的运算一定满足结合律。

定理 5.3.1 （1）设 R 是环，S 是 R 的一个非空子集，S 是 R 的子环当且仅当

$$a - b \in S, ab \in S, \forall a, b \in S$$

（2）设 R 是除环，S 是 R 的一个非空子集，S 是 R 的子除环当且仅当

$$a - b \in S, ab^{-1} \in S, \forall a, b(\neq 0) \in S$$

证明： 根据子群的充要条件很容易验证定理中的两个充要条件。 □

例 5.3.2 假设 R 是环，记集合 $C(R) = \{a \in R \mid ab = ba, \forall b \in R\}$（同每一个元交换的元之集），称为环 R 的中心，则 $C(R)$ 是 R 的子环。

证明： 根据定理 5.3.1 可以直接验证。 □

例 5.3.3 求模 12 的剩余类环 $\mathbb{Z}_{12}$ 的所有子环。

解： 由于 $\mathbb{Z}_{12}$ 的加法群是一个循环群，故剩余类环 $\mathbb{Z}_{12}$ 的子环关于加法是 $(\mathbb{Z}_{12}, +)$ 的子循环群，共有下面 6 个：

$$S_1 = ([1]) = R ; \quad S_2 = ([2]) = \{[0],[2],[4],[6],[8],[10]\} ; \quad S_3 = ([3]) = \{[0],[3],[6],[9]\} ;$$

$$S_4 = ([4]) = \{[0],[4],[8]\} ; \quad S_5 = ([6]) = \{[0],[6]\} ; \quad S_6 = ([0]) = \{[0]\} = 0 。$$

经检验，它们都是 $\mathbb{Z}_{12}$ 的子环，从而 $\mathbb{Z}_{12}$ 有上面的 6 个子环。

设 S 是 R 的子环，S 与 R 可以有以下不同的性质。

1. 对于交换律

（1）若 R 是交换环，则 S 也是交换环；

（2）若 S 是交换环，则 R 未必是交换环。如 R 是实数域上全体 n 阶矩阵构成的环，而 S 是由所有的对角矩阵构成的环。R 为非交换环，而 S 为交换环。

2. 对于零因子

（1）若 R 无零因子，则 S 也是无零因子；

（2）若 S 无零因子，则 R 未必无零因子。如 $\mathbb{Z}_{12}$ 与其子环 $S_4 = ([4]) = \{[0],[4],[8]\}$，$\mathbb{Z}_{12}$ 有零因子，而 S_4 无零因子。

3. 对于单位元

（1）若 R 有单位元，则 S 未必有单位元；如整数环 $\mathbb{Z}$ 与其子环 $m\mathbb{Z}$。

（2）若 S 有单位元，则 R 未必有单位元。如 $\mathbb{Z}_{12}$ 的子环 S_2 和 S_4，S_4 是 S_2 的子环，S_4 中有单位元 $[4]$，而 S_2 中无单位元。

定义 5.3.2 设 $(R, +, \cdot)$ 和 $(R', \oplus, \circ)$ 是环，$f : R \to R'$ 为映射。若 f 保持运算，即对任意 $a, b \in R$ 有

$$f(a + b) = f(a) \oplus f(b)$$
$$f(a \cdot b) = f(a) \circ f(b)$$

则称 f 是环 R 到 R' 的一个同态。类似群中的定义，可定义环的单同态、满同态、同构的概念。

与群的情形类似，有以下结论成立。

定理 5.3.2 设 $f:R \to R'$ 为环同态。

(1) 若 0 是 R 中的零元，则 $f(0)$ 是 R' 中的零元；

(2) $f(-a) = -f(a), \forall a \in R$ ；

(3) 若 R 有单位元且 1 是 R 的单位元，则 $f(1)$ 是 R' 的单位元；

(4) 若 S 是 R 的子环，则 $f(S)$ 是 R' 的子环；

(5) 若 S' 是 R' 的子环，则 $f^{-1}(S') = \{a \in R \mid f(a) \in S'\}$ 是 R 的子环。

证明： (1) 对于任意元素 $a \in R$ ，有

$$f(a) = f(a+0) = f(a) + f(0) = f(0) + f(a)$$

所以 $f(0)$ 是 R' 中的零元。

(2) 对于任意元素 $a \in R$ ，有

$$f(0) = f(a-a) = f(a+(-a)) = f(a) + f(-a)$$

所以 $f(-a) = -f(a), \forall a \in R$ 。

(3) 对于任意元素 $a \in R$ ，有

$$f(a) = f(a \cdot 1) = f(1 \cdot a) = f(1)f(a) = f(a)f(1)$$

所以 $f(1)$ 是 R' 的单位元。

(4) 和 (5) 可根据同态的定义和定理 5.3.1 进行验证。 □

例 5.3.4 设 $f:\mathbb{Z} \to \mathbb{Z}_n$ 为 $f(x) = [x]$ ， $x \in \mathbb{Z}$ 。证明： $f:\mathbb{Z} \to \mathbb{Z}_n$ 为满同态。

证明： 不难证明： f 是 $\mathbb{Z}$ 到 $\mathbb{Z}_n$ 的满射。对于任意 $x, y \in \mathbb{Z}$ ，有

$$f(x+y) = [x+y] = [x]+[y] = f(x) + f(y)$$

$$f(xy) = [xy] = [x][y] = f(x)f(y)$$

所以 $f:\mathbb{Z} \to \mathbb{Z}_n$ 为满同态。

例 5.3.5 设 $R = \mathbb{Z} \times \mathbb{Z} = \{(a,b) \mid a, b \in \mathbb{Z}\}$ ，定义 R 的代数运算如下：

$$(a_1, b_1) + (a_2, b_2) = (a_1 + a_2, b_1 + b_2), \quad (a_1, b_1)(a_2, b_2) = (a_1 a_2, b_1 b_2)$$

则 R 显然作成一个环，称为 $\mathbb{Z}$ 与 $\mathbb{Z}$ 的直积，记为 $\mathbb{Z}^{(2)}$ 。易知映射

$$\pi:\mathbb{Z} \times \mathbb{Z} \to \mathbb{Z}; (a,b) \mapsto a, \forall a, b \in \mathbb{Z}$$

为满同态，但 $\mathbb{Z}^{(2)}$ 中有零因子，而 $\mathbb{Z}$ 无零因子。

设 $f:R \to R'$ 为环同构，记为 $R \cong R'$ ，则环 R 与 R' 的代数性质完全一致.

定理 5.3.3 假定 $R \cong R'$ ，则 R 是整环（除环、域）当且仅当 R' 是整环（除环、域）。

定理证明留给读者。

设 R 是一个环，A 关于 R 中的加法构成 R 的一个子加群，则有商加群

$$R / A = \{x + A \mid x \in R\}$$

其加法为 $(x+A) + (y+A) = (x+y) + A$ 。为了让 R / A 成为一个环，引入乘法：

$$(x+A)(y+A) = xy + A, \forall x, y \in R$$

需要解决的问题是：上述定义的乘法是否有意义？即若 $x_1 + A = x_2 + A, y_1 + A = y_2 + A$，是否有 $x_1 y_1 + A = x_2 y_2 + A$？

为此，引入以下理想的概念。

定义 5.3.3　设 R 是一个环，I 是 R 的一个非空子集，若满足

(1) $a - b \in I, \forall a, b \in I$；

(2) $ar \in I$，且 $ra \in I$，$\forall a \in I$，$\forall r \in R$。

则称 I 为环 R 的一个理想，记为 $I \lhd R$。

理想一定是子环，反之未必。对于任意环 R，$\{0\}$ 和 R 都是理想，分别称为零理想和单位理想。

例 5.3.6　整数 n 的所有倍数之集 $(n) = \{nk \mid k \in \mathbb{Z}\}$ 构成整数环 $\mathbb{Z}$ 的一个理想。

定义 5.3.4　设 R 是一个环，T 是 R 的一个非空子集，则称 R 中所以包含 T 的理想的交为由 T 生成的理想，记为 $\langle T \rangle$，即 $\langle T \rangle = \bigcap\limits_{T \subseteq I \lhd R} I$。特别地，若 $T = \{a\}$，则简记 $\langle T \rangle$ 为 $\langle a \rangle$，称为由 a 生成的主理想。

显然，$\langle T \rangle$ 是 R 中包含 T 的最小的理想。

下面来看看 $\langle a \rangle$ 中元素的形式。

定理 5.3.4　设 R 是环，$\forall a \in R$。则

$$\langle a \rangle = \{(x_1 a y_1 + \cdots + x_m a y_m) + sa + at + na \mid \forall x_i, y_i, s, t \in R, \forall n \in \mathbb{Z}, \forall m \in \mathbb{N}\}$$

证明：利用理想的定义可以直接验证。　　　　　　　　　　　　　　　　　□

推论 5.3.1　设 R 是环，$\forall a \in R$。则

(1) 当 R 是交换环时，$\langle a \rangle = \{sa + na \mid \forall s \in R, \forall n \in \mathbb{Z}\}$；

(2) 当 R 有单位元时，$\langle a \rangle = \{x_1 a y_1 + \cdots + x_m a y_m \mid \forall x_i, y_i \in R\}$；

(3) 当 R 是有单位元的交换环时，$\langle a \rangle = Ra = \{ra \mid \forall r \in R\} = aR$。

证明：(1) 当 R 是交换环时，$xay = xya = axy$，$sa = as$，所以定理 5.3.4 中

$$x_1 a y_1 + \cdots + x_m a y_m + sa + at = (x_1 y_1 + \cdots + x_m y_m + s + t)a = ca$$

其中 $c = x_1 y_1 + \cdots + x_m y_m + s + t \in R$。因此 $\langle a \rangle$ 中的元素都可以表示成为 $sa + na$（$s \in R, n \in \mathbb{Z}$）的形式。

(2) 当 R 有单位元时，$sa = s \cdot a \cdot 1, at = 1 \cdot a \cdot t$，都是形如 $x_i a y_i, x_i, y_i \in R$，所以 $\langle a \rangle$ 中的元素都可以表示成为 $x_1 a y_1 + \cdots + x_m a y_m, x_i, y_i \in R$ 的形式。

(3) 当 R 是有单位元的交换环时，首先根据 (1)，理想中的元素可以表示成为 $sa + na$（$s \in R, n \in \mathbb{Z}$）的形式。又 $na = (n1) \cdot a$，所以 $\langle a \rangle$ 中的元素都可以表示成为 sa（$s \in R$）的形式。　　　　　　　　　　　　　　　　　　　　　　　　　□

例 5.3.7　证明：(1) $\mathbb{Z}$ 的理想一定是主理想。

(2) $\langle n \rangle$ 是 $\langle m \rangle$ 的子理想当且仅当 $m \mid n$。

证明：(1) 设 I 是 $\mathbb{Z}$ 的理想。不妨设 t 是 I 中最小的正整数。这是一定存在的，因为 I 是理想，所以对于任意 $l \in I$ 有 $-l \in I$，而正整数集合的任意子集必存在最小正整数。任取 $l > 0 \in I$，根据带余除法，有 $l = qt + r, q, r \in \mathbb{Z}, 0 \leqslant r < t$，所以 $r = l - qt \in R$。由于 t 是 I 中最

小的正整数，所以 $r=0$，即有 $t|l$。由此可得 $I=\langle t\rangle$。

(2) $\mathbb{Z}$ 是有单位元的交换环，所以 $\langle m\rangle=\{km\,|\,k\in\mathbb{Z}\}$。当 $\langle n\rangle$ 是 $\langle m\rangle$ 的子理想，有 $n\in\langle m\rangle$，所以 $m|n$。反之，当 $m|n$，设 $n=lm$，对于任意 $tn\in\langle n\rangle$，有 $tn=tlm\in\langle m\rangle$。因此，$\langle n\rangle$ 是 $\langle m\rangle$ 的子理想。

设 R 是环，I 是 R 的理想，在商群 $R/I=\{x+I\,|\,x\in R\}$ 中定义乘法为
$$(x+I)(y+I)=xy+I,\forall x,y\in R$$

由于 I 是一个理想，所以上述定义的乘法有意义。容易验证加群 R/I 关于上述的乘法构成一个环。

定理 5.3.5 设 R 是环，I 是 R 的理想，则 R/I 构成一个环，称为 R 关于理想 I 的商环(或称剩余类环)。其中元素 $x+I$ 通常也记为 $[x]$，称为 x 所在的等价类或 x 模 I 的剩余类。

例 5.3.8 任意 $n\in\mathbb{Z}$，$\langle n\rangle=\{nk\,|\,k\in\mathbb{Z}\}$ 整数环 $\mathbb{Z}$ 的一个理想，则有商环
$$\mathbb{Z}/(n)=\{k+(n)\,|\,k\in\mathbb{Z}\}=\{[0],\cdots,[n-1]\}$$

其中 $[i]=\{i+kn\,|\,k\in\mathbb{Z}\},i=0,\cdots,n-1$。称为模 n 的剩余类环，一般记为 $\mathbb{Z}/n\mathbb{Z}$ 或 $\mathbb{Z}_n$。

理想在环论中的地位与不变子群在群论中的地位相同，同样有类似于群论中的结论。

定理 5.3.6 设 R 是环，$\forall I\triangleleft R$，则存在自然的满同态
$$\pi:R\to R/I;a\mapsto[a],\forall a\in R$$

证明：利用定义可以直接验证。

定理 5.3.7(同态基本定理) 设 φ 是环 R 到环 R' 的一个同态映射，则

(1) $Ker\varphi=\{x\in R\,|\,\varphi(x)=0\}$ 是 R 的理想，称 $Ker\varphi$ 为同态 φ 的核；

(2) $R/Ker\varphi\cong\varphi(R)$。

证明：类似于定理 4.4.4 的证明。

5.4 素理想、极大理想和商域

定义 5.4.1 设 I 是有单位元的交换环 R 的一个理想，$I\neq R$。$a,b\in R$，如果 $ab\in I$，总有 $a\in I$ 或 $b\in I$，则称 I 是 R 的一个素理想。

定义 5.4.2 假设 R 是环，M 是 R 的子环，且 $M\neq R$。如果在 R 的所有理想中，除了 M 本身和 R，没有包含 M 的理想，则称 M 为 R 的极大理想。

例 5.4.1 整数环 $\mathbb{Z}$ 内由素数 p 生成的理想 $\langle p\rangle$ 是一个素理想，同时也是一个极大理想。

证明：$\mathbb{Z}$ 内由素数 p 生成的理想 $\langle p\rangle=\{pk\,|\,k\in\mathbb{Z}\}$。

若 $ab\in\langle p\rangle$，则 $p|ab$。由 p 是素数，可知 $p|a$ 或 $p|b$。因此有 $a\in\langle p\rangle$ 或 $b\in\langle p\rangle$。故 $\langle p\rangle$ 是一个素理想。

由于 $1\notin\langle p\rangle$，则 $\langle p\rangle\neq\mathbb{Z}$。设 I 是包含 $\langle p\rangle$ 的一个理想。若 $\langle p\rangle\neq I$，则存在 $q\in N\setminus\langle p\rangle$。由 p 是素数可知，q 与 p 互素，于是存在整数 s 和 t，使得 $sp+tq=1$。又 $p\in N$，而且 I 是理想，所以 $1\in I$，进而有 $N=\mathbb{Z}$。故 $\langle p\rangle$ 是一个极大理想。

定理 5.4.1 设有单位元的交换环 R，则

(1) M 是 R 的极大理想当且仅当 R/M 是域；

(2) P 是 R 的素理想当且仅当 R/P 是整环。

证明：(1)设 M 是 R 的极大理想。对于 $a \notin M, a \in R$，集合 $J = \{a + rm \mid m \in M, r \in R\}$ 是 R 的理想，而且 $J \supseteq M$，$J \neq M$。因此，$J = R$。特别地，存在 $m \in M, r \in R$，使得 $ar + m = 1$。如果 $a + M \neq 0 + M$ 是 R/M 中的非零元，则 $a + M$ 在 R/M 中存在乘法逆元。这是因为

$$(a + M)(r + M) = ar + M = 1 + M$$

因此 R/M 是域。

反之，设 R/M 是域。设 J 是 R 的理想，$J \supseteq M$，$J \neq M$。则对于 $a \notin M, a \in J$，剩余类 $a + M$ 在 R/M 中有逆元，所以存在 $r \in R$，满足 $(a + M)(r + M) = 1 + M$。这意味着，存在 $m \in M$，使得 $ar + m = 1$。又因为 J 是 R 的理想，所以 $1 \in J$。因此有 $J = R$。由此可得，M 是 R 的极大理想。

(2)设 P 是 R 的素理想，则 R/P 是有单位元的交换环，其单位元为 $1 + P \neq 0 + P$。令 $(a + P)(b + P) = 0 + P$，有 $ab \in P$。又 P 是 R 的素理想，所以有 $a \in P$ 或 $b \in P$，即有 $a + P = 0 + P$ 或 $b + P = 0 + P$。因此，R/P 无零因子。由此可得，R/P 是整环。　　□

从定理 5.4.1 可以看出，可以利用交换环的极大理想来构造一个域。下面介绍另一种构造域的方法——商域。

众所周知，整数环 $\mathbb{Z}$ 是有理数域 $\mathbb{Q}$ 的子环。自然地，人们会考虑对于任意一个环 R，是否存在一个域 Q，使得 R 是 Q 的子环？对于这个问题，有以下结论。

定理 5.4.2　对于每一个整环 R，一定存在一个域 Q，使得 R 是 Q 的子环。

证明：设 R 是整环。当 R 只包含零元时，定理显然成立。考虑至少含有两个元素的整环。记集合 $Q = \left\{ \dfrac{b}{a} \mid a, b \in R, b \neq 0 \right\}$。约定

(1) $a = \dfrac{a}{1}$，$\forall a \in R$，1 是 R 的单位元；

(2) $\dfrac{0}{a} = 0$，$\forall a \in R$，0 是 R 的零元；

(3) $\dfrac{bc}{ac} = \dfrac{b}{a}$，$\forall a, b, c \in R, a \neq 0, c \neq 0$。

定义如下运算：

(1)加法：$\dfrac{b}{a} + \dfrac{d}{c} = \dfrac{bc + ad}{ac}$，$a, b, c, d \in R, a \neq 0, c \neq 0$；

(2)乘法：$\dfrac{b}{a} \bullet \dfrac{d}{c} = \dfrac{bd}{ac}$，$a, b, c, d \in R, a \neq 0, c \neq 0$。

首先证明集合 Q 关于上面定义的加法构成加法交换群。由于 R 是有单位元的交换群，所以有：

(1)封闭性：显然。

(2)结合律：

$$\frac{b}{a} + \left(\frac{d}{c} + \frac{f}{e} \right) = \frac{b}{a} + \frac{ed + cf}{ce} = \frac{bce + aed + acf}{ace}$$

$$\left(\frac{b}{a}+\frac{d}{c}\right)+\frac{f}{e}=\frac{bc+ad}{ac}+\frac{f}{e}=\frac{bce+aed+acf}{ace}$$

(3)零元：为 R 中的零元。

$$\frac{b}{a}+0=\frac{b}{a}+\frac{0}{a}=\frac{b}{a}$$

$$0+\frac{b}{a}=\frac{0}{a}+\frac{b}{a}=\frac{b}{a}$$

(4)负元：$\dfrac{b}{a}$ 的负元为 $\dfrac{-b}{a}$。

$$\frac{b}{a}+\frac{-b}{a}=\frac{0}{a}=0$$

(5)交换律：

$$\frac{b}{a}+\frac{d}{c}=\frac{d}{c}+\frac{b}{a}$$

因此，Q 是加法交换群。

对于乘法，显然满足封闭性、结合律及交换律。1 是 Q 的乘法单位元。对于 Q 中的非零元 $\dfrac{b}{a}$，有

$$\frac{b}{a}\cdot\frac{a}{b}=1$$

即 $\dfrac{a}{b}$ 是 $\dfrac{b}{a}$ 的乘法逆元。因此，Q 对于乘法是乘法交换群。

乘法对加法的分配律也显然成立。

综上所述，Q 是域，称为 R 的分式域。

容易验证 R 中的加法和乘法与 Q 中定义的加法和乘法一致。因此，R 是 Q 的子环。　□

5.5　本 章 小 结

本章由群引入环，由环过渡到域。重点掌握环、零因子、整环、除环和域的定义，掌握几种域的构造方法，如交换除环是域，有限整环是域，极大理想的商环是域等。

习　　题

1. $\mathbb{Z}$ 为整数环，在集合 $S=\mathbb{Z}\times\mathbb{Z}$ 上定义

$$(a,b)+(c,d)=(a+c,b+d)$$

$$(a,b)\cdot(c,d)=(ac+bd,ad+bc)$$

证明：S 在这两个运算下成一具有单位元素的环。

2．在整数集 $\mathbb{Z}$ 上重新定义加法"$\oplus$"与乘法"$\odot$"为

$$a \oplus b = ab, a \odot b = a + b$$

试问 $\mathbb{Z}$ 在这两个运算下是否成一环。

3．设 L 为一具有单位元素的交换环，在 L 中定义：

$$a \oplus b = a + b - 1$$
$$a \odot b = a + b - ab$$

证明在新定义的运算下，L 仍成一具有单位元素的交换环，并且与原来的环同构。

4．给出环 L 与它的一个子环 S 的例子，它们分别具有下列性质：

(1) L 具有单位元素，但 S 无单位元素；

(2) L 没有单位元素，但 S 有单位元素；

(3) L、S 都有单位元素，但不相同；

(4) L 不交换，但 S 交换。

5．设 L 是一个至少有两个元素的环。如果对于每个非零元素 $a \in L$ 都有唯一的元素 b 使得

$$aba = a$$

证明：

(1) L 无零因子；

(2) $bab = b$；

(3) L 有单位元素；

(4) L 是一个除环。

6．设 $\mathbb{Z}[i] = \{a + bi \mid a, b \in \mathbb{Z}, i^2 = -1\}$，证明：$\mathbb{Z}[i]$ 关于复数的加法和乘法构成一个环。

7．设 R 是特征 p 的无零因子交换环，证明：$(a + b)^p = a^p + b^p$ 对任意 $a, b \in R$ 都成立。

8．环 R 中元 a 称为幂零的，如果有正整数 n，使得 $a^n = 0$。证明在交换环 R 中，如果 a, b 都是幂零的，那么 $a + b$ 也是幂零的；证明 R 中所有幂零元构成 R 的一个理想。

9．设 $F[x]$ 是数域 F 上的一元多项式集合，现对 $F[x]$ 定义乘法"$\circ$"为

$$f(x) \circ g(x) = f(g(x))$$

问 $F[x]$ 关于多项式的加法和如上定义的乘法"$\circ$"是否构成环？

10．如果环 R 的加法群是循环群，证明：R 是交换环。

11．设 a 是环 R 中的可逆元，证明：a 的逆元唯一。

12．设 $F = \{a + bi \mid a, b \in \mathbb{Q}, i^2 = -1\}$，证明：$F$ 关于数的加法和乘法构成一个域。

13．证明：一个至少有两个元但没有零因子的有限环是一个除环。

14．证明：$(\mathbb{Z}_n, +, \cdot)$ 是域的充分必要条件是 n 为素数。

15．设 F 是一个有 4 的元素的域，证明：

(1) F 的特征为 2；

(2) F 的不等于 0,1 的两个元素都是方程 $x^2 = x + 1$ 的解。

16．设 R 是特征为 p 的交换环，$a, b \in R$，证明：$(a - b)^p = a^p - b^p$。

17．找出 $\mathbb{Z}_6$ 的所有理想。

18．设 F 是域，问 $F[x]$ 中的主理想 $\langle x^2 \rangle$ 含有哪些元？$F[x]/\langle x^2 \rangle$ 含有哪些元？

19. 设 $\mathbb{Z}[x]$ 为整数环上的一元多项式环，问理想 $\langle 2, x \rangle$ 由哪些元素组成？$\langle 2, x \rangle$ 是否是主理想？

20. 设 p, q 是两个不同的素数，试求 $\langle p \rangle \cap \langle q \rangle$ 是 $\mathbb{Z}$ 的怎样一个理想？

21. 设 $R = \{a + bi \mid a, b \in \mathbb{Z}\}, I = \langle 1 + i \rangle$，求商环 R / I。

22. 设 $f : R \to S$ 是环的满同态，证明：

(1) 若 T 是 R 的一个子环，则 $f(T)$ 是 S 的一个子环；

(2) 若 I 是 R 的一个理想，则 $f(I)$ 是 S 的一个理想；

(3) 若 T' 是 S 的一个子环，则 $f^{-1}(T') = \{a \in R \mid f(a) \in T'\}$ 是 R 的一个子环；

(4) 若 I' 是 S 的一个理想，则 $f^{-1}(I') = \{a \in R \mid f(a) \in I'\}$ 是 R 的一个理想。

23. 设 $f : R \to S$ 是环的满同态，其核为 K，证明：

(1) 如果 P 是 R 的包含 K 的一个素理想，则 $f(P)$ 是 S 的素理想；

(2) 如果 Q 是 S 的素理想，则 $f^{-1}(Q) = \{a \in R \mid f(a) \in Q\}$ 是 P 的素理想，且包含 K。

24. 证明定理 5.3.3。

25. 设 I 是环 R 的一个理想，证明：从 R 到 R / I 有一个满同态映射。

26. 设 I, J 是环 R 的理想，定义 $I + J = \{a + b \mid a \in I, b \in J\}$，证明：$I + J$ 是 R 的理想。

27. 设 I, J 是环 R 的理想，定义 $I \cdot J = \{\sum_{i=1}^{t} a_i b_i \mid a_i \in I, b_i \in J, t\ 是正整数\}$，证明：$I \cdot J$ 是 R 的一个理想。

28. 设 $R = 2\mathbb{Z}$ 为偶数环，

(1) 证明：$\mathbb{Z} = \{4k \mid k \in \mathbb{Z}\}$ 是 R 的理想。$I = (4)$ 对吗？

(2) 证明：(4) 是 R 的一个极大理想。$R / (4)$ 是不是域？

第6章 多 项 式

多项式理论在代数学特别是有限域理论中应用非常广泛。本章主要关注整环，特别是域上的多项式。

6.1 多项式相关概念

定义 6.1.1 如果 R 是整环，则 R 上未定元 x 的一个多项式是形如

$$f(x) = a_n x^n + \cdots + a_2 x^2 + a_1 x + a_0$$

的一个表达式，这里每一个 $a_i \in R$，$n \geq 0$，称 a_i 为 x^i 在 $f(x)$ 中的系数。使得 $a_m \neq 0$ 的最大整数 m 称为 $f(x)$ 的次数，以 $\deg f(x)$ 表示，称 a_m 为 $f(x)$ 的首项系数。如果 $f(x) = a_0$（常数多项式）且 $a_0 \neq 0$，则 $f(x)$ 次数为 0。所有系数都为 0 的多项式 $f(x)$ 称为零多项式，为了方便，定义它的次数为 $-\infty$。如果 $f(x)$ 首项系数为 1，则称 $f(x)$ 是首一的。把 R 上的全体多项式集合记为 $R[x]$。

约定 $x^0 = 1$，其中 1 是整环 R 中的单位元。通常，用求和号来表示将多项式 $f(x) = a_n x^n + \cdots + a_2 x^2 + a_1 x + a_0$ 表示为

$$f(x) = \sum_{i=0}^{n} a_i x^i$$

定义 6.1.2 设 $f(x) = \sum_{i=0}^{n} a_i x^i$ 和 $g(x) = \sum_{i=0}^{m} b_i x^i$ 是整环 R 上的两个多项式,若满足 $m = n$ 且 $a_i = b_i, 0 \leq i \leq n$，则称 $f(x) = g(x)$。

定义 6.1.3 设 $f(x) = \sum_{i=0}^{n} a_i x^i$ 和 $g(x) = \sum_{i=0}^{m} b_i x^i$ 是整环 R 上的两个多项式，定义多项式的加法和乘法如下。

（1）加法。令 $M = \max\{m, n\}$，即当 $m \neq n$ 时，M 就是 m 和 n 中较大的那个数；当 $m = n$ 时，$M = m = n$。约定

$$a_{n+1} = a_{n+2} = \cdots = a_M = 0，\quad \text{如果} \ n < M$$

$$b_{m+1} = b_{m+2} = \cdots = b_M = 0，\quad \text{如果} \ m < M$$

那么，$f(x)$ 和 $g(x)$ 可写成 $f(x) = \sum_{i=0}^{M} a_i x^i$ 和 $g(x) = \sum_{i=0}^{M} b_i x^i$，记

$$f(x) + g(x) = \sum_{i=0}^{M} (a_i + b_i) x^i$$

（2）乘法。

$$f(x) \cdot g(x) = a_n b_m x^{n+m} + (a_n b_{m-1} + a_{n-1} b_m) x^{n+m-1}$$
$$+ \cdots + (a_1 b_0 + a_0 b_1) x + a_0 b_0$$
$$= \sum_{s=0}^{m+n} (\sum_{i+j=s} a_i b_j) x^s$$

和整环中的运算一样，整环上的多项式运算也满足以下一些规律。

(1)加法交换律：

$$f(x) + g(x) = g(x) + f(x)$$

(2)加法结合律：

$$(f(x) + g(x)) + h(x) = f(x) + (g(x) + h(x))$$

(3)乘法交换律：

$$f(x)g(x) = g(x)f(x)$$

(4)乘法结合律：

$$(f(x)g(x))h(x) = f(x)(g(x)h(x))$$

(5)乘法对加法的分配律：

$$f(x)(g(x) + h(x)) = f(x)g(x) + f(x)h(x)$$

显然，$R[x]$ 中的多项式对于加法和乘法封闭，$x^0 = 1$ 为 $R[x]$ 中的单位元，且对于多项式 $f(x) = \sum_{i=0}^{n} a_i x^i$，有

$$-f(x) = \sum_{i=0}^{n} (-a_i) x^i$$

定义 6.1.4 R 为一个整环，x 是 R 上的未定元，$R[x]$ 对于多项式的加法和乘法构成环，称为多项式环。

定理 6.1.1 整环 R 上的多项式环 $R[x]$ 是整环。

证明： 只需要证明 $R[x]$ 中无零因子即可。设 $f(x), g(x) \in R[x]$，且

$$f(x)g(x) = 0$$

若 $f(x) = 0$，则定理得证。不妨设 $f(x) = \sum_{i=0}^{n} a_i x^i$，其中 $a_n \neq 0$，又设 $g(x) = \sum_{i=0}^{m} b_i x^i$，由

$$f(x) \cdot g(x) = a_n b_m x^{n+m} + (a_n b_{m-1} + a_{n-1} b_m) x^{n+m-1}$$
$$+ \cdots + (a_1 b_0 + a_0 b_1) x + a_0 b_0$$
$$= 0$$

可得

$$\begin{cases} a_n b_m = 0 \\ a_n b_{m-1} + a_{n-1} b_m = 0 \\ \quad \vdots \\ a_1 b_0 + a_0 b_1 = 0 \\ a_0 b_0 = 0 \end{cases}$$

因为整环 R 中无零因子，所以由 $a_n \neq 0, a_n b_m = 0$，可得 $b_m = 0$。将 $b_m = 0$ 代入第二个式子，同样因为整环 R 中无零因子，可得 $b_{m-1} = 0$，依次推导可得

$$b_m = b_{m-1} = \cdots = b_1 = b_0 = 0$$

即 $g(x) = 0$。定理得证。　　　　　　　　　　　　　　　　　　　　　　　　　　　□

例 6.1.1　设 $f(x) = x^3 + x + 1$，$g(x) = x^2 + x$ 为多项式环 $\mathbb{Z}_2[x]$ 中的元素，在 $\mathbb{Z}_2[x]$ 中，$f(x) + g(x) = x^3 + x^2 + 1$，$f(x) \cdot g(x) = x^5 + x^4 + x^3 + x$。

令 F 为一个任意的域。多项式环 $F[x]$ 与整数有许多共同的性质。多项式也可以和整数一样进行除法运算。

例 6.1.2　在有理数域中取 $f(x) = 3x^3 + 4x^2 - 5x + 6, g(x) = x^2 - 3x + 1$，求 $g(x)$ 除 $f(x)$ 的商式和余式。

解：和整数除法一样，可以列竖式如下：

$$
\begin{array}{r|l|l}
x^2 - 3x + 1 & 3x^3 + 4x^2 - 5x + 6 & 3x + 13 \\
& 3x^3 - 9x^2 + 3x & \\
\hline
& 13x^2 - 8x + 6 & \\
& 13x^2 - 39x + 13 & \\
\hline
& 31x - 7 &
\end{array}
$$

于是，求得的商式为 $3x + 13$，余式为 $31x - 7$，所得结果可以写成

$$3x^3 + 4x^2 - 5x + 6 = (3x + 13)(x^2 - 3x + 1) + (31x - 7)$$

定理 6.1.2（多项式的带余除法）　设 $f(x), g(x) \in F[x]$，$g(x) \neq 0$，则一定存在多项式 $q(x), r(x) \in F[x]$，使得

$$f(x) = q(x)g(x) + r(x) \tag{6.1}$$

其中，$\deg r(x) < \deg g(x)$ 或者 $r(x) = 0$，而且 $q(x), r(x)$ 是唯一的。$q(x)$ 称为 $g(x)$ 除 $f(x)$ 的商式记为 $f(x) \operatorname{div} g(x)$，$r(x)$ 称为 $g(x)$ 除 $f(x)$ 的余式，记为 $f(x) \bmod g(x)$。

证明：设 $f(x)$ 的次数为 n，$g(x)$ 的次数为 m。设 $f(x) = \sum_{i=0}^{n} a_i x^i$ 和 $g(x) = \sum_{i=0}^{m} b_i x^i$。

首先证明存在性。

对 n 作数学归纳法。

当 $n < m$ 时，取 $q(x) = 0, r(x) = f(x)$，结论成立。

当 $n \geq m$ 时，因为 $a_n \neq 0, b_n \neq 0$，可令

$$f_1(x) = f(x) - a_n b_m^{-1} x^{n-m} b(x)$$

那么有 $\deg f_1(x) \leq n - 1$。根据归纳假设，$F[x]$ 中存在一对多项式 $q_1(x)$ 和 $r_1(x)$，使得

$$f_1(x) = q_1(x)g(x) + r_1(x)，\text{其中 } \deg r_1(x) < \deg g(x)$$

于是

$$f(x) = [a_n b_m^{-1} x^{n-m} + q_1(x)]g(x) + r_1(x)$$

令 $q(x) = a_n b_m^{-1} x^{n-m} + q_1(x), r(x) = r_1(x)$，就有式 (6.1) 成立。

下证唯一性。

设有另一对多项式式 $q_1(x)$ 和 $r_1(x)$ 满足式 (6.1)，即

$$f(x) = q_1(x)g(x) + r_1(x)，其中 \deg r_1(x) < \deg g(x)$$

那么有

$$(q_1(x) - q(x))g(x) = -r_1(x) + r(x)$$

于是有

$$\deg[(q_1(x) - q(x))g(x)] = \deg[-r_1(x) + r(x)]$$

由于

$$\deg[-r_1(x) + r(x)] \leqslant \max\{\deg r_1(x), \deg r(x)\} < \deg g(x)$$

因此有

$$\deg[(q_1(x) - q(x))g(x)] = \deg[q_1(x) - q(x)] + \deg g(x) < \deg g(x)$$

所以一定有 $q_1(x) - q(x) = 0$，即 $q_1(x) = q(x)$。因而也有 $r_1(x) = r(x)$。定理得证。□

例 6.1.3 考虑 $Z_2[x]$ 中多项式 $f(x) = x^6 + x^5 + x^3 + x^2 + x + 1$ 和 $g(x) = x^4 + x^3 + 1$，求 $q(x), r(x) \in Z_2[x]$，使得

$$f(x) = q(x)g(x) + r(x)$$

其中 $\deg r(x) < \deg g(x)$。

解：

$$
\begin{array}{r}
x^2 \\
x^4 + x^3 + 1 \overline{) x^6 + x^5 + x^3 + x^2 + x + 1} \\
\underline{x^6 + x^5 \quad\quad + x^2} \\
x^3 \quad\quad + x + 1
\end{array}
$$

所以 $f(x) = x^2 g(x) + (x^3 + x + 1)$。

定义 6.1.5 设 $f(x), g(x) \in F[x]$，如果存在 $q(x) \in F[x]$，使得 $f(x) = q(x)g(x)$，则称 $g(x)$ 整除 $f(x)$，记为 $g(x) | f(x)$。记 $g(x) \nmid f(x)$ 为 $g(x)$ 不整除 $f(x)$。当 $g(x) | f(x)$ 时，称 $g(x)$ 为 $f(x)$ 的因式，而称 $f(x)$ 为 $g(x)$ 的倍式。

定理 6.1.3 设 $f(x), g(x) \in F[x]$，$g(x) \neq 0$，则 $g(x)$ 整除 $f(x)$ 的充要条件是 $g(x)$ 除 $f(x)$ 的余式为零。

证明： 设 $f(x) = q(x)g(x) + r(x)$。若 $r(x) = 0$，则 $f(x) = q(x)g(x)$，即 $g(x) | f(x)$。反之，如果 $g(x)$ 整除 $f(x)$，则有 $f(x) = q(x)g(x) = q(x)g(x) + 0$，即有 $r(x) = 0$。□

类似于整数，多项式整除有如下性质。

定理 6.1.4 设 $F[x]$ 中的某个域 F 上的多项式环。

(1) 设 $f(x), g(x) \in F[x]$，若 $f(x) | g(x)$，$g(x) | f(x)$，则有 $f(x) = cg(x)$，其中 $c \in F$。

(2) 设 $f(x), g(x), h(x) \in F[x]$，若 $f(x) | g(x)$，$g(x) | h(x)$，则有 $f(x) | h(x)$。

(3) 设 $f(x), g_i(x) \in F[x]$，其中 $i = 1, 2, \cdots, l$，若对于所有的 i 都有 $f(x) | g_i(x)$，则

$$f(x) | u_1(x)g_1(x) + \cdots + u_l(x)g_l(x)$$

其中，$u_i(x) \in F[x]$ 是域 F 上的任意多项式。

证明： (1) 由于 $f(x) | g(x)$，$g(x) | f(x)$，不妨设 $g(x) = q_1(x) f(x)$，$f(x) = q_2(x) g(x)$，因此有 $g(x) = q_1(x) q_2(x) g(x)$，即 $(q_1(x) q_2(x) - 1) g(x) = 0$。若 $g(x) = 0$，则 $f(x) = 0$，结论显然成立。若 $g(x) \neq 0$，则由于 $F[x]$ 中无零因子，有

$$q_1(x) q_2(x) - 1 = 0，\quad 即 \ q_1(x) q_2(x) = 1$$

从而 $\deg(q_1(x)) + \deg(q_2(x)) = 0$，由此可得

$$\deg(q_1(x)) = \deg(q_2(x)) = 0$$

也就是说 $q_2(x)$ 是 F 中的一非零元。

(2) 和 (3) 的证明可仿造定理 1.1.1 的证明。　　　　　　　　　　□

通常，$u_1(x) g_1(x) + \cdots + u_l(x) g_l(x)$ 称为多项式 $g_1(x), g_2(x), \cdots, g_l(x)$ 的一个组合。

6.2　公因式、不可约多项式和因式分解唯一性定理

如未特别说明，本节出现的多项式均属于 $F[x]$，其中 F 是域。

定义 6.2.1　如果 $h(x)$ 既是 $f(x)$ 的因式，又是 $g(x)$ 的因式，则称 $h(x)$ 是 $f(x)$ 和 $g(x)$ 的公因式。若 $f(x)$ 和 $g(x)$ 的首项系数为 1 的公因式 $d(x)$ 满足 $f(x)$ 和 $g(x)$ 的公因式都是 $d(x)$ 的因式，则称 $d(x)$ 是 $f(x)$ 和 $g(x)$ 的最大公因式，记为 $d(x) = (f(x), g(x))$。

根据带余除法和多项式整除的性质，如果有等式

$$f(x) = q(x) g(x) + r(x)$$

成立，那么 $f(x), g(x)$ 和 $g(x), r(x)$ 有相同的公因式，因此有

$$(f(x), g(x)) = (g(x), r(x))$$

定理 6.2.1　对于 $F[x]$ 中的多项式 $f(x)$ 和 $g(x)$，一定存在最大公因式 $d(x) \in F[x]$，且 $d(x)$ 可以表示成 $f(x)$ 和 $g(x)$ 的一个组合，即存在 $u(x), v(x) \in F[x]$，使得

$$d(x) = u(x) f(x) + v(x) g(x)$$

证明： 如果 $f(x), g(x)$ 有一个为零，如 $g(x) = 0$，则 $a_n^{-1} f(x)$ 就是一个最大公因式，其中 a_n 为 $f(x)$ 的首项系数，且有

$$a_n^{-1} f(x) = a_n^{-1} f(x) + 1 \bullet 0$$

结论成立。

设 $g(x) \neq 0$。根据带余除法，用 $g(x)$ 除 $f(x)$，得到商 $q_1(x)$ 和余式 $r_1(x)$；如果 $r_1(x) \neq 0$，就再用 $r_1(x)$ 除 $g(x)$，得到商 $q_2(x)$ 和余式 $r_2(x)$；如果 $r_2(x) \neq 0$，就再用 $r_2(x)$ 除 $r_1(x)$，得到商 $q_3(x)$ 和余式 $r_3(x)$；依次下去，所得余式的次数不断降低，即

$$\deg(g(x)) > \deg(r_1(x)) > \deg(r_2(x)) > \cdots$$

在有限次后，必然有余式为 0。于是有

$$f(x) = q_1(x) g(x) + r_1(x), 0 \leqslant \deg(r_1(x)) < \deg(g(x))$$
$$g(x) = q_2(x) r_1(x) + r_2(x), 0 \leqslant \deg(r_2(x)) < \deg(r_1(x))$$

$$r_1(x) = q_3(x)r_2(x) + r_3(x), 0 \leqslant \deg(r_3(x)) < \deg(r_2(x))$$

$$\vdots$$

$$r_{l-2}(x) = q_l(x)r_{l-1}(x) + r_l(x), 0 \leqslant \deg(r_l(x)) < \deg(r_{l-1}(x))$$

$$r_{l-1}(x) = q_{l+1}(x)r_l(x)$$

根据定理前的说明，$r_l(x)$ 与 0 的最大公因式为 $r_l(x)$；$r_l(x)$ 是 $r_{l-1}(x)$ 和 $r_l(x)$ 的最大公因式，同理以此类推，$r_l(x)$ 是 $f(x)$ 和 $g(x)$ 的最大公因式。

由上面的倒数第二个式子，可得

$$r_l(x) = r_{l-2}(x) - q_l(x)r_{l-1}(x)$$

再由倒数第三个式子，可得 $r_{l-1}(x) = r_{l-3}(x) - q_{l-1}(x)r_{l-2}(x)$，代入上式可得

$$r_l(x) = (1 + q_l(x)q_{l-1}(x))r_{l-2}(x) - q_l(x)r_{l-3}(x)$$

依次类推，可找到 $u(x), v(x) \in F[x]$，使得

$$d(x) = r_s(x) = u(x)f(x) + v(x)g(x)$$

定理得证。   □

定理中所使用的方法也称为辗转相除法。

根据定理 6.2.1，可以给出求 $F[x]$ 中的多项式 $f(x)$ 和 $g(x)$ 最大公因式的欧几里得算法和扩展的欧几里得算法。

算法 6.2.1 适用于 $F[X]$ 的欧几里得算法。

输入：两个多项式 $f(x), g(x) \in F[X]$。

输出：$f(x), g(x)$ 的最大公因子。

1. 当 $g(x) \neq 0$ 时，作

令 $r(x) \leftarrow f(x) \bmod g(x), f(x) \leftarrow g(x), g(x) \leftarrow r(x)$。

2. 返回 $(f(x))$。

如同整数中的情况，欧几里得算法可以加以扩展，从而求出 $u(x)$ 与 $v(x)$ 两个多项式，满足

$$u(x)f(x) + v(x)g(x) = (f(x), g(x))$$

算法 6.2.2 适用于 $F[X]$ 的扩展的欧几里得算法。

输入：两个多项式 $f(x), g(x) \in F[X]$。

输出：$d(x) = (f(x), g(x))$ 以及多项式 $u(x)$，$v(x)$ 满足 $u(x)f(x) + v(x)g(x) = d(x)$。

1. 如果 $g(x) = 0$，则令 $d(x) \leftarrow f(x), u(x) \leftarrow 1, v(x) \leftarrow 0$，返回 $(d(x), u(x), v(x))$。

2. 令 $u_2(x) \leftarrow 1, u_1(x) \leftarrow 0, v_2(x) \leftarrow 0, v_1(x) \leftarrow 1$。

3. 当 $g(x) \neq 0$ 时作以下工作：

3.1 $q(x) \leftarrow f(x) \operatorname{div} g(x), r(x) \leftarrow f(x) - g(x)q(x)$；

3.2 $u(x) \leftarrow u_2(x) - q(x)u_1(x), v(x) \leftarrow v_2(x) - q(x)v_1(x)$；

3.3 $f(x) \leftarrow g(x), g(x) \leftarrow r(x)$；

3.4 $u_2(x) \leftarrow u_1(x), u_1(x) \leftarrow u(x), v_2(x) \leftarrow v_1(x), v_1(x) \leftarrow v(x)$。

4．令 $d(x) \leftarrow f(x), u(x) \leftarrow u_2(x), v(x) \leftarrow v_2(x)$ 。

5．返回 $(d(x), u(x), v(x))$ 。

例 6.2.1 求 $\mathbb{Z}_2[x]$ 中的多项式 $x^5+x^4+x^3+x^2+x+1$ 和 x^4+x^2+x+1 的最大公因式，并将最大公因式表示成这两个多项式的组合。

解： 可用下面的竖式来进行辗转相除。

$q_2(x)=x^2+x$	$x^4 \quad +x^2+x+1$	$x^5+x^4+x^3+x^2+x+1$	$q_1(x)=x+1$
	x^4+x^3	$x^5 \quad +x^3+x^2+x$	
	x^3+x^2+x+1	$x^4 \qquad +1$	
	x^3+x^2	$x^4 \quad +x^2+x+1$	
	$r_2(x)=x+1$	$r_1(x)=x^2+x$	$q_3(x)=x$
		x^2+x	
		0	

因此，$x+1=(x^5+x^4+x^3+x^2+x+1,x^4+x^2+x+1)$ 。

为了将 $x+1$ 表示成 $x^5+x^4+x^3+x^2+x+1$ 和 x^4+x^2+x+1 的组合，可将上述竖式写成横式：

$$x^5+x^4+x^3+x^2+x+1=(x+1)(x^4+x^2+x+1)+x^2+x$$

$$x^4+x^2+x+1=(x^2+x)(x^2+x)+x+1$$

$$x^2+x=x(x+1)$$

因此有

$$x+1=x^4+x^2+x+1+(x^2+x)(x^2+x)$$
$$=x^4+x^2+x+1+(x^2+x)[(x^5+x^4+x^3+x^2+x+1)+(x+1)(x^4+x^2+x+1)]$$
$$=(x^2+x)(x^5+x^4+x^3+x^2+x+1)+(x^3+x+1)(x^4+x^2+x+1)$$

定义 6.2.2 如果 $F[x]$ 中的多项式 $f(x)$ 和 $g(x)$ 满足 $(f(x),g(x))=1$ ，则称 $f(x)$ 与 $g(x)$ 互素。

定理 6.2.2 $F[x]$ 中的两个多项式 $f(x)$ ，$g(x)$ 互素的充要条件是存在 $u(x),v(x)\in F[x]$ 使得 $u(x)f(x)+v(x)g(x)=1$ 。

证明： 必要性是定理 6.2.1 的直接推论。

设存在 $u(x),v(x)\in F[x]$ ，使得

$$u(x)f(x)+v(x)g(x)=1$$

设 $d(x)$ 是 $f(x)$ 和 $g(x)$ 的最大公因式，则有 $d(x)|f(x),d(x)|g(x)$ ，从而有 $d(x)|1$ 。因此 $f(x)$ ，$g(x)$ 互素。 □

多项式互素与整数互素有类似的性质。

定理 6.2.3 (1) 若 $(f(x),g(x))=1$ ，且 $f(x)|g(x)h(x)$ ，则有

$$f(x)|h(x)$$

(2) 若 $f(x)|h(x)$ ，$g(x)|h(x)$ ，且 $(f(x),g(x))=1$ ，则有

$$f(x)g(x)|h(x)$$

定理 6.2.3 的证明留给读者。

定义 6.2.3 如果域 F 上的次数大于等于 1 的多项式 $p(x)$ 不能分解为域 F 上的两个次数比 $p(x)$ 低的多项式的乘积，则称 $p(x)$ 为域 F 上的不可约多项式。换句话说，如果 $p(x)$ 在 $F[x]$ 中只有 F 中不等于 0 的元素 c 和 $cp(x)$ 为因式，则称 $p(x)$ 为域 F 上的不可约多项式。

从定义中看，一次多项式总是不可约多项式。

从定义中还可看出，多项式的不可约性与多项式所在的域有关。例如，$x^2 + 1$ 在实数域上是不可约的，但在复数域上 $x^2 + 1 = (x+i)(x-i)$。

类似于整数中的素数，不可约多项式有如下重要性质。

定理 6.2.4 设 $p(x)$ 为域 F 上的不可约多项式，对于任意两个多项式 $f(x), g(x) \in F[x]$，若 $p(x) | f(x)g(x)$，则有 $p(x) | f(x)$ 或 $p(x) | g(x)$。

证明： 若 $p(x) | f(x)$，则结论成立。

若 $p(x) \nmid f(x)$，则有 $(p(x), f(x)) = 1$，根据定理 6.2.3 (1) 可得 $p(x) | g(x)$。 □

定理 6.2.5（因式分解唯一性定理） 域 F 上的任意次数大于等于 1 的多项式 $f(x)$ 都可以表示成 $F[x]$ 中一些不可约多项式的乘积。更进一步，若

$$f(x) = p_1(x)p_2(x) \cdots p_s(x) = q_1(x)q_2(x) \cdots q_l(x)$$

是将 $f(x)$ 分解成不可约多项式的积的两种形式，则一定有 $s = l$ 且适当排序后有 $p_i(x) = c_i q_i(x)$，其中 $c_i (1 \leq i \leq s)$ 是域 F 中不等于零的元素。

这个定理的证明完全平行于定理 1.3.2，读者可自行证明。

由因式分解唯一性定理，$F[x]$ 中的任何一个多项式 $f(x)$ 都可以分解成如下形式

$$f(x) = c p_1^{r_1}(x) p_2^{r_2}(x) \cdots p_m^{r_m}(x)$$

其中，c 是 $f(x)$ 的首项系数，$p_1(x), p_2(x), \cdots, p_m(x)$ 是不同的首项系数为 1 的不可约多项式，$r_1, r_2, \cdots, r_m$ 是正整数。该分解式称为 $f(x)$ 的标准分解式。

定义 6.2.4 设 $p(x)$ 为域 F 上的不可约多项式，若 $p^k(x) | f(x)$，而 $p^{k+1}(x) \nmid f(x)$，其中 k 是正整数，则称 $p(x)$ 是 $f(x)$ 的 k 重因式。当 $k = 1$ 时，称 $p(x)$ 是 $f(x)$ 的单因式；若 $k > 1$，则称 $p(x)$ 是 $f(x)$ 的重因式。

判断一个多项式是否存在重因式需要引入多项式形式微商的概念。

定义 6.2.5 设 $f(x) \in F[x]$，且 $f(x) = a_n x^n + a_{n-1} x^{n-1} + \cdots + a_1 x + a_0$，规定 $f(x)$ 的形式微商为

$$f'(x) = n a_n x^{n-1} + (n-1) a_{n-1} x^{n-2} + \cdots + 2 a_2 x + a_1$$

这种规定来源于微积分，在本书中只将它作为一个形式上的定义。可以直接验证多项式的微商满足以下性质：

$$(f(x) + g(x))' = f'(x) + g'(x)$$
$$(cf(x))' = cf'(x)$$
$$(f(x)g(x))' = f'(x)g(x) + f(x)g'(x)$$
$$(f^m(x))' = m(f^{m-1}(x)f'(x))$$

定理 6.2.6 设 $f(x) \in F[x]$ 且 $f(x) \neq 0$，则 $f(x)$ 没有重因式当且仅当 $(f(x), f'(x)) = 1$。

证明： 假设 $f(x)$ 有重因式 $g(x)$，$\deg(g(x)) \geqslant 1$，那么一定有

$$f(x) = g^2(x)h(x), \quad h(x) \in F[x]$$

于是有

$$f(x) = 2g(x)g'(x)h(x) + g^2(x)h'(x)$$

因此，$g(x)$ 是 $f(x)$ 和 $f'(x)$ 的公因式，所以 $f(x)$ 和 $f'(x)$ 不互素。

再设 $f(x)$ 和 $f'(x)$ 不互素。令 $g(x) = (f(x), f'(x))$，且 $\deg(g(x)) \geqslant 1$，则存在 $h(x) \in F[x]$ 使得 $f(x) = g(x)h(x)$，从而 $f'(x) = g(x)h'(x) + g'(x)h(x)$，于是 $g(x) \mid g'(x)h(x)$。因为 $\deg(g'(x)) < \deg(g(x))$，由因式分解唯一性定理可知，必存在 $d(x) \in F[x]$，$\deg(d(x)) \geqslant 1$ 使得 $d(x) \mid g(x)$，$d(x) \mid h(x)$。因此，$d(x)$ 是 $f(x)$ 的重因式。定理得证。　　　　□

定义 6.2.6　设 $f(x) \in F[x]$，且 $f(x) = a_n x^n + a_{n-1} x^{n-1} + \cdots + a_1 x + a_0$，设 $\alpha \in F$。在 $f(x)$ 的表达式中用 α 替代未定元 x 所得到的域 F 中的元素

$$f(\alpha) = a_n \alpha^n + a_{n-1} \alpha^{n-1} + \cdots + a_1 \alpha + a_0$$

称为 $f(x)$ 当 $x = \alpha$ 时的值，记为 $f(\alpha)$。若 $f(\alpha) = 0$，则称 α 是 $f(x)$ 在域 F 中的一个根。

利用带余除法，可以得到如下定理。

定理 6.2.7(余元定理)　设 $f(x) \in F[x]$，$\alpha \in F$，则用一次多项式 $x - \alpha$ 去除 $f(x)$ 所得余式是域 F 中的元素 $f(\alpha)$。

证明： 设用 $x - \alpha$ 去除 $f(x)$ 所得商为 $q(x)$，而余式为域 F 中的元素 c，即

$$f(x) = q(x)(x - \alpha) + c$$

在上式中用 α 替代未定元 x 得

$$f(\alpha) = c　　　　　　　　　　　　□$$

推论 6.2.1　设 $f(x) \in F[x]$，$\alpha \in F$，则 α 是 $f(x)$ 的根的充要条件是 $(x - \alpha) \mid f(x)$。

推论 6.2.2　设 $f(x) \in F[x]$，$\deg(f(x)) = n$，则 $f(x)$ 在 F 中最多 n 个两两相异的根。

6.3　多项式同余

设 $f(x) \in F[x]$ 中的某一固定多项式，如同整数的情况，可以用 $f(x)$ 去除 $F[x]$ 中的多项式从而得出 $F[x]$ 中多项式同余的定义。

定义 6.3.1　设 $g(x), h(x) \in F[x]$，如果 $f(x)$ 整除 $g(x) - h(x)$，则称 $g(x)$ 与 $h(x)$ 模 $f(x)$ 同余，记为 $g(x) \equiv h(x)(\bmod f(x))$。

定理 6.3.1　(1) $g(x) \equiv h(x)(\bmod f(x))$ 当且仅当存在 $k(x) \in F[x]$，使得

$$g(x) = k(x)f(x) + h(x)$$

(2) 设 $g(x) = q_1(x)f(x) + r_1(x)$，$h(x) = q_2(x)f(x) + r_2(x)$，其中 $q_1(x), q_2(x), r_1(x)$，$r_2(x) \in F[x]$，$0 \leqslant \deg(r_1(x)) < \deg(f(x))$，$0 \leqslant \deg(r_2(x)) < \deg(f(x))$，则 $g(x) \equiv h(x) \pmod{f(x)}$ 当且仅当 $r_1(x) = r_2(x)$。

证明： (1) 设 $g(x) \equiv h(x)(\bmod f(x))$，根据多项式同余的定义有 $f(x) \mid g(x) - h(x)$，即存在 $k(x) \in F[x]$，使得 $g(x) - h(x) = k(x)f(x)$，即 $g(x) = k(x)f(x) + h(x)$。

反之，若存在 $k(x) \in F[x]$ ，使得 $g(x) = k(x)f(x) + h(x)$ ，则有

$$g(x) - h(x) = k(x)f(x)$$

显然有 $f(x) \mid g(x) - h(x)$ 。

(2) 设 $g(x) = q_1(x)f(x) + r_1(x)$ ， $h(x) = q_2(x)f(x) + r_2(x)$ ，则有

$$g(x) - h(x) = (q_1(x) - q_2(x))f(x) + r_1(x) - r_2(x)$$

又 $g(x) \equiv h(x)(\bmod f(x))$ ，根据同余的定义，有 $f(x) \mid g(x) - h(x)$ ，从而有 $f(x) \mid r_1(x) - r_2(x)$ ，又因为 $0 \leqslant \deg(r_1(x)) < \deg(f(x))$ ， $0 \leqslant \deg(r_2(x)) < \deg(f(x))$ ，所以 $0 \leqslant \deg(r_1(x) - r_2(x)) < \deg(f(x))$ ，因此只能有 $\deg(r_1(x) - r_2(x)) = 0$ ，即有 $r_1(x) = r_2(x)$ 。

反之， $r_1(x) = r_2(x)$ ，有 $g(x) - h(x) = (q_1(x) - q_2(x))f(x)$ 。显然有 $f(x) \mid g(x) - h(x)$ ，所以 $g(x) \equiv h(x)(\bmod f(x))$ 。 □

类似于整数同余，多项式同余具有以下性质。

定理 6.3.2（同余的性质） 对于所有 $g(x), h(x), g_1(x), h_1(x), s(x) \in F[x]$ ，以下事实成立：

(1)（自反性） $g(x) \equiv g(x)(\bmod f(x))$ ；

(2)（对称性）如果 $g(x) \equiv h(x)(\bmod f(x))$ ，则 $h(x) \equiv g(x)(\bmod f(x))$ ；

(3)（传递性）如果 $g(x) \equiv h(x)(\bmod f(x))$ 且 $h(x) \equiv s(x)(\bmod f(x))$ ，则 $g(x) \equiv s(x)(\bmod f(x))$ ；

(4) 如果 $g(x) \equiv g_1(x)(\bmod f(x))$ 且 $h(x) \equiv h_1(x)(\bmod f(x))$ ，则 $g(x) + h(x) \equiv g_1(x) + h_1(x)(\bmod f(x))$ 且 $g(x) \cdot h(x) \equiv g_1(x) \cdot h_1(x)(\bmod f(x))$ 。

定理的证明留给读者。

设 $f(x) \in F[x]$ ，根据定理 6.3.2 中的性质 (1)(2)(3) 可知模 $f(x)$ 同余是 $F[x]$ 上的一个等价关系。如果 $g(x) \in F[x]$ ，则利用带余除法 $g(x)$ 除 $f(x)$ 得到唯一多项式 $q(x), r(x)$ ，使得 $g(x) = q(x)f(x) + r(x)$,其中 $\deg(r(x)) < \deg(f(x))$ 。因此每一个多项式 $g(x)$ 都与唯一的一个次数比 $\deg f(x)$ 低的多项式 $r(x)$ 模 $f(x)$ 同余，可以用来 $r(x)$ 作为包含 $g(x)$ 的等价类的代表。记以 $r(x)$ 为代表元的等价类为 $[r(x)]$ 。记 $\langle f(x) \rangle$ 为 $f(x)$ 生成的理想。事实上有， $[r(x)] = r(x) + \langle f(x) \rangle$ 。商环

$$F[x] / \langle f(x) \rangle = \{ [r(x)] \mid 0 \leqslant \deg(r(x)) < \deg(f(x)) \}$$

也可以简单地将 $F[x] / \langle f(x) \rangle$ 记为

$$F[x] / \langle f(x) \rangle = \{ r_{n-1}x^{n-1} + r_{n-2}x^{n-2} + \cdots + r_1 x + r_0 \mid n = \deg(f(x)), r_i \in F, 0 \leqslant i \leqslant n - 1 \}$$

其中定义加法和乘法为模 $f(x)$ 的加法与乘法。很显然，按照第二种表示方法， $F[x] / \langle f(x) \rangle$ 的单位元就是 F 中的单位元 1 ； $F[x] / \langle f(x) \rangle$ 中的加法构成交换群， $F[x] / \langle f(x) \rangle$ 中的乘法满足封闭性、结合律、交换律。所以， $F[x] / \langle f(x) \rangle$ 是一个有单位元的交换环。但 $F[x] / \langle f(x) \rangle$ 不一定无零因子，其中的非零元也不一定有逆元。

例 6.3.1 设 $F = \mathbb{Z}_2$ ， $f(x) = x^2 + 1$ ，则

$$F[x] / \langle f(x) \rangle = \{0, 1, x, x+1\}$$

可构造其加法表和乘法表，如表 6.1 和表 6.2 所示。

<table>
<tr><th colspan="5">表 6.1　加法表</th></tr>
<tr><th>+</th><th>0</th><th>1</th><th>x</th><th>$x+1$</th></tr>
<tr><td>0</td><td>0</td><td>1</td><td>x</td><td>$x+1$</td></tr>
<tr><td>1</td><td>1</td><td>0</td><td>$x+1$</td><td>x</td></tr>
<tr><td>x</td><td>x</td><td>$x+1$</td><td>0</td><td>1</td></tr>
<tr><td>$x+1$</td><td>$x+1$</td><td>x</td><td>1</td><td>0</td></tr>
</table>

<table>
<tr><th colspan="5">表 6.2　乘法表</th></tr>
<tr><th>*</th><th>0</th><th>1</th><th>x</th><th>$x+1$</th></tr>
<tr><td>0</td><td>0</td><td>0</td><td>0</td><td>0</td></tr>
<tr><td>1</td><td>0</td><td>1</td><td>x</td><td>$x+1$</td></tr>
<tr><td>x</td><td>0</td><td>x</td><td>1</td><td>$x+1$</td></tr>
<tr><td>$x+1$</td><td>0</td><td>$x+1$</td><td>$x+1$</td><td>0</td></tr>
</table>

从表中可以看出，其乘法满足交换律，单位元为 1，$1, x$ 有逆元为其本身，$x+1$ 为零因子。

那么，$F[x]/\langle f(x)\rangle$ 中的元素在什么情况下会存在逆元？定理 6.3.3 回答了这个问题。

定理 6.3.3　设 $f(x), g(x) \in F[x]$ 为非零多项式，$g(x)$ 模 $f(x)$ 有乘法逆元当且仅当 $(f(x), g(x)) = 1$。

证明：必要性。设 $(f(x), g(x)) = 1$，根据定理 6.2.2，存在 $u(x), v(x) \in F[x]$，使得 $u(x)f(x) + v(x)g(x) = 1$，即有 $-u(x)f(x) = v(x)g(x) - 1$，从而 $f(x) \mid v(x)g(x) - 1$，根据同余定义有 $v(x)g(x) \equiv 1(\bmod f(x))$。所以 $g(x)$ 模 $f(x)$ 有乘法逆元 $v(x)$。

充分性。$g(x)$ 模 $f(x)$ 有乘法逆元，不妨设为 $v(x)$，则有 $g(x)v(x) \equiv 1(\bmod f(x))$。根据定理 6.3.1，存在 $k(x) \in F[x]$，使得 $g(x)v(x) = k(x)f(x) + 1$，即

$$g(x)v(x) - k(x)f(x) = 1$$

同样根据定理 6.2.2，有 $(f(x), g(x)) = 1$。　　□

推论 6.3.1　如果 $f(x)$ 在 F 上不可约，则 $F[x]/\langle f(x)\rangle$ 为一个域。

证明：只需证明 $F[x]/\langle f(x)\rangle$ 中任意非零元均有乘法逆元。设 $r(x) \neq 0 \in F[x]/\langle f(x)\rangle$，则 $0 \leqslant \deg(r(x)) < \deg(f(x))$，又 $f(x)$ 在 F 上不可约，所以 $(f(x), r(x)) = 1$。根据定理 6.3.3，$r(x)$ 在 $F[x]/\langle f(x)\rangle$ 中有乘法逆元。　　□

设 $f(x)$ 的次数为 n，$F[x]/\langle f(x)\rangle$ 中的元素可以表示成为次数小于 n 的多项式，即 $F[x]/\langle f(x)\rangle = \{r_{n-1}x^{n-1} + r_{n-2}x^{n-2} + \cdots + r_1 x + r_0 \mid n = \deg(f(x)), r_i \in F, 0 \leqslant i \leqslant n-1\}$。当 $F = \mathbb{Z}_q$ 时，$F[x]/\langle f(x)\rangle$ 中元素个数为 p^n。

6.4　多元多项式

前面讨论的多项式仅含有一个未定元，本节讨论含有多个未定元的多项式。

定义 6.4.1　设 F 是域，$x_1, x_2, \cdots, x_n$ 是域 F 上的 n 个未定元，称表达式

$$f(x_1, x_2, \cdots, x_n) = \sum_{i_1, i_2, \cdots, i_n} a_{i_1 i_2 \cdots i_n} x_1^{i_1} x_2^{i_2} \cdots x_n^{i_n}$$

为数域 F 上的 n 元多项式，其中 $a_{i_1 i_2 \cdots i_n} \in F$，$i_1, i_2, \cdots, i_n$ 是非负整数，称 $a_{i_1 i_2 \cdots i_n} x_1^{i_1} x_2^{i_2} \cdots x_n^{i_n}$ 为一个单项式，$a_{i_1 i_2 \cdots i_n}$ 为该单项式的系数，$i_1 + i_2 + \cdots + i_n$ 为单项式的次数。n 元多项式 $f(x_1, x_2, \cdots, x_n)$ 中系数不为零的单项式的次数的最大值称为 $f(x_1, x_2, \cdots, x_n)$ 的次数，用 $\deg f$ 表示。零多项式的次数规定为 $-\infty$。如果两个单项式的 $x_j(j = 1, 2, \cdots, n)$ 的幂指数都对应相等，则称这两个单项式为同类项。同类项可以合并，约定：n 元多项式中的单项式都是不同类的。

特别地，定义 $1 = x_1^0 x_2^0 \cdots x_n^0$。记 $F[x_1, x_2, \cdots, x_n]$ 为域 F 上所有 n 元多项式组成的集合。

例如，三元多项式 $3x_1^3 + 2x_1^2 x_2 + 2x_1 x_2 x_3 + x_2^3 + x_2 x_3$ 的各单项式的次数依次为：3，3，3，3，2，因而该多项式的次数为 3。其中 $3x_1^3, 2x_1^2 x_2, 2x_1 x_2 x_3, x_2^3$ 的次数都是 3，但它们并不是同类项。

多元多项式的加法与乘法类似于一元多项式的加法和乘法。

定义 6.4.2 在 $F[x_1, x_2, \cdots, x_n]$ 中定义加法与乘法如下。

(1) 加法：同类项系数相加，即

$$\sum_{i_1, i_2, \cdots, i_n} a_{i_1 i_2 \cdots i_n} x_1^{i_1} x_2^{i_2} \cdots x_n^{i_n} + \sum_{i_1, i_2, \cdots, i_n} b_{i_1 i_2 \cdots i_n} x_1^{i_1} x_2^{i_2} \cdots x_n^{i_n} = \sum_{i_1, i_2, \cdots, i_n} (a_{i_1 i_2 \cdots i_n} + b_{i_1 i_2 \cdots i_n}) x_1^{i_1} x_2^{i_2} \cdots x_n^{i_n}$$

(2) 乘法：

$$\left(\sum_{i_1, i_2, \cdots, i_n} a_{i_1 i_2 \cdots i_n} x_1^{i_1} x_2^{i_2} \cdots x_n^{i_n} \right) \cdot \left(\sum_{j_1, j_2, \cdots, j_n} b_{j_1 j_2 \cdots j_n} x_1^{j_1} x_2^{j_2} \cdots x_n^{j_n} \right) = \sum_{k_1, k_2, \cdots, k_n} c_{k_1 k_2 \cdots k_n} x_1^{k_1} x_2^{k_2} \cdots x_n^{k_n}$$

其中，$c_{k_1 k_2 \cdots k_n} = \sum_{i_1 + j_1 = k_1} \sum_{i_2 + j_2 = k_2} \cdots \sum_{i_n + j_n = k_n} a_{i_1 i_2 \cdots i_n} b_{j_1 j_2 \cdots j_n}$。

很容易可以验证，$F[x_1, x_2, \cdots, x_n]$ 在上述加法和乘法下构成有单位元的交换环。

例 6.4.1 求有理数域上的多项式 $f(x, y, z) = xy^2 + xy + xz + z$ 与 $g(x, y, z) = xz + x$ 的和与积。

解：

$$f(x, y, z) + g(x, y, z) = xy^2 + xy + xz + z + xz + x$$
$$= xy^2 + xy + 2xz + z + x$$

$$f(x, y, z)g(x, y, z) = (xy^2 + xy + xz + z)(xz + x)$$
$$= x^2 y^2 z + x^2 yz + x^2 z^2 + xz^2 + x^2 y^2 + x^2 y + x^2 z + xz$$

考虑多项式的除法，对于一元多项式，前面介绍了可以利用带余除法来实现，但是对于域上多元多项式来说，当未定元个数大于或等于 2 时，按照带余除法来进行除法运算，其商多项式和余多项式都不能保证唯一性。如果每次运算的结果都不相同，这种运算也就失去意义了。因此引入项序的概念。

令集合 $T^n = \{x_1^{i_1} x_2^{i_2} \cdots x_n^{i_n} \mid i_1, i_2, \cdots, i_n \in Z, i_1, i_2, \cdots, i_n \geq 0\}$ 表示域 F 上 n 个变元 $x_1, x_2, \cdots, x_n$ 幂积的集合。记 $x_1^{i_1} x_2^{i_2} \cdots x_n^{i_n} = X^i$，其中 $X = (x_1, x_2, \cdots, x_n)$，$i = (i_1, i_2, \cdots, i_n)$。对于 T^n 中的任意两个元素 $X^i = x_1^{i_1} x_2^{i_2} \cdots x_n^{i_n}$，$X^j = x_1^{j_1} x_2^{j_2} \cdots x_n^{j_n}$ 的乘法为 $X^i X^j = x_1^{i_1+j_1} x_2^{i_2+j_2} \cdots x_n^{i_n+j_n}$。

定义 6.4.3 称 σ 是集合 T^n 上的一个全序，是指对于 T^n 中的任意两个元素 X^i，X^j，下面三个关系之一必须成立，而且只有一个成立：

$$X^i <_\sigma X^j, X^i = X^j, X^i >_\sigma X^j$$

如果对于 T^n 的任意一个非空子集 S，必存在 X^i，使得对于所有的 $X^j \in S$，都有 $X^i \leqslant_\sigma X^j$，则称集合 T^n 上的全序 σ 为良序。

定义 6.4.4 满足以下两个条件的集合 T^n 上的全序 σ 称为项序。

(1) 对于所有的 $X^j \in T^n$ 和 $X^j \neq 1$，都有 $X^j >_\sigma 1$；

(2) 对于 T^n 中的任意三个元素 X^i，X^j，X^k，若 $X^i <_\sigma X^j$，则 $X^i X^k <_\sigma X^j X^k$。

例 6.4.2　以下每个都是 T^n 的项序。设 $x_1 > x_2 > \cdots > x_n$，$i = (i_1, i_2, \cdots, i_n)$，$j = (j_1, j_2, \cdots, j_n)$。

(1) 字典序：$X^i < X^j$ 当且仅当存在 $1 \leq k \leq n$，使得 $i_k < j_k$，但当 $1 \leq l < k$ 时，$i_l = j_l$。

(2) 反字典序：$X^i < X^j$ 当且仅当存在 $1 \leq k \leq n$，使得 $i_k < j_k$，但当 $k < l \leq n$ 时，$i_l = j_l$。

(3) 次数字典序：$X^i < X^j$ 当且仅当 $\displaystyle\sum_{k=1}^{n} i_k < \sum_{k=1}^{n} j_k$ 或者 $\displaystyle\sum_{k=1}^{n} i_k = \sum_{k=1}^{n} j_k$，但在字典序下 $X^i < X^j$。

(4) 次数反字典序：$X^i < X^j$ 当且仅当 $\displaystyle\sum_{k=1}^{n} i_k < \sum_{k=1}^{n} j_k$ 或者 $\displaystyle\sum_{k=1}^{n} i_k = \sum_{k=1}^{n} j_k$，但在反字典序下 $X^i < X^j$。

例 6.4.3　设 F 是域，
$$f(X,Y,Z) = X^3 - X^2Y^2Z + X^2YZ^2 - X^2Z^4 + XY^2 - XZ^3 + Y^3Z^3 + Y^2Z + Z^4 \in F[X,Y,Z]$$
将 $f(X,Y,Z)$ 按照次数字典序进行重排列。

解： $f(X,Y,Z)$ 按照次数字典序重排列为
$$\begin{aligned} f(X,Y,Z) &= X^3 - X^2Y^2Z + X^2YZ^2 - X^2Z^4 + XY^2 - XZ^3 + Y^3Z^3 + Y^2Z + Z^4 \\ &= -X^2Z^4 + Y^3Z^3 - X^2Y^2Z + X^2YZ^2 - XZ^3 + Z^4 + X^3 + XY^2 + Y^2Z \end{aligned}$$

T^n 上的项序也称为环 $F[x_1, x_2, \cdots, x_n]$ 上的项序。给定项序以后，可以给出如下定义。

定义 6.4.5　给定环 $F[x_1, x_2, \cdots, x_n]$ 上的项序 $<$，任意非零多项式 $f(x) \in F[x_1, x_2, \cdots, x_n]$ 都可唯一表示成
$$f(x_1, x_2, \cdots, x_n) = a_1 X^{\alpha_1} + a_2 X^{\alpha_2} + \cdots + a_r X^{\alpha_r}$$
其中 $0 \neq a_i \in F$，$X^{\alpha_i} = x_1^{\alpha_{i1}} x_2^{\alpha_{i2}} \cdots x_n^{\alpha_{in}}$，$1 \leq i \leq r$，$X^{\alpha_1} > X^{\alpha_2} > \cdots > X^{\alpha_r}$。定义 X^{α_1} 为 f 的首项幂积，记为 $lp(f) = X^{\alpha_1}$；定义 a_1 为 f 的首项系数，记为 $lc(f) = a_1$；定义 $a_1 X^{\alpha_1}$ 为 f 的首项，记为 $lt(f) = a_1 X^{\alpha_1}$；规定 $lp(0) = lc(0) = lt(0) = 0$。

本节后续内容中约定环 $F[x_1, x_2, \cdots, x_n]$ 有一个项序。

定义 6.4.6　对于环 $F[x_1, x_2, \cdots, x_n]$ 上的三个多项式 f, g, h，其中 $g \neq 0$，称 f 模 g 一步约化为 h，用 $f \xrightarrow{g} h$ 表示，当且仅当 $lp(g)$ 是 f 中某一非零单项式 X 的因子，并且
$$h = f - \frac{X}{lt(g)} g$$

这个约化过程实际上就是将 f 中的一个项用严格比它小的一些项的和来代替。

例 6.4.4　设 F 是域，$f(X,Y,Z), g(X,Y,Z) \in F[X,Y,Z]$，令
$$f(X,Y,Z) = -X^2Z^4 + Y^3Z^3 - X^2Y^2Z + X^2YZ^2 - XZ^3 + Z^4 + X^3 + XY^2 + Y^2Z$$
$$g(X,Y,Z) = XZ^3 - Y^2Z^2$$
在次数字典序下，计算 f 模 g 一步约化多项式 h。

解： 由于 $lt(g) = XZ^3$，$lt(f) = -X^2Z^4$，$lt(g) | lt(f)$，所以

$$h = f - \frac{lt(f)}{lt(g)}g$$
$$= -X^2Z^4 + Y^3Z^3 - X^2Y^2Z + X^2YZ^2 - XZ^3 + Z^4 + X^3 + XY^2 + Y^2Z$$
$$\quad - (-X^2Z^4 + XY^2Z^3)$$
$$= -XY^2Z^3 + Y^3Z^3 - X^2Y^2Z + X^2YZ^2 - XZ^3 + Z^4 + X^3 + XY^2 + Y^2Z$$

定义 6.4.7　令 $f, h, f_1, f_2, \cdots, f_s \in F[x_1, x_2, \cdots, x_n]$，且 $f_i \neq 0, i = 1, 2, \cdots, s$。令集合 $A = \{f_1, f_2, \cdots, f_s\}$。称 f 模 A 约化为 h，用 $f \xrightarrow{\quad A \quad}_+ h$ 表示，当且仅当下式成立：

$$f \xrightarrow{\ f_{i_1}\ } h_1 \xrightarrow{\ f_{i_2}\ } h_2 \longrightarrow \cdots \xrightarrow{\ f_{i_t}\ } h_t = h$$

定义 6.4.8　设 $r \in F[x_1, x_2, \cdots, x_n]$，$A = \{f_1, f_2, \cdots, f_s\} \subseteq F[x_1, x_2, \cdots, x_n] \backslash \{0\}$。若 $r = 0$ 或 r 模 A 不能约化，即 $lt(f_i), i = 1, 2, \cdots, s$ 中任何一个都不是在 r 中出现的幂积的因子，则称多项式 r 相对 A 是既约的。如果 $f \xrightarrow{\quad A \quad}_+ r$，且 r 相对 A 是既约的，则称 r 为 f 相对 A 的剩余或余多项式。

下面给出域 F 上 n 个未定元的除法算法。

算法 6.4.1　域上多元多项式除法算法。

输入：$f \in F[x_1, x_2, \cdots, x_n]$，$A = \{f_1, f_2, \cdots, f_s\} \subseteq F[x_1, x_2, \cdots, x_n] \backslash \{0\}$，项序 $<$。

输出：$r, u_1, u_2, \cdots, u_s \in F[x_1, x_2, \cdots, x_n]$，使得

$$f = \sum_{i=1}^{s} u_i f_i + r$$

r 相对 A 是既约的。

$$lp(f) = \max\{lp(u_1)lp(f_1), \cdots, lp(u_s)lp(f_s), lp(r)\}.$$

初始化：$u_1 := 0, u_2 := 0, \cdots, u_s := 0, r := 0, h := f$。

当 $h \neq 0$，作

　　若存在 $1 \leqslant i \leqslant s$，使得 $lp(f_i) | lp(h)$，则选择具有此性质最小的 i，令

$$u_i := u_i + \frac{lt(h)}{lt(f_i)};$$

$$h := h - \frac{lt(h)}{lt(f_i)} f_i$$

　　否则

$$r := r + lt(h);$$

$$h := h - lt(h).$$

可以证明上述算法输出的 r 相对 A 是既约的，有兴趣的读者可参阅相关参考文献。

6.5　本 章 小 结

多项式理论是有限域理论的基础，多项式与整数非常类似，可对比第 1 章和第 2 章的内容进行学习。重点掌握如何用多项式来构造有限域以及多项式的扩展欧几里得算法。

习　　题

（如无特别说明，多项式均取实数域上的多项式。）

1．用带余除法求 $g(x)$ 除 $f(x)$ 的商式 $q(x)$ 和余式 $r(x)$：

(1) $f(x) = x^3 - 3x^2 - x - 1, g(x) = 3x^2 - 2x + 1$；

(2) $f(x) = x^4 - 2x + 5, g(x) = x^2 - x + 2$；

(3) $f(x) = 2x^5 - 5x^3 - 8x, g(x) = x + 3$。

2．求 $f(x)$ 与 $g(x)$ 的最大公因式：

(1) $f(x) = x^4 + x^3 - 3x^2 - 4x - 1, g(x) = x^3 + x^2 - x - 1$；

(2) $f(x) = x^4 - 4x^3 + 1, g(x) = x^3 - 3x^2 + 1$。

3．求 $u(x)$ 和 $v(x)$ 使得 $(f(x), g(x)) = u(x)f(x) + v(x)g(x)$。

(1) $f(x) = x^4 + 2x^3 - x^2 - 4x - 2, g(x) = x^4 + x^3 - x^2 - 2x - 2$；

(2) $f(x) = 4x^4 - 2x^3 - 16x^2 + 5x + 9, g(x) = 2x^3 - x^2 - 5x + 4$；

(3) $f(x) = x^4 - x^3 - 4x^2 + 4x + 1, g(x) = x^2 - x - 1$。

4．证明：如果 $d(x) \mid f(x)$，$d(x) \mid g(x)$，且 $d(x)$ 为 $f(x)$ 与 $g(x)$ 的一个组合，那么 $d(x)$ 是 $f(x)$ 与 $g(x)$ 的一个最大公因式。

5．证明：$(f(x)h(x), g(x)h(x)) = (f(x), g(x))h(x)$，其中 $h(x)$ 的首项系数为 1。

6．如果 $f(x)$ 与 $g(x)$ 不全为零，证明：

$$\left(\frac{f(x)}{(f(x), g(x))}, \frac{g(x)}{(f(x), g(x))} \right) = 1$$

7．证明：如果 $f(x)$ 与 $g(x)$ 不全为零，且

$$(f(x), g(x)) = u(x)f(x) + v(x)g(x)$$

那么 $(u(x), v(x)) = 1$。

8．证明：如果 $(f(x), g(x)) = 1$，$(f(x), h(x)) = 1$，那么 $(f(x), g(x)h(x)) = 1$。

9．判别下列多项式是否有重因式。

(1) $f(x) = x^5 - 5x^4 + 7x^3 - 2x^2 + 4x - 8$；

(2) $f(x) = x^4 + 4x^2 - 4x - 3$。

10．求多项式 $x^3 + px + q$ 有重根的条件。

11．求 t 值使 $f(x) = x^3 - 3x + tx - 1$ 有重根。

12．在 $\mathbb{Z}_5[x]$ 中，$f(x) = x^{214} + 3x^{152} + 2x^{47} + 1$，求 $f(3)$。

13．设 p 是素数，$a \in \mathbb{Z}_p$，证明：对于任意正整数 n，多项式 $f(x) = x^p - x + a$ 在 $\mathbb{Z}_p$ 上总能整除 $g(x) = x^{p^n} - x + na$。

14．证明：$x^3 - x$ 在 $\mathbb{Z}_6$ 中有 6 个根。

15．证明定理 6.2.3。

16. 证明定理 6.2.5。

17. 证明定理 6.3.2。

18. 设 F 是域， $f(X,Y,Z),g_1(X,Y,Z),g_2(X,Y,Z) \in F[X,Y,Z]$ ， $G = \{g_1,g_2\}$ ， 令 $f(X,Y,Z) = -X^2Z^4 + Y^3Z^3 - X^2Y^2Z + X^2YZ^2 - XZ^3 + Z^4 + X^3 + XY^2 + Y^2Z$ ， $g_1(X,Y,Z) = XZ^3 - Y^2Z^2$ ， $g_2(X,Y,Z) = Y^2Z - YZ^2$ ，在次数字典序下，计算 $f \xrightarrow{\ G\ } h$ 。

19. 编程实现多项式带余除法。

20. 编程实现多项式的扩展的欧几里得算法。

第 7 章 有 限 域

有限域又称为伽罗瓦域(Galois Field)，它只含有有限个元素。有限域具有很多优美的特性，在组合设计、编码理论、密码学和计算机代数等许多实际应用领域中具有重要的地位。本章简要介绍一些有限域中的基本概念和理论。

7.1 域 和 扩 域

定义 7.1.1 一个有限域 F 是指只含有限个元素的域，F 的阶是指 F 中元素的个数。有限域又称为伽罗瓦域。若域 F 的阶为 n，则可将 F 记为 F_n 或 $GF(n)$，并称 F 为 n 元域。

定义 7.1.2 设 F 是域，K 是 F 的子集。如果 K 在 F 的运算下也构成一个域，则称 K 为 F 的子域，称 F 为 K 的扩域。特别地，如果 $K \neq F$，则称 K 为 F 的真子域。一个域如果不包含真子域，则称该域为素域。

例 7.1.1 有理数域和阶为素数 p 的有限域 $\mathbb{Z}_p$ 都是素域。

定理 7.1.1 特征为素数 p 的域 F 的素子域同构于 $\mathbb{Z}_p$；特征为 0 的域 F 的素子域同构于有理数域。

证明：设 P 是 F 的素子域，则 $0，1 \in P$。

当 F 的特征为素数 p 时，因为 $\{0,1\} \subset P$，所以 $\{m \cdot 1 \mid m \in \mathbb{Z}\} \subset P$。构造映射

$$\phi : \mathbb{Z} \to P : m \mapsto m \cdot 1$$

容易验证 ϕ 是一个环同态映射，且 $\ker \phi = \langle p \rangle$。所以 $\mathbb{Z}_p = \mathbb{Z} / \langle p \rangle = \mathbb{Z} / \ker \phi \cong \phi(\mathbb{Z}) \subset P$。又由于 $\mathbb{Z}_p$ 是域，P 又没有真子域，因此 $\mathbb{Z}_p \cong \phi(\mathbb{Z}) = P$。

当 F 的特征为 0 时，因为 $\{0,1\} \subset P$，所以 $\{(m \cdot 1)(n \cdot 1)^{-1} \mid m,n \in \mathbb{Z}\} \subset P$。构造映射

$$\phi : Q \to P : m / n \mapsto (m \cdot 1)(n \cdot 1)^{-1}$$

容易验证 ϕ 是一个环的单同态映射。所以 $Q \cong \phi(Q) \subset P$。又由于 Q 是域，P 又没有真子域，因此 $Q \cong \phi(Q) = P$。定理得证。 □

定义 7.1.3 设 F 是一个域，E 是 F 的扩域，$S \subseteq E$，将 E 中既包含 F 又包含 S 的最小子域记为 $F(S)$，称为由 S 生成的 F 的扩域。$F(S)$ 实际上是 E 中全体既包含 F 又包含 S 的子域的交集。

$F(S)$ 中 的 元 素 形 如 $\dfrac{f(\alpha_1, \alpha_2, \cdots, \alpha_n)}{g(\alpha_1, \alpha_2, \cdots, \alpha_n)}$，其中 $f(\alpha_1, \alpha_2, \cdots, \alpha_n)$，$g(\alpha_1, \alpha_2, \cdots, \alpha_n) \in F[\alpha_1, \alpha_2, \cdots, \alpha_n]$，且 $g(\alpha_1, \alpha_2, \cdots, \alpha_n) \neq 0$。$\{\alpha_1, \alpha_2, \cdots, \alpha_n\}$ 是 S 的有任意有限子集。域 $F(S)$ 也称为由域 F 添加 S 的元素所生成的扩域。若 S 有限且 $S = \{\alpha_1, \alpha_2, \cdots, \alpha_n\}$，记 $F(S) = F(\alpha_1, \alpha_2, \cdots, \alpha_n)$。如果 S 仅含一个元 α，则称 $F(\alpha)$ 为 F 的单扩域。

定义 7.1.4 设 K 是 F 的一个子域，$\alpha \in F$，如果 α 满足 K 上的一个非零多项式，则称 α

为 K 上的代数元。不是代数元的元素称为超越元。如果 K 的一个扩张中所有的元素都是 K 上的代数元，则称该扩张为代数扩张。

定义 7.1.5 设 K 是 F 的一个子域，$\alpha \in F$，是 K 上的一个代数元，则 $K[x]$ 中满足 $f(\alpha) = 0$ 的次数最小的多项式

$$f(x) = x^n + a_{n-1}x^{n-1} + \cdots + a_1 x + a_0$$

称为 α 在域 K 上的极小多项式，该多项式的次数称为代数元次数。

定理 7.1.2 设 K 是 F 的一个子域，$\alpha \in F$，是 K 上的一个代数元，则 α 的极小多项式 $f(x)$ 满足如下性质：

(1) $f(x)$ 是不可约多项式；

(2) 令 $I = \{g(x) \in K[x] \mid g(\alpha) = 0\}$，则 I 是 $K[x]$ 的理想，且 $I = \langle f(x) \rangle$。

证明：(1) 不妨设 $f(x) = f_1(x)f_2(x)$，其中 $1 \leqslant \deg(f_1(x)), \deg(f_2(x)) < \deg(f(x))$，则有 $f_1(\alpha)f_2(\alpha) = f(\alpha) = 0$，因而有 $f_1(\alpha) = 0$ 或 $f_2(\alpha) = 0$。这与 $f(x)$ 是 α 的极小多项式矛盾。因此，$f(x)$ 是不可约多项式。

(2) 很显然，对于任意多项式 $h(x), g(x) \in I$，有 $h(\alpha) - g(\alpha) = 0$，即有 $h(x) - g(x) \in I$ 且对于任意多项式 $q(x) \in F[x]$，有 $q(\alpha)h(\alpha) = 0$，即 $q(x)h(x) \in I$。所以 I 是 $K[x]$ 的理想。根据 $f(x)$ 的极小性，不难验证 $I = \langle f(x) \rangle$。 □

例 7.1.2 虚单位根 i 在实数域上的极小多项式为 $x^2 + 1$，$\sqrt{2}$ 在有理数域上的极小多项式为 $x^2 - 2$。

定义 7.1.6 设 F 是一个域，V 是一个加群，且集合 $F \times V = \{(a,v) \mid a \in F, v \in V\}$ 到 V 有一个映射，这一映射表为 $(a,v) \to av \in V$。假定映射满足下列条件，对每 $a, b \in F$，$u, v \in V$ 有

(1) $a(u+v) = au + av$；

(2) $(a+b)v = av + bv$；

(3) $a(bv) = (ab)v$；

(4) $1v = v$。

则 V 称为域 F 上的向量空间。

若存在 $v_1, v_2, \cdots, v_n \in V$ 使得对于任意 $v \in V$ 都有 $v = a_1 v_1 + a_2 v_2 + \cdots + a_n v_n$，其中，$a_i \in F$，$1 \leqslant i \leqslant n$ 且 $a_1 v_1 + a_2 v_2 + \cdots + a_n v_n = b_1 v_1 + b_2 v_2 + \cdots + b_n v_n$ 当且仅当 $a_i = b_i$，$1 \leqslant i \leqslant n$，则称 V 为有限维向量空间，$v_1, v_2, \cdots, v_n \in V$ 称为 V 的一组基，n 是 V 的维数。

定义 7.1.7 若 E 是 F 的扩域，则 E 是 F 上的向量空间。如果 E 作为 F 上的向量空间是有限维的，则称 E 为域 F 的有限扩域，E 作为 F 上的向量空间的维数称为扩张次数，记为 $[E:F]$。

定理 7.1.3 设 E 是 F 的有限扩域，K 是 E 的有限扩域，则有 $[K:F] = [K:E][E:F]$。

证明：假设 $[K:E] = m$ 与 $[E:F] = n$，$\{\alpha_1, \alpha_2, \cdots, \alpha_n\}$ 是 E 在 F 上的一组基，$\{\beta_1, \beta_2, \cdots, \beta_m\}$ 是 K 在 E 上的一组基，于是 K 的任一元素 α 可表示成为

$$\alpha = \sum_{i=1}^{m} \gamma_i \beta_i, \quad \gamma_i \in E$$

其中，$\beta_i = \sum_{j=1}^{n} r_{ij}\alpha_j$，$r_{ji} \in F$

于是有

$$\alpha = \sum_{i=1}^{m} \gamma_i \beta_i = \sum_{i=1}^{m} (\sum_{j=1}^{n} r_{ij} \alpha_j) \beta_i = \sum_{i=1}^{m} \sum_{j=1}^{n} r_{ij} \alpha_j \beta_i$$

这说明 $\{\alpha_j \beta_i \mid j = 1, 2, \cdots, n; i = 1, 2, \cdots, m\}$ 可生成向量空间 K。

下证，$\{\alpha_j \beta_i \mid j = 1, 2, \cdots, n; i = 1, 2, \cdots, m\}$ 是 K 在 F 上的一组基。

假设存在 $s_{ji} \in F, j = 1, 2, \cdots, n; i = 1, 2, \cdots, m$，使得

$$\sum_{i=1}^{m} \sum_{j=1}^{n} s_{ji} \alpha_j \beta_i = 0$$

则

$$\sum_{i=1}^{m} (\sum_{j=1}^{n} s_{ji} \alpha_j) \beta_i = 0$$

由于 $\{\beta_1, \beta_2, \cdots, \beta_m\}$ 是 K 在 E 上的一组基，所以有

$$\sum_{j=1}^{m} s_{ji} \alpha_j = 0, \qquad 1 \leqslant i \leqslant n$$

又 $\{\alpha_1, \alpha_2, \cdots, \alpha_n\}$ 是 E 在 F 上的一组基，所以有 $s_{ji} = 0, j = 1, 2, \cdots, n; i = 1, 2, \cdots, m$。

于是，K 作为 F 上的向量空间的维数为 $[K:F] = mn = [K:E][E:F]$。　　　□

定理 7.1.4　每个有限扩张都是代数扩张。

证明：设 E 是 F 的扩域，$[E:F] = n$，则对于任意 $\alpha \in E$，$n+1$ 个元素 $1, \alpha, \alpha^2, \cdots, \alpha^n$ 一定线性相关。所以存在不全为零的元素 $a_i \in F, i = 0, 1, 2, \cdots, n$，使得 $\sum_{i=0}^{n} a_i \alpha^i = 0$。因此，$\alpha$ 满足多项式 $f(x) = \sum_{i=0}^{n} a_i x^i$，即 α 是代数元。　　　□

定理 7.1.5　设 α 是域 F 上的代数元，其极小多项式为 $p(x)$，$\deg(p(x)) = n$，则

(1) $F(\alpha) \cong F[x] / \langle p(x) \rangle$；

(2) $[F(\alpha):F] = n$，且 $\{1, \alpha, \alpha^2, \cdots, \alpha^{n-1}\}$ 是 $F[\alpha]$ 在 F 上的一组基。

证明：

(1) 定义 ϕ。$F[x] \to F(\alpha)$ 如下：

$$\phi(\sum_{i=0}^{k} a_i x^i) = \sum_{i=0}^{k} a_i \alpha^i$$

容易验证 ϕ 是环同态映射，且 $\ker \phi = \langle p(x) \rangle$。由同态基本定理可得

$$\phi(F[x]) \cong F[x] / \langle p(x) \rangle$$

因此，$\phi(F[x]) \subseteq F(\alpha)$ 是子域。又因为 $\phi(x) = \alpha \in \phi(F[x])$，所以有 $F(\alpha) \subseteq \phi(F[x])$。综上所述有 $F(\alpha) = \phi(F[x])$，从而有 $F(\alpha) \cong F[x] / \langle p(x) \rangle$。

(2) 由于 $F(\alpha) = \phi(F[x])$，所以对于任意 $\beta \in F(\alpha)$，存在 $f(x) \in F[x]$ 使得 $f(\alpha) = \beta$。因

为 $p(\alpha)=0$, $\deg(p(x))=n$, 根据带余除法可以找到次数小于 n 的 $f(x)\in F[x]$ ，满足 $f(\alpha)=\beta$ ，所以 β 可以表示成 $1,\alpha,\alpha^2,\cdots,\alpha^{n-1}$ 的组合。

下证 $1,\alpha,\alpha^2,\cdots,\alpha^{n-1}$ 线性无关。若有 $a_i\in F, i=0,1,\cdots,n-1$ ，使得

$$a_{n-1}\alpha^{n-1}+\cdots+a_1\alpha+a_0=0$$

则可得 α 满足多项式 $f(x)=a_{n-1}x^{n-1}+\cdots+a_1x+a_0$ ，但是 α 的极小多项式的次数为 n ，所以只有 $f(x)=0$ ，从而有 $a_{n-1}=\cdots=a_1=a_0=0$ 。因此， $1,\alpha,\alpha^2,\cdots,\alpha^{n-1}$ 线性无关，即有 $[F(\alpha):F]=n$ ，且 $\{1,\alpha,\alpha^2,\cdots,\alpha^{n-1}\}$ 是 $F[\alpha]$ 在 F 上的一组基。 $\square$

由定理 7.1.5 可看出，域的单代数扩张实际上是添加了一个不可约多项式根的扩张，因此在这个扩域上，此多项式可约。通常，若 $f(x)$ 是域 F 上的一个多项式，可将 $f(x)$ 的所有根添加到域 F 中，得到一个扩域，这就是分裂域的概念。

定义 7.1.8 设 $f(x)\in F[x]$ 是一个 n 次多项式， E 是 F 的一个扩域，若

(1) $f(x)$ 在 E 上能够分解成一次因式的乘积，即

$$f(x)=a(x-\alpha_1)(x-\alpha_2)\cdots(x-\alpha_n)$$

其中， $\alpha_i\in E, i=1,2,\cdots,n$ ， $a\in F$ 。

(2) $E=F(\alpha_1,\alpha_2,\cdots,\alpha_n)$ ，则称 E 是 $f(x)$ 在 F 上的一个分裂域。

例 7.1.3 x^2+1 是实数域上的一个不可约多项式，则复数域就是 x^2+1 在实数域上的一个分裂域。

定理 7.1.6 域 F 上任意一个次数大于等于 1 的多项式 $f(x)$ 在 F 都有分裂域。

证明： 对 $f(x)$ 的次数作归纳法。当 $\deg(f(x))=1$ 时， $f(x)=a(x-\alpha),\alpha\in F$ ，显然 F 本身是 $f(x)$ 的一个分裂域。假设当 $\deg(f(x))<n(n>1)$ 时， $f(x)$ 有一个分裂域。当 $\deg(f(x))=n$ 时，任取 $f(x)$ 的一个不可约因式 $p(x)$ ，则存在一个单代数扩张 $E_1=F(\alpha_1)$ ， $p(\alpha_1)=0$ ，于是 $p(x)$ 在 E_1 上可分解出一个一次因式，因而 $f(x)$ 在 E_1 上至少可分解出一个一次因式。不妨设 $f(x)=(x-\alpha_1)(x-\alpha_2)\cdots(x-\alpha_r)f_1(x)$ ， $f_1(x)\in E_1[x]$ ， $\alpha_i\in E_1$ ， $i=1,2,\cdots,r$ ， $r\geq1$ 。此时 $\deg(f_1(x))<n$ 。若 $f_1(x)$ 是常数，则 E_1 就是 $f(x)$ 的一个分裂域。若 $\deg(f_1(x))\geq1$ ，则根据归纳假设， $f_1(x)$ 在 E_1 有一个分裂域，设为 E 。于是

$$f_1(x)=c(x-\alpha_{r+1})(x-\alpha_{r+2})\cdots(x-\alpha_n) , \quad \alpha_i\in E_1 , \quad i=r+1,\cdots,n$$

$$E=E_1(\alpha_{r+1},\cdots,\alpha_n)=F(\alpha_1)(\alpha_{r+1},\cdots,\alpha_n)$$
$$=F(\alpha_1,\cdots,\alpha_r)(\alpha_{r+1},\cdots,\alpha_n)=F(\alpha_1,\cdots,\alpha_n)$$

所以 E 就是 $f(x)$ 在 F 上的一个分裂域。 $\square$

定理 7.1.7 设 $f(x)\in F[x]$ ，则 $f(x)$ 在 F 上的任何两个分裂域是同构的。

定理的证明有兴趣的读者可参阅相关文献。

7.2 有限域的结构

本节讨论有限域的结构。

首先考虑有限域中元素的个数。在第 5 章曾经证明过模 p 的剩余类环是一个含有 p 个元

素的域，记为 $\mathbb{Z}_p$ 或 $GF(p)$ 。根据定理 5.1.3 可知任何有限域的特征都为某一个素数 p ，而根据定理 7.1.1，任何一个特征 p 的有限域一定包含一个与 $GF(p)$ 同构的素子域，因此根据扩域的性质，有以下定理可以刻画有限域中的元素个数。

定理 7.2.1　设 F 是一个特征为素数 p 的有限域，则 F 中的元素个数为 p^n ， n 是一个正整数。

证明：　由于 F 的特征为 p ，所以 F 的素域与 $GF(p)$ 同构。又由于 F 是一个有限域，因此 F 是 $GF(p)$ 上的有限维向量空间，设其维数为 n ，且 $\alpha_1, \alpha_2, \cdots, \alpha_n$ 是 F 在 $GF(p)$ 上的一组基，则

$$F = \{a_1\alpha_1 + a_2\alpha_2 + \cdots + a_n\alpha_n \mid a_i \in GF(p), i = 1, 2, \cdots, n\}$$

所以 F 中的元素个数为 p^n 。　　　　　　　　　　　　　　　　　　　　　　　□

更一般地，若 F 是含有 q 个元素的有限域，E 是 F 的扩域，$[E:F] = m$ ，则有 E 中有 q^m 个元素。

定理 7.2.2（存在性）　对于任何素数 p 和任意正整数 n ，都存在一个有限域含有 p^n 个元素。

证明：　考虑 $GF(p)$ 上的多项式 $f(x) = x^q - x$ ，其中 $q = p^n$ 。 $f(x)$ 的形式导数为

$$f'(x) = qx^{q-1} - 1 = -1$$

因此 $f(x)$ 和 $f'(x)$ 互素，从而 $f(x)$ 没有重根，即 $f(x)$ 在其分裂域上有 q 个不同的根。

取 F 为 $f(x)$ 在 $GF(p)$ 上的分裂域。令 S 是 F 中多项式 $f(x)$ 的所有根组成的集合，则有：

(1) 0，$1 \in S$ ；

(2) 对于任意 $a, b \in S$ ，有 $(a-b)^q = a^q - b^q = a - b$ ，即 $a - b \in S$ ；

(3) 对于任意 $a, b \in S$ ，有 $(ab^{-1})^q = a^q b^{-q} = ab^{-1}$ ，即 $ab^{-1} \in S$ 。

所以 S 是 F 的子域，又 $f(x)$ 在 S 中可分解成一次因式的乘积，所以 $S = F$ 。因此，F 是一个有 $q = p^n$ 个元素的有限域。　　　　　　　　　　　　　　　　　　　□

定理 7.2.3（唯一性）　任意两个 $q = p^n$ 元域都同构，即 p^n 元域在同构意义下是唯一的。

证明：　F 是具有 $q = p^n$ 个元素的有限域，则 F 的特征为 p ，且以 $GF(p)$ 为其子域。所以 F 是 $GF(p)$ 上的多项式 $x^q - x$ 的分裂域，根据定理 7.1.7，多项式的分裂域是同构的。因此，p^n 元域都同构于 $GF(p)$ 上的多项式 $x^q - x$ 的分裂域。　　　　　　　　　□

定理 7.2.1、定理 7.2.2、定理 7.2.3 称为有限域的三条结构定理。

定理 7.2.4　设 F_q 是 q 元域，则其乘法群 F_q^* 是一个循环群。

证明：　F_q^* 的阶是 $q-1$ ，要证明 F_q^* 是一个循环群，只需要找到 F_q^* 中的一个 $q-1$ 阶元素。

设 $q \geq 3$ ， $q - 1 = p_1^{e_1} p_2^{e_2} \cdots p_t^{e_t}$ 是 $q-1$ 的标准分解。

对于任意 $i, 1 \leq i \leq t$ ，多项式 $x^{(q-1)/p_i} - 1$ 最多有 $(q-1)/p_i$ 个根，而 $(q-1)/p_i < q-1$ ，所以存在非零元 $a_i \in F_q^*$ ，使得 $a_i^{(q-1)/p_i} \neq 1$ 。令 $b_i = a_i^{(q-1)/p_i^{e_i}}$ ，则

$$b_i^{p_i^{e_i}} = 1$$

又 $b_i^{p_i^{e_i-1}} = a_i^{(q-1)/p_i} \neq 1$ ，所以 b_i 的阶为 $p_i^{e_i}$ 。令

$$b = b_1 b_2 \cdots b_t$$

则 $b^{q-1}=1$。因此，b 的阶 m 是 $q-1$ 的因子。若 m 是 $q-1$ 的真因子，则必然存在某个 i，使得 $m \mid (q-1)/p_i$。故

$$1 = b^{(q-1)/p_i} = b_1^{(q-1)/p_i} b_2^{(q-1)/p_i} \cdots b_t^{(q-1)/p_i}$$

当 $j \neq i$ 时，有 $p_j^{e_j} \mid (q-1)/p_i$，从而 $b_j^{(q-1)/p_i}=1$，所以有 $b_i^{(q-1)/p_i}=1$，矛盾。所以 $m=q-1$，即 b 是 $q-1$ 阶元。 □

定义 7.2.1 F_q^* 中的生成元称为 F_q 的本原元。

根据定理 4.5.1，F_q 中的本原元有 $\varphi(q-1)$ 个。

例 7.2.1 x^2+x+1 是 F_2 上的不可约多项式，设 α 是 x^2+x+1 的根，则

$$F_2(\alpha) = \{0,1,\alpha,\alpha+1\}$$

又 $\alpha^2 = \alpha+1$，$\alpha^3 = \alpha(\alpha+1) = \alpha^2+\alpha = 1$，所以 α 是 $F_2(\alpha)$ 的本原元。

下面考察有限域的子域。

定理 7.2.5 设 $q = p^n$，其中 p 是素数，n 是正整数，则有限域 F_q 的任意一个子域含有 p^m 个元素，其中 $m \mid n$；反之，对于任意正整数 m，若 $m \mid n$，则 F_q 含有唯一一个子域包含 p^m 个元素。

证明： 若 K 是 F_q 的一个子域，则 K 含有 $t = p^m$ 个元素，$m \leq n$。又 F_q 是 K 的扩域，设 $[F_q : K] = s$，则 $q = t^s$ 即 $p^n = p^{ms}$，所以 $m \mid n$。

反之，若 $m \mid n$，有 $p^m-1 \mid p^n-1$，进而 $x^{p^m}-x \mid x^{p^n}-x$。因此，$x^{p^m}-x$ 在 F_p 上的分裂域是 F_q 的一个子域，且含有 p^m 个元素。假设 F_q 有两个的含有 p^m 个元素的子域，则这两个子域的元素都是 $x^{p^m}-x$ 的根，而 $x^{p^m}-x$ 只有 p^m 个不同的根，因此，这两个域一定相同。□

例 7.2.2 $F_{2^{30}}$ 域的子域完全由 30 的因子决定。30 的因子有 1，2，3，5，6，10，15，30。因此 $F_{2^{30}}$ 的子域有 $F_2, F_{2^2}, F_{2^3}, F_{2^5}, F_{2^6}, F_{2^{10}}, F_{2^{15}}, F_{2^{30}}$。

7.3 不可约多项式的根，迹和范数

定理 7.3.1 设 $f(x) \in F_q[x]$ 是一个不可约多项式，α 是 $f(x)$ 在 F_q 的某一扩域中的根，则对于 $F_q[x]$ 中的多项式 $h(x)$，有 $h(\alpha)=0$ 当且仅当 $f(x) \mid h(x)$。

证明： 设 $a \in F_q$ 是 $f(x)$ 的首项系数，令 $p(x) = a^{-1}f(x)$。显然，$p(x)$ 的首项系数为 1，且 $p(\alpha)=0$，所以 $p(x)$ 是 α 的极小多项式。因此，$h(\alpha)=0$ 当且仅当 $p(x) \mid h(x)$ 当且仅当 $f(x) \mid h(x)$。 □

定理 7.3.2 $f(x) \in F_q[x]$ 是 m 次不可约多项式，则 $f(x) \mid x^{q^n}-x$ 当且仅当 $m \mid n$。

证明： 假设 $f(x) \mid x^{q^n}-x$。α 是 $f(x)$ 在某一个分裂域中的根，则 $\alpha^{q^n} = \alpha$，所以 $\alpha \in F_{q^n}$，因此有 $F_q(\alpha) \subseteq F_{q^n}$。又由于 $[F_q(\alpha):F_q] = m$，$[F_{q^n}:F_q] = n$，根据定理 7.1.3 有 $m \mid n$。

反之，若 $m \mid n$，则 F_{q^m} 是 F_{q^n} 的子域。若 α 是 $f(x)$ 在某一个分裂域中的根，则有

$[F_q(\alpha):F_q]=m$，所以 $F_q(\alpha)=F_{q^m}$。因此 $\alpha \in F_{q^n}$，从而有 $\alpha^{q^n}=\alpha$，即 α 是多项式 $x^{q^n}-x$ 的根，根据定理 7.3.1，有 $f(x)\,|\,x^{q^n}-x$。 $\qquad\qquad\square$

定义 7.3.1 设 $f(x)\in F_q[x]$，使 $f(x)\,|\,x^e-x$ 的最小正整数 e 称为多项式 $f(x)$ 的周期或阶，记为 $\mathrm{ord}(f(x))$。

很显然，若 $f(x)\in F_q[x]$ 是次数为 m 的多项式，则 $\mathrm{ord}(f(x))\,|\,q^n$。

定义 7.3.2 设 $f(x)\in F_q[x]$ 是 m 次首一不可约多项式，若 $\mathrm{ord}(f(x))=q^m$，则称 $f(x)$ 为本原多项式。

定理 7.3.3 $f(x)\in F_q[x]$ 是 m 次不可约多项式，则 $f(x)$ 有根 $\alpha\in F_{q^m}$，更进一步有，$f(x)$ 的所有根恰好为 F_{q^m} 中的 m 个元素 $\alpha,\alpha^q,\alpha^{q^2},\cdots,\alpha^{q^{m-1}}$。

证明： 由于 m 次多项式最多有 m 个根，所以只需证明 $\alpha,\alpha^q,\alpha^{q^2},\cdots,\alpha^{q^{m-1}}$ 是 $f(x)$ 的根，并且两两不同即可。

假设 α 是 $f(x)$ 在某一个分裂域中的根，则 $[F_q(\alpha):F_q]=m$，所以 $F_q(\alpha)=F_{q^m}$，$\alpha\in F_{q^m}$。考虑 α^q。设 $f(x)=a_m x^m+a_{m-1}x^{m-1}+\cdots+a_1 x+a_0$，其中 $a_i\in F_q$，则

$$
\begin{aligned}
f(\alpha^q) &= a_m(\alpha^q)^m+a_{m-1}(\alpha^q)^{m-1}+\cdots+a_1(\alpha^q)+a_0\\
&= (a_m\alpha^m+a_{m-1}\alpha^{m-1}+\cdots+a_1\alpha+a_0)^q\\
&= 0
\end{aligned}
$$

同理，可依次证明 $\alpha^{q^2},\cdots,\alpha^{q^{m-1}}$ 都是 $f(x)$ 的根。

下证 $\alpha,\alpha^q,\alpha^{q^2},\cdots,\alpha^{q^{m-1}}$ 两两不同。假设 $\alpha^{q^j}=\alpha^{q^k}$，其中 $0\leqslant j<k\leqslant m-1$，则

$$
(\alpha^{q^j})^{q^{m-k}}=(\alpha^{q^k})^{q^{m-k}}
$$

因此有 $\alpha^{q^{m-k+j}}=\alpha^{q^m}=\alpha$，从而由定义 7.3.1 可知，$f(x)\,|\,x^{q^{m-k+j}}-x$。再由定理 7.3.2 可知 $m\,|\,m-k+j$，而 $m-k+j<m$，矛盾。所以 $\alpha,\alpha^q,\alpha^{q^2},\cdots,\alpha^{q^{m-1}}$ 两两不同。 $\qquad\square$

定义 7.3.3 设 F_{q^m} 是 F_q 的扩域，$\alpha\in F_{q^m}$，称 $\alpha,\alpha^q,\alpha^{q^2},\cdots,\alpha^{q^{m-1}}$ 为 α 相对于 F_q 的共轭元。

定义 7.3.4 对于 $\alpha\in F_{q^m}$，定义多项式

$$
f(x)=(x-\alpha)(x-\alpha^q)\cdots(x-\alpha^{q^{m-1}})
$$

为 α 在 F_q 上的特征多项式。

当 $\alpha,\alpha^q,\alpha^{q^2},\cdots,\alpha^{q^{m-1}}$ 两两不同时，$\deg(f(x))=m$，α 的特征多项式与极小多项式 $p(x)$ 相同。当 α 仅有 d 个两两不同的共轭元 $\alpha,\alpha^q,\alpha^{q^2},\cdots,\alpha^{q^{d-1}}$ 时，α 所有的共轭元正好是这 d 个共轭元重复 m/d 次，此时 $f(x)=(p(x))^{m/d}$。由此可知，α 在 F_q 上的特征多项式 $f(x)\in F_q[x]$，将其展开可得

$$
f(x)=x^m-(\alpha+\alpha^q+\cdots+\alpha^{q^{m-1}})x^{m-1}+\cdots+(-1)^m\alpha\alpha^q\cdots\alpha^{q^{m-1}}
$$

由上述分析可知，$\alpha+\alpha^q+\cdots+\alpha^{q^{m-1}}$ 和 $\alpha\alpha^q\cdots\alpha^{q^{m-1}}$ 都是 F_q 中的元素，它们分别定义了 α 的迹和范数。

定义 7.3.5　设 $\alpha \in E = F_{q^m}$，$F = F_q$，定义 α 的迹如下：

$$\mathrm{Tr}_{E/F}(\alpha) = \alpha + \alpha^q + \cdots + \alpha^{q^{m-1}}$$

可简记为 $\mathrm{Tr}(\alpha)$。

由于 $\mathrm{Tr}(\alpha) \in F_q$，因此，迹可以看作 F_{q^m} 到 F_q 的一个函数。

迹函数有如下性质。

定理 7.3.4　设 $E = F_{q^m}$，$F = F_q$，$\alpha, \beta \in E$，$c \in F$，则迹函数 Tr 满足：

(1) $\mathrm{Tr}(\alpha + \beta) = \mathrm{Tr}(\alpha) + \mathrm{Tr}(\beta)$；

(2) $\mathrm{Tr}(c\alpha) = c\mathrm{Tr}(\alpha)$；

(3) $\mathrm{Tr}(c) = mc$；

(4) $\mathrm{Tr}(\alpha^q) = \mathrm{Tr}(\alpha)$。

定理的证明留给读者。

例 7.3.1　试证明有限域 F_{2^n} 上方程 $x^2 + x + \beta = 0$ 有解的充要条件是 $\mathrm{Tr}(\beta) = 0$。

证明： 必要性。假设方程 $x^2 + x + \beta = 0$ 有解，设为 x_0，则

$$\begin{aligned}
\mathrm{Tr}(0) &= \mathrm{Tr}(x_0^2 + x_0 + \beta) \\
&= \mathrm{Tr}(x_0^2) + \mathrm{Tr}(x_0) + \mathrm{Tr}(\beta) \\
&= \mathrm{Tr}(x_0) + \mathrm{Tr}(x_0) + \mathrm{Tr}(\beta) \\
&= \mathrm{Tr}(\beta)
\end{aligned}$$

即 $\mathrm{Tr}(\beta) = \mathrm{Tr}(0) = 0$。

充分性。设 $\mathrm{Tr}(\beta) = 0$，分两种情况证明。

当 n 是奇数时，定义函数 $\tau : F_{2^n} \to F_{2^n}$ 为

$$\tau(\beta) = \sum_{j=0}^{(n-1)/2} \beta^{2^{2j}}$$

则有

$$\begin{aligned}
\tau(\beta)^2 + \tau(\beta) + \beta &= \sum_{j=0}^{(n-1)/2} \beta^{2^{2j+1}} + \sum_{j=0}^{(n-1)/2} \beta^{2^{2j}} + \beta \\
&= \mathrm{Tr}(\beta) + \beta + \beta \\
&= \mathrm{Tr}(\beta) \\
&= 0
\end{aligned}$$

即当 $\mathrm{Tr}(\beta) = 0$ 时，$\tau(\beta)$ 是方程 $x^2 + x + \beta = 0$ 的一个根。可以验证 $\tau(\beta) + 1$ 是方程 $x^2 + x + \beta = 0$ 的另一个根。

当 n 是偶数时，首先需要找到一个元素 $\delta \in F_{2^n}$，$\delta \neq 1$，$\mathrm{Tr}(\delta) = 1$。找到这样的 δ 后，令

$$x_0 = \sum_{i=0}^{n-2} \left(\sum_{j=i+1}^{n-1} \delta^{2^j} \right) \beta^{2^i}$$

则当 $\mathrm{Tr}(\beta) = 0$ 时，x_0 和 $x_0 + 1$ 就是方程 $x^2 + x + \beta = 0$ 的两个根。因为

$$
\begin{aligned}
x_0^2 + x_0 &= \sum_{i=1}^{n-1} (\sum_{j=i+1}^{n-1} \delta^{2^j}) \beta^{2^i} + \sum_{i=0}^{n-2} (\sum_{j=i+1}^{n-1} \delta^{2^j}) \beta^{2^i} \\
&= \delta(\beta^{2^{n-1}} + \beta^{2^{n-2}} + \cdots + \beta^2) + (\delta^{2^{n-1}} + \delta^{2^{n-2}} + \cdots + \delta^2)\beta \\
&= \delta(\mathrm{Tr}(\beta) + \beta) + (\mathrm{Tr}(\delta) + \delta)\beta \\
&= \delta\mathrm{Tr}(\beta) + \beta
\end{aligned}
$$

因此，x_0 是方程 $x^2 + x + \beta = 0$ 的一个根。容易验证 $x_0 + 1$ 也是方程 $x^2 + x + \beta = 0$ 的根。

$\square$

定义 7.3.6　设 $\alpha \in E = F_{q^m}$，$F = F_q$，定义 α 的范数如下：

$$
N_{E/F}(\alpha) = \alpha \alpha^q \cdots \alpha^{q^{m-1}}
$$

可简记为 $N(\alpha)$。

同迹函数一样，范数也可以看作 F_{q^m} 到 F_q 的一个函数。

范数有如下性质。

定理 7.3.5　设 $E = F_{q^m}$，$F = F_q$，$\alpha, \beta \in E$，$c \in F$，则迹函数 Tr 满足：

(1) $N(\alpha\beta) = N(\alpha)N(\beta)$；

(2) $N(c) = c^m$；

(3) $N(\alpha^q) = N(\alpha)$。

定理的证明留给读者。

7.4　有限域上元素的表示

有限域在实际应用当中需要存储元素、实现元素之间的运算，而运算的效率很大程度上取决于元素的表示。有限素域 F_p 中的元素可以表示成为模素数 p 的整数，其加法和乘法均为模 p 的乘法和加法。本节将介绍有限域 F_{p^n} 中元素的三种基本表示。

有限域的第一种表示方法称为多项式表示，这种表示是基于域的有限扩张。设 p 是素数，$q = p^n$。根据推论 6.3.1 可知，只要找到 F_p 上一个 n 次不可约多项式 $f(x)$，就有

$$
F_q = F_p[x] / \langle f(x) \rangle
$$

取 $f(x)$ 的一个根 α，根据定理 7.1.5，$F_p(\alpha) \cong F_q$，且 $1, \alpha, \alpha^2, \cdots, \alpha^{n-1}$ 是 $F_p[\alpha]$ 在 F_p 上的一组基。因此，F_q 中的元素可以表示成 F_p 上 α 的次数小于 n 的多项式，其上的加法为多项式的加法，而乘法为模多项式 $f(\alpha)$ 的乘法。

例 7.4.1　给出有限域 F_9 的元素表示，并给出 F_9 的乘法表。

解：F_9 可以看成是 F_3 通过添加一个二次不可约多项式的根 α 得到的 2 次扩张。$f(x) = x^2 + 1$ 是 F_3 上一个不可约多项式，设 α 是 $f(x)$ 的一个根，即 $f(\alpha) = \alpha^2 + 1 = 0$，则 $1, \alpha$ 是 F_9 在 F_3 上的一组基，从而，F_9 中的元素可以表示成 F_3 上 α 的次数小于 2 的多项式，即 $F_9 = \{0, 1, 2, \alpha, 1 + \alpha, 2 + \alpha, 2\alpha, 1 + 2\alpha, 2 + 2\alpha\}$，其乘法表如表 7.1 所示。

表 7.1 F_9 的乘法表

*	0	1	2	α	$1+\alpha$	$2+\alpha$	2α	$1+2\alpha$	$2+2\alpha$
0	0	0	0	0	0	0	0	0	0
1	0	1	2	α	$1+\alpha$	$2+\alpha$	2α	$1+2\alpha$	$2+2\alpha$
2	0	2	1	2α	$2+2\alpha$	$1+2\alpha$	α	$2+\alpha$	$1+\alpha$
α	0	α	2α	2	$2+\alpha$	$2+2\alpha$	1	$1+\alpha$	$1+2\alpha$
$1+\alpha$	0	$1+\alpha$	$2+2\alpha$	$2+\alpha$	2α	1	$1+2\alpha$	2	α
$2+\alpha$	0	$2+\alpha$	$1+2\alpha$	$2+2\alpha$	1	α	$1+\alpha$	2α	2
2α	0	2α	α	1	$1+2\alpha$	$1+\alpha$	2	$2+2\alpha$	$2+\alpha$
$1+2\alpha$	0	$1+2\alpha$	$2+\alpha$	$1+\alpha$	2	2α	$2+2\alpha$	α	1
$2+2\alpha$	0	$2+2\alpha$	$1+\alpha$	$1+2\alpha$	α	2	$2+\alpha$	1	2α

利用 F_q 中的本原元可以给出 F_q 的另一种表示，称为本原元表示。设 ξ 是 F_q 中的本原元，则 $F_q = \{0, \xi, \xi^2, \cdots, \xi^{q-1}\}$。在本原元表示下，乘法很容易实现，但加法需要结合 F_q 的多项式表示来计算。

例 7.4.2 设 $F_9 = F_3(\xi)$，其中 ξ 是 F_9 中的本原元，且 ξ 是多项式 $x^2 + x + 2$ 的根，则有 $F_9 = \{0, \xi, \xi^2, \cdots, \xi^8\}$。注意到，若 $\alpha^2 + 1 = 0$，则 $\xi = 1 + \alpha$ 是多项式 $x^2 + x + 2$ 的根，可建立对应关系：$\xi = 1 + \alpha$，$\xi^2 = 2\alpha$，$\xi^3 = 1 + 2\alpha$，$\xi^4 = 2$，$\xi^5 = 2 + 2\alpha$，$\xi^6 = \alpha$，$\xi^7 = 2 + \alpha$，$\xi^8 = 1$。这样就可以很方便地计算 F_9 中的加法。

有限域中元素的第三种表示方法为伴随矩阵表示。

设 $f(x) = x^n + a_{n-1}x^{n-1} + \cdots + a_1 x + a_0$，定义 $f(x)$ 的伴随矩阵为

$$A = \begin{bmatrix} 0 & 0 & 0 & \cdots & 0 & -a_0 \\ 1 & 0 & 0 & \cdots & 0 & -a_1 \\ 0 & 1 & 0 & \cdots & 0 & -a_2 \\ \vdots & \vdots & \vdots & \ddots & \vdots & \vdots \\ 0 & 0 & 0 & \cdots & 1 & -a_{n-1} \end{bmatrix}$$

经过计算有，$f(x) = |xI - A| = x^n + a_{n-1}x^{n-1} + \cdots + a_1 x + a_0$，即 $f(x)$ 是 A 的特征多项式。因此，$f(A) = A^n + a_{n-1}A^{n-1} + \cdots + a_1 A + a_0 I = 0$，其中 I 是单位矩阵。所以 A 可以看作 $f(x)$ 的根。利用上述结果可给出有限域中元素的伴随矩阵表示，其加法和乘法均为矩阵的加法和乘法。

例 7.4.3 设 $f(x) = x^2 + 1 \in F_3[x]$，其伴随矩阵为

$$A = \begin{bmatrix} 0 & 2 \\ 1 & 0 \end{bmatrix}$$

所以 F_9 中的元素可以表示为 $F_9 = \{0, I, 2I, A, I + A, 2I + A, 2A, I + 2A, 2I + 2A\}$，其加法和乘法为矩阵的加法和乘法，如

$$(I + A) + A = I + 2A = \begin{bmatrix} 1 & 1 \\ 2 & 1 \end{bmatrix}$$

$$A \cdot (I + 2A) = A + 2A^2 = \begin{bmatrix} 0 & 2 \\ 1 & 0 \end{bmatrix} + \begin{bmatrix} 1 & 0 \\ 0 & 1 \end{bmatrix} = A + I$$

7.5　有限域中的算法

7.4 节介绍了有限域中元素的表示，本节主要介绍有限域上运算实现的一些方法。

素域 F_p 中的加法和乘法可由第 2 章介绍的模整数的加法和乘法来实现。求逆运算也可由算法 2.2.1 来实现。下面主要关注 F_{p^n} 中的算法。

根据 F_{p^n} 中元素的多项式表示，F_{p^n} 中元素的乘法和求逆运算都可以通过模 F_p 上的不可约多项式来实现。

设 $f(x)$ 是 F_p 上的 n 次不可约多项式，取 α 为 $f(x)$ 的根，设 $g(\alpha), h(\alpha) \in F_{p^n}$，则 $g(\alpha), h(\alpha)$ 乘积可以这样得出，先将 $g(\alpha)h(\alpha)$ 按照一般的多项式乘法求积，再以 $f(\alpha)$ 去除得出余式，余式即为所求。

F_{p^n} 中元素的逆元可通过算法 7.5.1 实现。

算法 7.5.1　在 F_{p^n} 中计算乘法逆元。

输入：非零多项式 $g(\alpha) \in F_{p^n}$（F_{p^n} 中的元素以 $f(x)$ 的根 α 的次数小于 n 的多项式形式表示，其中 $f(x) \in F_p[X]$ 是 Z_p 上的次数为 n 的不可约多项式）。

输出：$g(\alpha)^{-1} \in F_{p^n}$。

1. 利用适用于多项式的扩展的欧几里得算法（算法 6.2.2）得出两个多项式 $s(\alpha), t(\alpha) \in F_p(\alpha)$，使得 $s(\alpha)g(\alpha) + t(\alpha)f(\alpha) = 1$。

2. 返回 $(s(\alpha))$。

F_{p^n} 中的幂运算可以用重复平方乘算法有效地计算得出。

算法 7.5.2　适用于 F_{p^n} 中幂运算的重复平方乘算法。

输入：$g(\alpha) \in F_{p^n}$，整数 $0 \leqslant k \leqslant p^n - 1$ 其二进制表示为 $k = \sum_{i=0}^{t} k_i 2^i$。（$F_{p^n}$ 中的元素以 $f(x)$ 的根 α 的次数小于 n 的多项式形式表示，其中 $f(x) \in F_p[X]$ 是 F_p 上的次数为 n 的不可约多项式。）

输出：$g(\alpha)^k$。

1. 令 $s(\alpha) \leftarrow 1$，如果 $k = 0$，返回 $(s(\alpha))$。

2. 令 $G(\alpha) \leftarrow g(\alpha)$。

3. 如果 $k_0 = 1$，则令 $s(\alpha) \leftarrow g(\alpha)$。

4. 对 i 从 1 到 t，作

　　4.1　令 $G(\alpha) \leftarrow G(\alpha)^2 \bmod f(\alpha)$；

　　4.2　如果 $k_i = 1$，则令 $s(\alpha) \leftarrow G(\alpha) \cdot s(\alpha) \bmod f(\alpha)$。

5. 返回 $(s(\alpha))$。

例 7.5.1　考察阶为 16 的有限域 F_{2^4}。容易验证多项式 $f(x) = x^4 + x + 1$ 在 F_2 上不可约。

设 α 是 $f(x)$ 的一个根。因此有限域 F_{2^4} 可以表示为 α 的所有 F_2 次数小于 4 的多项式集合，即

$$F_{2^4} = \{a_3\alpha^3 + a_2\alpha^2 + a_1\alpha + a_0 \,|\, a_i \in \{0,1\}\}$$

为方便起见，多项式 $a_3\alpha^3 + a_2\alpha^2 + a_1\alpha + a_0$ 可以用长度为 4 的向量 $(a_3a_2a_1a_0)$ 表示，且

$$F_{2^4} = \{(a_3a_2a_1a_0) \,|\, a_i \in \{0,1\}\}$$

以下是域 F_{2^4} 中算术的一些例子。

(1) 域中元素相加，即对应分量的简单相加，如 $(1011) + (1001) = (0010)$。

(2) 要将域中元素 (1101) 与 (1001) 相乘，将它们作多项式乘法，再以去除 $f(\alpha)$ 得到的乘积，取其余式：

$$(\alpha^3 + \alpha^2 + 1)(\alpha^3 + 1) = \alpha^6 + \alpha^5 + \alpha^2 + 1$$
$$\equiv \alpha^3 + \alpha^2 + \alpha + 1 \pmod{f(\alpha)}$$

因此 $(1101) \cdot (1001) = (1111)$。

(3) F_{2^4} 的乘法单位元是 (0001)。

(4) (1011) 的逆元是 (0101)，因为

$$(\alpha^3 + \alpha + 1)(\alpha^2 + 1) = \alpha^5 + \alpha^2 + \alpha + 1$$
$$\equiv 1 \pmod{f(x)}$$

即 $(1011) \cdot (0101) = (0001)$。

由有限域的多项式表示法和本原元表示法可知，多项式表示法的加法实现较为简单，而本原元表示法的乘法实现更为便捷。下面结合 F_{2^8} 域上乘法算法和求逆算法的实现来介绍指数对数表方法。这种方法结合了两种表示方法的优点，不过计算时需要存储指数对数表。

取域 F_2 上的 8 次不可约多项式 $f(x) = x^8 + x^6 + x^5 + x + 1$，$\alpha$ 是 $f(x)$ 的一个根。因此有限域 F_{2^8} 可以表示为 α 的所有 F_2 次数小于 8 的多项式集合，即

$$F_{2^8} = \{a_7\alpha^7 + a_6\alpha^6 + a_5\alpha^5 + a_4\alpha^4 + a_3\alpha^3 + a_2\alpha^2 + a_1\alpha + a_0 \,|\, a_i \in \{0,1\}\}$$

定义一个由 $a_7a_6a_5a_4a_3a_2a_1a_0$ 组成的字节 a 可表示为系数为 $\{0,1\}$ 的二进制多项式：

$$a_7\alpha^7 + a_6\alpha^6 + a_5\alpha^5 + a_4\alpha^4 + a_3\alpha^3 + a_2\alpha^2 + a_1\alpha + a_0$$

还可以将每个字节表示为一个十六进制数，即每 4 比特表示一个十六进制数，代表较高位的 4 比特的符号仍在左边。例如，01101011 可表示为 6B。同样也可以用 0~255 这 256 个十进制整数来表示域 F_{2^8} 中的元素。它们之间的运算为 F_{2^8} 中的运算，其加法定义为二进制多项式的加法，且其系数模 2，其乘法定义为多项式的乘积模一个次数为 8 的不可约多项式 $f(\alpha)$。通过计算机实验可以验证元素 "02" 是域 F_{2^8} 中的一个本原元。

将域 F_{2^8} 中的元素用 0~255 这 256 个十进制整数来表示，指数对数表可以通过如下步骤来构建。

(1) 将元素 '02' 表示成为 α，依次计算 $\alpha^i \bmod(f(\alpha))$，$i = 0,1,\cdots,254$，将所得结果转变为十进制数，设为 β_i，$i = 0,1,\cdots,254$；如表 7.2 所示。

(2) 建表。第一行为 $0,1,\cdots,254,255$，第二行元素依次为 β_i，$i = 0,1,\cdots,254$。由于 $\alpha^0 \equiv \alpha^{255} \bmod(f(\alpha))$，约定第 2 行，第 255 列元素为 0。

表 7.2　建表

0	1	2	3	…	253	254	255
1	2	4	8	…	233	177	0

(3) 按所建表的第二行元素的大小进行重排列，如表 7.3 所示。

表 7.3　重排列后的指数对数表

255	0	1	197	…	72	230	104
0	1	2	3	…	253	254	255

(4) 将 (3) 中表的第一行放在 (2) 中表的第三行，如表 7.4 所示。

表 7.4

序号	0	1	2	3	…	253	254	255
$(02)^i$	1	2	4	8	…	233	177	0
$\log_{(02)^i}$	255	0	1	197	…	72	230	104

建立上述指数对数表之后，通过查表很容易求出两个元素的乘积。又由于对于 $i=1,2,\cdots,254$ 均有 $(\alpha^i)^{-1} \equiv \alpha^{255-i} \bmod(f(\alpha))$，所以通过查表也很容易求出元素的逆元。

例 7.5.2　取 F_2 上的 8 次不可约多项式 $f(x)=x^8+x^6+x^5+x+1$，α 是 $f(x)$ 的一个根。试求 F_{2^8} 中元素 $\alpha+1$ 和 $\alpha^7+\alpha^6+\alpha^5+\alpha^4+\alpha^3+\alpha^2+1$ 的乘积，并计算 $\alpha+1$ 的逆元。

解：　$\alpha+1$ 对应于 "03"，$\alpha^7+\alpha^6+\alpha^5+\alpha^4+\alpha^3+\alpha^2+1$ 对应于 "253"。通过查指数对数表可得 $03=(02)^{197}$，$253=(02)^{72}$，因此，$(03)\cdot(253)=(02)^{197+72(\bmod 255)}=(02)^{14}=100$。"100" 对应于 $\alpha^6+\alpha^5+\alpha^2$，即

$$(\alpha+1)(\alpha^7+\alpha^6+\alpha^5+\alpha^4+\alpha^3+\alpha^2+1) \equiv (\alpha^6+\alpha^5+\alpha^2)(\bmod f(\alpha))$$

用模多项式乘法验证结果正确。

由 $03=(02)^{197}$，而 $255-197=58$，所以 $(03)^{-1}=(02)^{58}=222$。"222" 对应于 $\alpha^7+\alpha^6+\alpha^4+\alpha^3+\alpha^2+\alpha$，即

$$(\alpha+1)^{-1} \equiv (\alpha^7+\alpha^6+\alpha^4+\alpha^3+\alpha^2+\alpha)\bmod(f(\alpha))$$

实际上，可以求出所有元素的逆元并放在指数对数表中，这样计算机实现时，求逆运算也可通过查表得出，这大大提高了 F_{2^8} 中元素运算的效率。

7.6　本 章 小 结

本章介绍了有限域的基础知识。重点要掌握有限域的三条结构定理，有限域中元素的表示方法以及有限域中元素的运算。

习　　题

1. 设 E 是 F 的 p 次扩域，p 是素数，$\alpha \in E$，$\alpha \notin F$，证明：$E=F(\alpha)$。

2．若 E 是 F 的一个 n 次扩域，$\alpha \in E$，且在 F 上的次数为 m，证明：$m \mid n$。

3．若 E 是 F 的扩域，$u \in E$ 在 F 上的次数为奇数，证明：u^2 在 F 上的次数也是奇数且 $F(u) = F(u^2)$。

4．若 E 是 F 的一个代数扩张，α 是 E 上的代数元，证明：α 也是 F 上的代数元。

5．设 E, F, K 是域，$F \subset K \subset E$，若 $[E:K] = m$，$\alpha \in E$ 在 F 上的次数为 n，且 $(n, m) = 1$。证明：α 在 K 上的次数也是 n。

6．若 $x^n - \alpha \in F[x]$ 不可约，证明：任意正整数 m，当 $m \mid n$ 时，$x^m - a$ 在 $F[x]$ 中也不可约。

7．确定 $f(x) = x^3 - 2x - 2$ 和 $g(x) = x^3 - 3x - 1$ 在有理数域 $\mathbb{Q}$ 上的分裂域。

8．证明：$\mathbb{Q}$ 上的多项式 $x^4 + 1$ 在 $\mathbb{Q}$ 上的分裂域是一个单扩张 $\mathbb{Q}(\alpha)$，α 是 $x^4 + 1$ 的一个根。

9．设 $x^3 - a$ 是 $\mathbb{Q}$ 上的不可约多项式，α 是 $x^3 - a$ 的一个根，证明：$\mathbb{Q}(\alpha)$ 不是 $x^3 - a$ 在 $\mathbb{Q}$ 上的分裂域。

10．设 P 是一个特征为素数 p 的域，$F = P(\alpha)$ 是 P 的一个单扩张，α 是 $x^p - a \in P[x]$ 的根。问 $P(\alpha)$ 是不是 $x^p - a$ 在 P 上的分裂域？

11．给出商环 $\mathbb{Z}_2[x]/(x^2 + x + 1)$ 上的加法和乘法表，问此商环是否为域？

12．证明：$x^2 + 1$ 及 $x^2 + x + 4$ 在 $\mathbb{Z}_{11}$ 上不可约。并证明：

$$\mathbb{Z}_{11}[x]/(x^2 + 1) \cong \mathbb{Z}_{11}[x]/(x^2 + x + 4)$$

13．给出有限域 F_9，F_{17} 的所有元素，并找出其本原元。

14．设 F_q 是有限域，$q \neq 2$，证明：F_q 中所有元素之和为 0。

15．将 F_{25} 的元素表示成 F_5 上一组基的线性组合。

16．给出 F_2 上所有 3 次和 4 次不可约多项式。

17．设 k 是一个正整数，$a \in F_q^*$，$d = (q-1, k)$。证明：a 是 F_q 中某个元素的 k 次方幂当且仅当 $a^{(q-1)/d} = 1$。

18．对任何特征为素数 p 的有限域 F_q，证明：F_q 中任一元素恰好存在一个 p 次方根。

19．证明：F_q 中任一元素是 F_q 中某个元素的 k 次方幂当且仅当 $(q-1, k) = 1$。

20．设 $f(x) = x^3 + x + 1 \in GF(2)[x]$，试证明模 $f(x)$ 的剩余类环 $GF(2)[x]/(f(x))$ 是域，并给出域中所有非零元的逆元。

21．使用 F_2 上不可约多项式 $f(x) = x^3 + x + 1$ 给出有限域 F_8 的矩阵表示。

22．设 F 是域，证明：若 F_q^* 是循环群，那么 F 一定是有限域。

23．用 F_2 上不可约多项式 $f(x) = x^4 + x + 1$ 构造 F_{16}，并找出一个本原元，给出 F_{16} 的指数对数表。

24．编程实现指数对数表方法计算有限域 F_{2^8} 的元素的乘积和逆元。

第8章 椭圆曲线

当今世界，最具影响力的两类公钥密码算法是基于大数分解困难问题的 RSA 公钥密码算法和基于离散对数困难问题的 El Gamal 公钥密码算法。而离散对数困难问题可以分为有限域上的离散对数困难问题和椭圆曲线上的离散对数困难问题。(一般认为在有限域乘法群上的离散对数问题和椭圆曲线上的离散对数问题并不等价；有限域乘法群上的离散对数问题比椭圆曲线上的离散对数问题要困难得多。)在 20 世纪 80 年代中期，Koblitz 和 Miller 两位密码学家几乎同时提出了椭圆曲线密码算法的概念，由于它具有一些其他公钥密码算法无法比拟的优势，因此近年来对它的研究十分活跃，大大丰富了数论和椭圆曲线密码的伦理。

椭圆曲线密码算法有许多优势，首先，在某些情况下(如提供相当的或更高等级的安全条件下)，它比其他的密码算法使用更短的密钥，如密钥长度为 106 比特的椭圆曲线密码算法的安全强度相当于密钥长度为 512 比特的 RSA 密码算法；其次，椭圆曲线是代数曲线，满足代数和几何两方面的性质，计算速度比较快；最后，适当的椭圆曲线可以定义群之间的双线性映射，如 Weil 对或 Tate 对，双线性映射已经在密码学中发现了大量的应用，如基于身份的加密。

但是它本身有个缺点，就是在加密和解密操作的实现比其他机制花费的时间长。这会在定义椭圆曲线上的群中体现，其比有限域上的加法和乘法复杂很多。因此，椭圆曲线上群中元素的加法运算比同样大小的有限环和有限域上的加法及乘法运算要慢。

虽然如此，但对于椭圆曲线密码算法来说，其拥护者相信有限域乘法群上的离散对数问题比椭圆曲线上的离散对数问题要难得多，并且因此使用椭圆曲线密码算法能用小得多的密钥长度来提供同等的安全。到目前为止已经公布的结果趋于支持这个结论。美国国家标准与技术局和 ANSI X9 已经设定了最小密钥长度的要求，RSA 和 DSA 是 1024 位，ECC 是 160 位，相应的对称分组密码的密钥长度是 80 位。NIST 已经公布了一列推荐的椭圆曲线用来保护 5 个不同的对称密钥大小(80, 112, 128, 192, 256)。一般而言，二进制域上的椭圆曲线密码算法需要的非对称密钥的大小是相应的对称密钥大小的两倍。

8.1 椭圆曲线的基本概念

椭圆曲线是代数曲线，是通过一些代数的知识分析、研究一些几何曲线，从而得到它的代数性质。本节将介绍一些基本的概念。

椭圆曲线上可定义一些点组成的集合，在这些点上适当地定义加法，即定义了点与点之间的"加法"运算，使得该集合构成一个加法群。正因为椭圆曲线存在加法结构，所以它包含了很多重要的代数信息和数论信息。下面首先看一下椭圆曲线的定义。

定义 8.1.1 设 K 是一个域，$\overline{K}$ 是 K 的代数闭包，K 可以是实数域，在密码学中，K 是一个有限域。从平面解析几何的角度，定义在 K 上的椭圆曲线 E 是一条由魏尔斯特拉斯方程

$$y^2 + a_1xy + a_3y = x^3 + a_2x^2 + a_4x + a_6, a_i \in K, i = 1, 2, 3, 4, 6 \tag{8.1}$$

确定的非奇异(即处处光滑，或者不严格地说自己和自己没有交点)的 3 次曲线和再添加一个无穷远点 O。使用符号 E/K 表示定义在域 K 上的椭圆曲线 E。

显而易见，椭圆曲线是 2 维 $\overline{K} \times \overline{K}$ 平面上方程(8.1)所有解和无穷远点 O 组成的集合，即 $E/K = \{(x, y) \in \overline{K} \times \overline{K} : y^2 + a_1xy + a_3y = x^3 + a_2x^2 + a_4x + a_6\} \cup \{O\}$。当 K 是连续的，如 $K = R$ 是实数域，椭圆曲线 E/K 可认为是 2 维空间上连续的曲线；当 K 是离散的，如 $K = GF(q)$ 是有限域，其中 q 是某个素数的方幂，椭圆曲线 E/K 是 2 维空间上有限个离散的点。

由于 $\overline{K}$ 是 K 的扩域，方程(8.1)在 $K \times K$ 上的解称为椭圆曲线 E 的 K 有理点，E 的全体 K 有理点集合记为 $E(K)$。因此

$$E(K) = \{(x, y) \in K \times K : y^2 + a_1xy + a_3y = x^3 + a_2x^2 + a_4x + a_6\} \cup \{O\}$$

例 8.1.1　实数域上的两条椭圆曲线：(1) $y^2 = x^3 - x$，(2) $y^2 = x^3 + \dfrac{1}{4}x + \dfrac{5}{4}$，如图 8.1 所示。

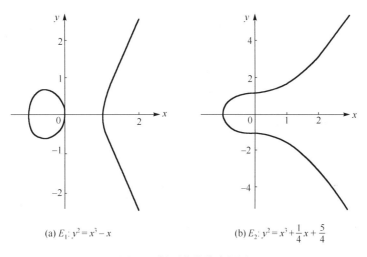

(a) E_1: $y^2 = x^3 - x$　　　　　　(b) E_2: $y^2 = x^3 + \dfrac{1}{4}x + \dfrac{5}{4}$

图 8.1　椭圆曲线的实例图

例 8.1.2　有限域 $GF(3)$ 两条椭圆曲线：(1) $y^2 = x^3 - x$，(2) $y^2 = x^3 + 1$，分别用集合表示其有理点集合。

解：(1)椭圆曲线　$y^2 = x^3 - x$ 的有理点集合为

$$\{(1, 0), (2, 0), (0, 0), O\}$$

(2)椭圆曲线　$y^2 = x^3 + 1$ 的有理点集合为

$$\{(0, 1), (0, 2), (2, 0), O\}$$

例 8.1.3　有限域 $GF(5)$ 两条椭圆曲线：(1) $y^2 = x^3 - x$，(2) $y^2 = x^3 + 1$，分别用集合表示有理点集合。

解：(1) $GF(5)$ 上的椭圆曲线　$y^2 = x^3 - x$ 的有理点集合为

$$\{(0, 0), (1, 0), (2, 1), (2, 4), (3, 2), (3, 3), (4, 0), O\}$$

(2) $GF(5)$ 上的椭圆曲线 $y^2 = x^3 + 1$ 的有理点集合为

$$\{(0,1),(0,4),(2,2),(2,3),(4,0),O\}$$

由上面几个例子能看出来，虽然椭圆曲线的代数表达式是一样的，但是由于它们所在的域不同，椭圆曲线也不一样，而且它们的点的个数也可能不一样。

从定义 8.1.1 可以看出，椭圆曲线要求是非奇异的代数曲线，那么如何来判断它是否是非奇异的呢？下面引入椭圆曲线的判别式。

设 E/K 为在域 K 上的椭圆曲线，它是非奇异的代数曲线。根据公式(8.1)定义下面一些参数：

$$\Delta = -b_2^2 b_8 - 8b_4^3 - 27b_6^2 + 9b_2 b_4 b_6 \tag{8.2}$$

其中

$$b_2 = a_1^2 + 4a_2$$
$$b_4 = 2a_4 + a_1 a_3$$
$$b_6 = a_3^2 + 4a_6$$
$$b_8 = a_1^2 a_6 + 4a_2 a_6 - a_1 a_3 a_4 + a_2 a_3^2 - a_4^2$$
$$c_4 = b_2^2 - 24b_4$$
$$j(E) = c_4^3 / \Delta$$

定义 8.1.2 称上述公式 Δ 为魏尔斯特拉斯方程的判别式。如果 $\Delta \neq 0$，则称 $j(E)$ 为方程式的 j 不变量，其中 0 是域 K 上的加法单位元。

例 8.1.4 计算例 8.1.3 中的 $GF(5)$ 上的两条椭圆曲线的判别式和 j 不变量。

解：（1）$GF(5)$ 上的椭圆曲线 $y^2 = x^3 - x$ 的判别式 Δ 和 j 不变量 $j(E_1)$ ，因为 $a_1 = a_3 = a_2 = a_6 = 0$ ， $a_4 = -1$ ，所以得到如下结果：

$$b_2 = a_1^2 + 4a_2 = 0^2 + 4 \times 0 = 0$$
$$b_4 = 2a_4 + a_1 a_3 = -2 = 3$$
$$b_6 = a_3^2 + 4a_6 = 0$$
$$b_8 = a_1^2 a_6 + 4a_2 a_6 - a_1 a_3 a_4 + a_2 a_3^2 - a_4^2 = -1 = 4$$
$$\Delta = b_2^2 b_8 - 8b_4^3 - 27b_6^2 + 9b_2 b_4 b_6 = 0 - 8 \times 3^3 - 27 \times 0 + 9 \times 0 \times 3 \times 0 = 4$$
$$c_4 = b_2^2 - 24b_4 = 3$$
$$j(E) = c_4^3 / \Delta = 3^3 / 4 = 3$$

（2）$GF(5)$ 上的椭圆曲线 $y^2 = x^3 + 1$ 的判别式 Δ 和 j 不变量 $j(E_2)$ ，因为 $a_1 = a_3 = a_2 = a_4 = 0$ ， $a_6 = 1$ ，所以得到如下结果：

$$b_2 = a_1^2 + 4a_2 = 0^2 + 4 \times 0 = 0$$
$$b_4 = 2a_4 + a_1 a_3 = 0$$
$$b_6 = a_3^2 + 4a_6 = 4$$

$$b_8 = a_1^2 a_6 + 4a_2 a_6 - a_1 a_3 a_4 + a_2 a_3^2 - a_4^2 = 0$$

$$\Delta = b_2^2 b_8 - 8b_4^3 - 27b_6^2 + 9b_2 b_4 b_6 = 3$$

$$c_4 = b_2^2 - 24b_4 = 0$$

$$j(E) = c_4^3 / \Delta = 0^3 / 3 = 0$$

下面给出判别一条代数曲线是非奇异椭圆曲线的判别条件。

定理 8.1.1 E/K 为在域 K 上的椭圆曲线,即非奇异的代数曲线,当且仅当判别式 $\Delta \neq 0$。

证明:把方程(8.1)写成隐函数 $F(x,y)=0$ 形式,即

$$F(x,y) = y^2 + a_1 xy + a_3 y - x^3 - a_2 x^2 - a_4 x - a_6 \tag{8.3}$$

根据微分几何定理可知,隐函数 $F(x,y)=0$ 为非奇异曲线的充分必要条件是方程组

$$\begin{cases} F(x,y) = 0 \\ F_x(x,y) = 0 \\ F_y(x,y) = 0 \end{cases}$$

无解。

直接计算即可验证定理结论。 □

在代数学里面,经常会接触到同构的概念。通过同构(也就是某种映射)可以把表面上看来毫无联系的两个代数系统,如群、环等同起来。两条椭圆曲线之间也存在同构的概念,它是指两条椭圆曲线可以通过一个变换相互转化,同时把无穷远点映射到无穷远点。

定义 8.1.3 E_1/K 和 E_2/K 是两条椭圆曲线,设

$$E_1 : y^2 + a_1 xy + a_3 y = x^3 + a_2 x^2 + a_4 x + a_6, a_i \in K, i = 1,2,3,4,6$$

$$E_2 : y^2 + a_1' xy + a_3' y = x^3 + a_2' x^2 + a_4' x + a_6', a_i' \in K, i = 1,2,3,4,6$$

如果存在 $r,s,t,u \in K$,其中 $u \neq 0$,满足如下的变量变换:

$$(x,y) \rightarrow (u^2 x + r, u^3 y + u^2 sx + t) \tag{8.4}$$

把方程 E_1 转换到方程 E_2,则称 K 上的两条椭圆曲线 E_1/K、E_2/K 是同构的,用符号 $E_1/K \cong E_2/K$ 表示,有时为了方便,也写成 $E_1 \cong E_2$。

从上述定义中可以看出:同构的定义是如果 (x,y) 是椭圆曲线 E_1 的解,那么存在 $r,s,t,u \in K$,使得 $(u^2 x + r, u^3 y + u^2 sx + t)$ 是椭圆曲线 E_2 的解。

如果椭圆曲线 E_1/K 和 E_2/K 同构,根据定义,如果 $(x,y) \in E_1/K$,那么 $(u^2 x + r, u^3 y + u^2 sx + t) \in E_2/K$,而且公式(8.4)把 E_1/K 转换到 E_2/K。

所以

$$\begin{cases} ua_1' = a_1 + 2s \\ u^2 a_2' = a_2 - sa_1 + 3r - s^2 \\ u^3 a_3' = a_3 + ra_1 + 2t \\ u^4 a_4' = a_4 - sa_3 + 2ra_2 - (t+rs)a_1 + 3r^2 - 2st \\ u^6 a_6' = a_6 + ra_4 + r^2 a_2 + r^3 - ta_3 - t^2 - rta_1 \end{cases} \tag{8.5}$$

定理 8.1.2 如果椭圆曲线 E_1/K 和 E_2/K 同构，当且仅当存在 $r, s, t, u \in K$，$u \neq 0$ 满足公式 (8.5)。

定理 8.1.3 椭圆曲线的同构是等价关系。

证明：证明一个关系是等价关系，需要证明它满足自反性、对称性和传递性。

设 E_1、E_2 和 E_3 是 K 上 3 条同构的椭圆曲线。

(1) 自反性，即需要证明 $E_1 \cong E_1$。设 $(r, s, t, u) = (0, 0, 0, 1)$，则变换

$$(x, y) \rightarrow (u^2 x + r, u^3 y + u^2 sx + t) = (x, y)$$

即存在 $(r, s, t, u) = (0, 0, 0, 1)$，满足定义 8.1.3。

(2) 对称性，即如果 $E_1 \cong E_2$，那么 $E_2 \cong E_1$。

设把椭圆曲线 E_1 的变量转换到椭圆曲线 E_2 的变量的变量变换如下：

$$(x, y) \rightarrow (u_1^2 x + r_1, u_1^3 y + u_1^2 s_1 x + t_1)$$

那么，很容易得到

$$(x, y) \rightarrow (u_1^{-2}(x - r_1), -u_1^{-3}(y - s_1 x - t_1 + s_1 r_1)) \tag{8.6}$$

因此，存在

$$(r, s, t, u) = (-u_1^{-2} r_1, -u_1^{-1} s_1, u_1^{-3}(r_1 s_1 - t_1), u_1^{-1})$$

把椭圆曲线 E_2 的变量转换到椭圆曲线 E_1 的变量，即 $E_2 \cong E_1$。

(3) 传递性，即如果 $E_1 \cong E_2$ 和 $E_2 \cong E_3$，那么 $E_1 \cong E_3$。

设把椭圆曲线 E_1 的变量转换到椭圆曲线 E_2 的变量的变量变换为

$$(x, y) \rightarrow (u_1^2 x + r_1, u_1^3 y + u_1^2 s_1 x + t_1)$$

把椭圆曲线 E_2 的变量转换到椭圆曲线 E_3 的变量的变量变换为

$$(x, y) \rightarrow (u_2^2 x + r_2, u_2^3 y + u_2^2 s_2 x + t_2)$$

那么把椭圆曲线 E_1 的变量转换到椭圆曲线 E_3 的变量的变量变换为

$$(x, y) \rightarrow (u_2^2(u_1^2 x + r_1) + r_2, u_2^3(u_1^3 y + u_1^2 s_1 x + t_1) + u_2^2 s_2(u_1^2 x + r_1) + t_2)$$

因此，存在

$$(r, s, t, u) = (u_2^2 r_1 + r_2, u_2 s_1 + s_2, u_2^3 t_1 + u_2^2 s_2 r_1 + t_2, u_1 u_2)$$

把椭圆曲线 E_1 的变量转换到椭圆曲线 E_3 的变量，即 $E_1 \cong E_3$。

因此，椭圆曲线的同构是等价关系。 □

下面不加证明地给出两条椭圆曲线同构的判别条件。

定理 8.1.4 定义在 K 上的两条椭圆曲线 E_1/K 和 E_2/K 同构，则 $j(E_1) = j(E_2)$；如果 K 是一个代数封闭域，则由 $j(E_1) = j(E_2)$ 得到 $=E_1/K$ 和 E_2/K 同构。

8.2 椭圆曲线的运算

椭圆曲线是由许多点组成的集合，因此最好是在集合上定义运算，使其构成群，这样就

可以利用群的性质。而通过本节的介绍，可以了解如何通过几何的方法在椭圆曲线上定义一个加法群，而且是交换的。

下面给出椭圆曲线上点的加法规则。

定义 8.2.1　设 E 是域 K 上的椭圆曲线，P,Q 是椭圆曲线 E 上的任意两个点，定义加法 + 算法如下：

（1）$P+O=P$，$O+P=P$（无穷远点 O 作为单位元）；

（2）$-O=O$；

（3）如果 $P=(x_1,y_1)\neq O$，那么 $-P=(x_1,-y_1-a_1x_1-a_3)$；

（注意：这说明椭圆曲线上 x–轴以 x_1 为分量的只有 P 和 $-P$ 两个点）

（4）如果 $Q=-P$，则 $P+Q=O$；

（5）如果 $P\neq O$，$Q\neq O$，$P\neq -Q$，那么：①如果 $P\neq Q$，那么 R' 是直线 $\overline{PQ}$（经过点 P 和点 Q 的直线）与椭圆曲线相交的第三个点；②如果 $P=Q$，那么 R' 是椭圆曲线在点 P 的切线与椭圆曲线相交的另一个点；令 $R=-R'$，则 $P+Q=R$。椭圆曲线的加法如图 8.2 所示。

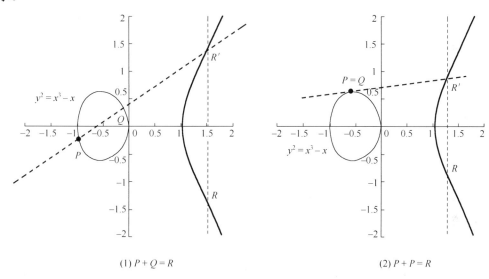

(1) $P+Q=R$　　　　　　　　　　(2) $P+P=R$

图 8.2　椭圆曲线的加法和倍点示意图

定理 8.2.1　$(E/K,+)$ 是交换群，且单位元是无穷远点 O。

定理的证明除了结合律证明比较烦琐，其他都通过定义直接简单验证。而结合律的证明是可以通过烦琐的计算证明的，这儿留作习题。

例 8.2.1　考虑 $GF(5)$ 上的两条椭圆曲线 $y^2=x^3+1$ 和 $y^2=x^3+2$，它们生成的群是 6 阶的，但是两条曲线不同构。

下面给出几个不加证明的定理，让大家了解一些椭圆曲线加法群的几个性质。

定理 8.2.2　E 是域 K 上的椭圆曲线，则群 $(E(K),+)$ 是 $(E/K,+)$ 的子群。

定理 8.2.3　椭圆曲线 E_1/K 和 E_2/K 同构，则群 $(E_1(K),+)$ 到群 $(E_2(K),+)$ 是同构的；反之则不一定成立。

注意：公式(8.6)给出的映射可以验证，群 $(E_1(K),+)$ 到群 $(E_2(K),+)$ 是同构的。

上面给出"+"运算比较抽象，下面给出具体的计算操作。

设 $P=(x_1,y_1)\neq O$，$Q=(x_2,y_2)\neq O$，且 $P\neq -Q$。假设 $P+Q=R=(x_3,y_3)$，下面讨论如何计算 R。首先计算过点 P 和点 Q 的直线 l 的斜率 λ，再根据斜率计算直线的方程。

$$\lambda=\begin{cases}\dfrac{y_2-y_1}{x_2-x_1}, & \text{当}P\neq Q\text{时}\\[3mm]\dfrac{3x_1^2+2a_2x_1+a_4-a_1y_1}{2y_1+a_1x_1+a_3}, & \text{当}P=Q\text{时}\end{cases}$$

为了后面计算方便，记 $\alpha=y_1-\lambda x_1$。

根据平面几何的知识，很容易得到过 P 和 Q 的直线 l 的方程 $y=\lambda x+\alpha$，为了计算直线与椭圆曲线的交点，把直线方程代入椭圆曲线方程(8.1)，得到

$$(\lambda x+\alpha)^2+a_1x(\lambda x+\alpha)+a_3(\lambda x+\alpha)=x^3+a_2x^2+a_4x+a_6, \tag{8.7}$$

显然，x_1，x_2 和 x_3 是方程(8.7)的根，所以公式(8.7)可以分解成如下形式：

$$(x-x_1)(x-x_2)(x-x_3)=0 \tag{8.8}$$

比较公式(8.7)和公式(8.8)，得到

$$-(x_1+x_2+x_3)=a_2-\lambda^2-a_1\lambda$$

所以，得到

$$x_3=\lambda^2+a_1\lambda-a_2-x_1-x_2$$

再计算

$$\overline{y_3}=\lambda x_3+\alpha，\text{且}y_3=-\overline{y_3}-a_1x_3-a_3$$

所以，得到

$$y_3=-(\lambda+a_1)x_3-\alpha-a_3$$

如果 $P,Q\in E(K)$，那么计算 $P+Q$ 还有些在域 K 上的算术方法。因此，如果 K 是有限域，点的加法运算可在多项式时间内完成。

例8.2.2 实数域 R 上的椭圆曲线 $E:y^2=\dfrac{2x^3+3x^2+x}{6}$，计算 $(1,1)+(0,0)$ 和 $\left(\dfrac{1}{2},\dfrac{1}{2}\right)+(1,1)$。

解： 首先计算经过点 $(1,1)$ 和点 $(0,0)$ 的斜率 λ，$\lambda=1$；在计算经过这两个点的直线方程为 $y=\lambda x=x$。

代入椭圆曲线，得到

$$x^2=\dfrac{2x^3+3x^2+x}{6}，\text{即}\quad 2x^3-3x^2+x=0$$

得到

$$x_3=\dfrac{1}{2}，\quad \overline{y_3}=\dfrac{1}{2}$$

所以有

$$y_3 = -\overline{y_3} - a_1 x_3 - a_3 = -\frac{1}{2}$$

$$(1,1) + (0,0) = \left(\frac{1}{2}, -\frac{1}{2}\right)$$

同理可计算

$$\left(\frac{1}{2}, \frac{1}{2}\right) + (1,1) = (24, -70)$$

例 8.2.3 域 K 上的椭圆曲线 $E: y^2 = x^3 + ax + b$，其中 $\text{char}(K) \neq 2, 3$，求逆元和一般的加法公式。

解： 设 $P = (x, y)$，则 $-P = (x, -y)$。

设 $P_1 = (x_1, y_1)$，$P_2 = (x_2, y_2)$，则 $P_3 = P_1 + P_2 = (x_3, y_3)$。

(1) 如果 $P_1 = -P_2$，即得 $P_3 = O$；

(2) 如果 $P_1 \neq -P_2$ 时，有

$$\lambda = \begin{cases} \dfrac{y_2 - y_1}{x_2 - x_1}, & \text{当} P_1 \neq P_2 \text{时} \\[3mm] \dfrac{3x_1^2 + a}{2y_1}, & \text{当} P_1 = P_2 \text{时} \end{cases}$$

则

$$P_3 = P_1 + P_2 = (x_3, y_3)$$

$$\begin{cases} x_3 = \lambda^2 - x_1 - x_2 \\ y_3 = \lambda(x_1 - x_3) - y_1 \end{cases}$$

下面两个例题考虑特征为 2 的情况。

例 8.2.4 有限域 K 上的椭圆曲线 $E: y^2 + xy = x^3 + a_2 x + a_6$，其中 $\text{char}(K) = 2$，求逆元和一般的加法公式。

解： 设 $P = (x, y)$，则 $-P = (x, -y - x) = (x, y + x)$。

设 $P_1 = (x_1, y_1)$，$P_2 = (x_2, y_2)$，则 $P_3 = P_1 + P_2 = (x_3, y_3)$。

(1) 如果 $P_1 = -P_2$，即 $P_3 = O$。

(2) 如果 $P_1 \neq -P_2$ 且 $P_1 \neq P_2$ 时，有

$$\begin{cases} x_3 = \left(\dfrac{y_1 + y_2}{x_1 + x_2}\right)^2 + \dfrac{y_1 + y_2}{x_1 + x_2} + x_1 + x_2 + a_2 \\[3mm] y_3 = \dfrac{y_1 + y_2}{x_1 + x_2}(x_1 + x_3) + x_3 + y_1 \end{cases}$$

(3) 如果 $P_1 \neq -P_2$ 且 $P_1 = P_2$ 时，有

$$\begin{cases} x_3 = x_1^2 + \dfrac{a_6}{x_1^2} \\[3mm] y_3 = x_1^2 + \left(x_1 + \dfrac{y_1}{x_1}\right)x_3 + x_3 \end{cases}$$

例 8.2.5 有限域 K 上的椭圆曲线 $E: y^2 + a_3 y = x^3 + a_4 x + a_6$，其中 $\text{char}(K) = 2$，求逆元和一般的加法公式。

解： 设 $P = (x, y)$，则 $-P = (x, y + a_3)$。

设 $P_1 = (x_1, y_1)$，$P_2 = (x_2, y_2)$，则 $P_3 = P_1 + P_2 = (x_3, y_3)$。

(1) 如果 $P_1 = -P_2$，即 $P_3 = O$。

(2) 如果 $P_1 \neq -P_2$ 且 $P_1 \neq P_2$ 时，有

$$
\begin{cases}
x_3 = \left(\dfrac{y_1 + y_2}{x_1 + x_2} \right)^2 + x_1 + x_2 \\[3mm]
y_3 = \dfrac{y_1 + y_2}{x_1 + x_2}(x_1 + x_3) + y_1 + a_3
\end{cases}
$$

(3) 如果 $P_1 \neq -P_2$ 且 $P_1 = P_2$ 时，有

$$
\begin{cases}
x_3 = \dfrac{x_1^4 + a_4^2}{a_3^2} \\[3mm]
y_3 = \dfrac{x_1^2 + a_4}{a_3}(x_1 + x_3) + y_1 + a_3
\end{cases}
$$

对于特征为 3 的域上的计算，也可以根据加法定义计算，当然也可以参考相关的参考书得到，这里就不再举例了。

一个很自然的事就是定义椭圆曲线上的乘法——标量乘法。设 P 是椭圆曲线上的点，m 是一个整数，那么按如下的方法定义 mP：

$$
mP = \begin{cases}
\underbrace{P + \cdots + P}_{m\text{个}}, & \text{当} m > 0 \text{时} \\[3mm]
O, & \text{当} m = 0 \text{时} \\[2mm]
(-m)(-P), & \text{当} m < 0 \text{时}
\end{cases}
$$

在一般的数域中，计算一个元素的方幂时，经常使用的是"平方和"乘法，这样可以加速乘法运算。而在椭圆曲线中也可以使用类似的方法，只是使用的点的加法。如计算 lP，其中 l 是正整数，P 是椭圆曲线上的点。现把 l 计算成二进制的形式，即 $l = (l_t l_{t-1} \cdots l_0)_2$，然后计算

(1) 设 $Q = O$。

(2) 从 $i = t$ 到 0 计算 $Q = 2Q$，如果 $l_i = 1$，那么 $Q = Q + P$。最后得到的结果就是 lP。

如果对椭圆曲线上的点 P，存在最小正整数 n 使得 $nP = O$，则称点 P 是 n 阶元素。

在群论里面，群的阶是一个重要的参数，在群上设计各种密码体制，群的阶是必不可少的。因此，要了解与计算椭圆曲线构成的加法群，确定该群的阶是一个必须解决的问题。

设 E/K 是一条椭圆曲线，K 是有限域，不妨设 $K = GF(q)$，其中 $q = p^m$，p 是素数，是有限域 K（$GF(q)$）的特征。用符号 $\#E(K)$ 表示椭圆曲线 $E(K)$ 的点的个数。

如果设 E/K 是式 (8.1) 定义的一条椭圆曲线，那么对任意的 $x \in K$ 方程最多两个解，因此 $\#E(K) \leqslant 2q + 1$。但是由于对某些 $x \in K$ 可能不存在解 $y \in K$，所以希望对任意的 $x \in K$，

方程(8.1)存在一个解的概率为 $\dfrac{1}{2}$。这样 $\#E(K) \approx q$。下面的定理得到这个结论是正确的,但由于涉及的知识比较多,就不在这儿证明了。

定理 8.2.4(哈塞) 设 $\#E(K) = q+1-t$,那么 $|t| \leqslant 2\sqrt{q}$。

针对 $GF(q)$($q = p^m$,p 是素数)上的椭圆曲线,Waterhouse 证明的下面一个结果是判定 $\#E(K)$ 可能的值。

定理 8.2.5 在有限域 $K = GF(q)$ 上存在 $\#E(K) = q+1-t$ 的椭圆曲线的充分必要条件是:

(1) $t \not\equiv 0 (\mathrm{mod}\, p)$,$t^2 \leqslant 4q$。

(2) m 是奇数,且下面的任意一个条件成立:

① $t = 0$;

② $t^2 = 2q$ 和 $p = 2$;

③ $t^2 = 3q$ 和 $p = 3$。

(3) m 是偶数,且下面的任意一个条件成立:

① $t^2 = 4q$;

② $t^2 = q$ 和 $p \not\equiv 1 (\mathrm{mod}\, 3)$;

③ $t = 0$ 和 $p \not\equiv 1 (\mathrm{mod}\, 4)$。

下面针对一些特殊的椭圆曲线讨论其阶的计算问题。假设有限域 $K = GF(p)$(其中 p 是素数),椭圆曲线

$$E_p(a,b) : y^2 = x^3 + ax + b \tag{8.9}$$

用符号 $\#E_p(a,b)$ 表示该曲线在 $GF(p)$ 上有理点的个数。

定理 8.2.6 假设 $p > 3$ $a,b \in GF(p)$,那么 $\#E_p(a,b) = 1 + \displaystyle\sum_{x=0}^{p-1}\left(\left(\dfrac{x^3+ax+b}{p}\right)+1\right)$,其中 $\left(\dfrac{\cdot}{\cdot}\right)$ 表示模 p 的勒让德符号。

证明: 假设 $p > 3$,$a,b \in GF(p)$,椭圆曲线为方程(8.9),那么可以通过下面的方法分类计算椭圆曲线上的点。

(1) $O \in E_p(a,b)$;

(2) 对任意 $x \in GF(p)$,如果 $x^3 + ax + b$ 是模 p 的平方剩余(二次剩余),那么满足方程(8.9) $y \in GF(p)$ 的个数为 $2 = 1+1 = \left(\dfrac{x^3+ax+b}{p}\right)+1$;

(3) 对任意 $x \in GF(p)$,如果 $x^3 + ax + b$ 是模 p 的平方非剩余(二次非剩余),那么满足方程(8.9) $y \in GF(p)$ 的个数为 $0 = -1+1 = \left(\dfrac{x^3+ax+b}{p}\right)+1$;

(4) 对任意 $x \in GF(p)$,如果 $x^3 + ax + b = 0 \,\mathrm{mod}\, p$,那么满足方程(8.9) $y \in GF(p)$ 的个数为 $1 = 0+1 = \left(\dfrac{x^3+ax+b}{p}\right)+1$。

把上面四种可能情况的个数加在一起就得到以下定理。

定理 8.2.7　假设 $p > 3$，如果 $p = 3(\mod 4)$，那么对任意的 $a \in GF(p)^*$ 有

$$\# E_p(a, 0) = p + 1$$

定理 8.2.8　假设 $p > 3$，如果 $p = 2(\mod 3)$，那么对任意的 $b \in GF(p)^*$ 有

$$\# E_p(0, b) = p + 1$$

上面两个定理的证明可结合 p 的性质使用模 p 的勒让德符号计算，此处留作习题。

8.3　除子和双线性对

除子是代数几何中一个非常重要的概念，它与有理函数的零点和极点有密切的联系。而且可以把在椭圆曲线上的离散对数问题归约到某些有限域上的离散对数问题。

设 E/K 是定义在 K 一条椭圆曲线，令 n 是一个正整数，记

$$E[n] = \{ P \in E(\overline{K}) : nP = O \}$$

为 E 上 n 阶点的全体，$E[n]$ 构成群，而且是 $E(K)$ 的子群。下面给出两个性质定理。

定理 8.3.1　如果 K 的特征不整除 n 或者等于 0，则

$$E[n] \cong \mathbb{Z}_n \oplus \mathbb{Z}_n$$

定理 8.3.2　如果 K 的特征是素数 p，且 $p | n$。记 $n = p^r n'$，$p \nmid n'$，则

$$E[n] \cong \mathbb{Z}_{n'} \oplus \mathbb{Z}_{n'} \quad \text{或者} \quad E[n] \cong \mathbb{Z}_n \oplus \mathbb{Z}_{n'}$$

下面介绍除子的定义。

定义 8.3.1　设 E/K 是定义在 K 的一条椭圆曲线，E 的 $\overline{K}$ 有理点的形式和

$$D = \sum_{P \in E} n_P(P)$$

称为 E 的除子。其中 $n_p \in Z$ 和除了有限个 $P \in E$，其他的 $n_p = 0$。除子 D 的支撑集为集合 $\{ P \in E : n_p \neq 0 \}$，用符号 supp($D$) 表示。通常情况下，在支撑集 supp($D$) 中不考虑无穷远点 O。

从除子的定义中知道，除子只是一些点的形式和，不是真正的椭圆曲线的点求和。

定义 8.3.2　设 $D = \sum_{P \in E} n_P(P)$ 是椭圆曲线 E 的除子，则称 $\sum_{P \in E} n_P$ 为除子 D 的次数，用符号 deg(D) 表示；称 $\sum_{P \in E} n_P P$ 为除子 D 的和，用符号 sum(D) 表示。

显然，除子 D 的次数 deg(D) 是整数，可以是正的、零和负的；除子 D 的和 sum(D) 是椭圆曲线上的点。

定义 8.3.3　用符号 D 表示 E 上的全体除子构成的集合，定义下面的加法运算。

$$\sum_{P \in E} n_P(P) + \sum_{P \in E} m_P(P) = \sum_{P \in E} (n_P + m_P)(P)$$

定理 8.3.3　椭圆曲线 E 上的全体除子集合 D 构成自由交换群，称为 E 的除子群，记为 div(E)。

证明：只是简单计算，验证满足交换群的几个性质。

设 $D^0 = \{D \in D : \deg(D) = 0\}$，表示所有次数为 0 的除子构成的集合。显然，$D^0$ 构成群，而且是 D 的子群。　　　　　　　　　　　　　　　　　　　　　　　　　　　□

例 8.3.1　有限域 $GF(3)$ 椭圆曲线 $y^2 = x^3 - x$，其有理点集合为 $\{(1,0),(2,0),(0,0),O\}$。除子 $D_1 = ((1,0)) + 2 \times ((2,0)) + ((0,0))$，$D_2 = ((1,0)) + 2 \times ((2,0)) + ((0,0)) + (O)$，虽然 D_1 和 D_2 的和是相同的，但是它们是 D 中两个不同的元素。

例 8.3.2　有限域 $GF(5)$ 上的椭圆曲线 $y^2 = x^3 + 1$ 的有理点集合为 $\{(0,1),(0,4),(2,2),(2,3),(4,0),O\}$。那么除子 $D_1 = ((2,2)) + ((2,3))$，$D_2 = (O)$ 也是两个不同的除子，虽然 $((2,2)) + ((2,3)) = 0$。

例 8.3.3　设 P_1、P_2 和 P_3 是椭圆曲线 E 上三个点，$D = 4(P_1) - 5(P_2) + 7(P_3) - 6(O)$。那么除子 D 的次数 $\deg(D) = 4 - 5 + 7 - 6 = 0$；除子 D 的和 $\text{sum}(D) = 4P_1 - 5P_2 + 7P_3 - 6O = 4P_1 - 5P_2 + 7P_3$；除子 D 的支撑集 $\text{supp}(D) = \{P_1, P_2, P_3\}$。

设 E 是由公式 (8.1) 定义在有限域 K 上的椭圆，写出下面形式：

$$r(x,y) = y^2 + a_1 xy + a_3 y - x^3 - a_2 x^2 - a_4 x - a_6$$

显然，$r(x,y) \in K[x,y]$（$K[x,y]$ 表示为二元多项式环，符号与第六章是一致的），用符号 $K[E]$ 表示在 K 上的椭圆曲线 E 的坐标环为

$$K[E] = K[x,y] / (r(x,y))$$

其中，(r) 表示在 $K[x,y]$ 由 r 生成的主理想。

显然，$K[E]$ 是整环。

类似地，可以定义 $\overline{K}[E] = \overline{K}[x,y] / (r(x,y))$。

对任意的 $l \in \overline{K}[E]$，通过反复使用 $y^2 - r(x,y)$ 代替 y^2，最后总能得到

$$l(x,y) = u(x) + yv(x)$$

其中，$u(x), v(x) \in \overline{K}[x]$。

K 上的椭圆曲线 E 的函数域 $K(E)$（该符号与代数学的一致）为 $K[E]$ 的分式域。类似地，函数域 $\overline{K}(E)$ 表示为 $\overline{K}[E]$ 的分式域。$\overline{K}(E)$ 里面的元素称为有理函数。$\overline{K}$ 可认为是 $\overline{K}(E)$ 的子域。

定义 8.3.4　设 $f(x,y) \in K(E)^*$ 是非零有理函数，$P \in E - \{O\}$ 是椭圆曲线上的点。如果存在 $g, h \in \overline{K}(E)$ 满足 $f(x,y) = \dfrac{g(x,y)}{h(x,y)}$，且 $h(P) \neq 0$，则称 f 在 P 点定义。如果 f 在 P 点定义，那么 $f(P) = \dfrac{g(P)}{h(P)}$。

显然 $f(P)$ 的值不依赖 g, h 的选取。

定义 8.3.5　如果 $f(P) = 0$，那么 E 上的点 P 称为函数 $f(x,y)$ 的零点；如果 f 没在 P 点定义，即 $h(P) = 0$，则 E 上的点 P 称为函数 $f(x,y)$ 的极点，记 $f(P) = \infty$。

例 8.3.4　有限域 $K = GF(q)$ 上的椭圆曲线 $E : y^2 = x^3 - x$，其中 $\text{char}(K) \neq 2,3$。显然，$(0,0) \in E$，$f = \dfrac{x^3 - x}{y} \in \overline{K}(E)$。计算 $f(P)$。

解： 如果仅考虑 f 是多项式的商，则在 f 点 P 都没有定义，因为分母在 P 点为零。

然而，作为 $\overline{K}(E)$ 中的元素，可以做下面的化简。

$$f = \frac{x^3 - x}{y} = \frac{(x^3 - x)y}{y^2} = \frac{(x^3 - x)y}{x^3 - x} = y$$

因此 $f(P) = 0$。

定义有理函数 f 在无穷远点 O 的值，使用如下的方法。

由于对任意的 $l \in \overline{K}[E]$，能得到 $l(x, y) = u(x) + yv(x)$，其中 $u(x), v(x) \in \overline{K}[x]$。设 x 的权重为 2，y 的权重为 3。因此得到定义 8.3.6。

定义 8.3.6 定义 $l \in \overline{K}[E]$ 的次数为 $\deg(l) = \max(2\deg_x(u), 3 + 2\deg_x(v))$。

定义 8.3.7 设 $f = \dfrac{g}{h}$，其中 $g, h \in \overline{K}[x, y] / (r)$。

(1) 如果 $\deg(g) < \deg(h)$，则 $f(P) = 0$。

(2) 如果 $\deg(g) > \deg(h)$，则 $f(P) = \infty$。

(3) 如果 $\deg(g) = \deg(h)$，那么假设 g, h 的最高次项分别为 ax^d 和 bx^d，则 $f(O) = \dfrac{a}{b}$；或者

假设 g, h 的最高次项分别为 cyx^d 和 dyx^d，则 $f(O) = \dfrac{c}{d}$。

例 8.3.5 考虑有限域 $K = GF(q)$ 上的椭圆曲线 $E: y^2 = x^3 + ax + b$。设 $f = y$，$g = \dfrac{x}{y}, h = \dfrac{x^2 - xy}{1 + xy} \in \overline{K}(E)$。计算 $f(O), g(O), h(O)$。

解： $f(O) = \infty, g(O) = 0, h(O) = -1$。

设 P 是 E 上的点，存在有理函数 $\mu_P \in \overline{K}(E)$ 使得 $\mu_P(P) = 0$，如果任意函数 $f(x, y)$ 都可以写成以下形式：

$$f = \mu_P^r g$$

其中，$r \in Z$ 和 $g(P) \neq 0, \infty$。

那么定义函数 f 在 P 点的阶为 r，记为 $\mathrm{ord}_P(f) = r$；μ_P 称为 P 点的一致化子参数（函数）。

显然，若 $r > 0$，则 P 点是函数 f 的零点；若 $r < 0$，则 P 点是函数 f 的极点。

根据复变函数论，函数的零点和极点只有有限多个。椭圆曲线上的函数实际上就是一类特殊的复变函数，因此也只有有限个零点和极点，故而有以下定义。

定义 8.3.8 设 f 是 E 上一个非零函数，f 定义的除子为

$$\mathrm{div}(f) = \sum_{P \in E(\overline{K})} \mathrm{ord}_P(f)(P) \in \mathrm{div}(E)$$

有理函数的一个基本事实：如果 $f \in \overline{K}(E)^*$，那么 $\mathrm{div}(f) \in D^0$。而且，$\mathrm{div}(f) = 0$ 当且仅当 $f \in \overline{K}(E)^*$。

例 8.3.6 考虑在有限域 $K = GF(q)$ 上的椭圆曲线 $E: y^2 = x^3 + ax + b$，且 $\mathrm{char}(GF(q)) \neq 2, 3$。

(1)设 $P=(c,d)\notin E[2]$，那么

$$\mathrm{div}(x-c)=(P)+(-P)-2(O)$$

(2)设 $P_1,P_2,P_3\in E$ 是 2 阶元，那么

$$\mathrm{div}(y)=(P_1)+(P_2)+(P_3)-3(O)$$

(3)假设 $b\neq 0$，设 $P_4=(0,\sqrt{b}),P_5=(0,-\sqrt{b})$，那么

$$\mathrm{div}\left(\frac{x}{y}\right)=(P_4)+(P_5)+(O)-(P_1)-(P_2)-(P_3)$$

函数定义的除子称为主除子。两个除子 D_1 和 D_2 之间差一个主除子，则称除子 D_1 和 D_2 等价，用 $D_1\sim D_2$ 表示。

定理 8.3.4 如果两个除子 D_1 和 D_2 等价，当且仅当存在 E 上的非零函数 f，使得

$$D_1=D_2+\mathrm{div}_P(f)$$

根据复变函数的理论，主除子显然是零次除子。但是，零次除子不一定是主除子。

定理 8.3.5 椭圆曲线上的零次除子 $D=\sum_{P\in E}n_P(P)$ 是主除子当且仅当 $\mathrm{sum}(D)=O$。

下面结合除子的概念给出两类双线性对，即 Weil 对和 Tate 对。

设 $D=\sum_{P\in E}n_P(P)\in D$ 为椭圆曲线上的一个除子，$f\in\overline{K}(E)^*$ 是一个有理函数，且满足 D 与 $\mathrm{div}(f)$ 的支撑集的交为空集。定义有理函数 f 在除子 D 的计算值为

$$f(D)=\sum_{P\in E}f(P)^{n_P}$$

下面定义 Weil 对。

设 n 和 $GF(q)$ 的特征 p 互素，E 是定义在 $GF(q)$ 上的椭圆曲线，且存在正整数 m 符合

$$E[n]\subset E(GF(q^m))$$

定义

$$e_n:E[n]\times E[n]\to\mu_n=<\zeta_n>\subset GF(q^m)$$

其中，μ_n 是 n 次单位根群。

设 $P,Q\in E[n]$，令零次除子 $D_1\sim(P)-(O)$ ，$D_2\sim(Q)-(O)$ 并且使得

$$\mathrm{supp}(D_1)\bigcap\mathrm{supp}(D_2)=\varPhi$$

由定理 8.3.4 和定理 8.3.5 得存在函数 f，g 使得

$$\mathrm{div}(f)=nD_1=n(P)-n(O),\quad\mathrm{div}(g)=nD_2=n(Q)-n(O)$$

则定义 Weil 对为

$$e_n(P,Q)=\frac{f(D_2)}{g(D_1)}$$

其中，函数在除子上的取值定义：对于除子 $D=\sum_{P\in E}n_P(P)$，$f(D)=\sum_{P\in E}f(P)^{n_P}$。

显然，函数 $e_n(\bullet,\bullet)$ 与 f 和 g 的选取无关。

定理 8.3.6　Weil 对具有以下性质。

(1)（双线性）对任意的 $P,Q,T,T_1,T_2 \in E[n]$，则有

$$e_n(P+Q,T) = e_n(P,T)e_n(Q,T)$$

$$e_n(P,T_1+T_2) = e_n(P,T_1)e_n(P,T_2)$$

(2)（非退化性）如果对任意 $T \in E[n]$ 都有 $e_n(S,T)=1$，则 $S=O$；同样地，如果对任意的 $S \in E[n]$ 都有 $e_n(S,T)=1$，则 $T=O$。

(3)（归一性）对任意的 $T \in E[n]$ 都有 $e_n(T,T)=1$。

证明比较复杂，这就省略了。

密码学需要的对子应该满足非退化性：对 n 阶点 $T \in E[n]$，有 $e_n(T,T)=\zeta_n$。这和 Weil 对的归一性相违背，因此需要对 Weil 对做一些改造。

由于 n 和椭圆曲线的定义域 K 的特征互素，由定理 8.3.1 可知

$$E[n] \cong \mathbb{Z}_n \oplus \mathbb{Z}_n$$

也就是说，$E[n] \cong <P> \oplus <Q>$，其中 P,Q 是 n 阶点。取一个满足条件 $\sigma:P \to Q$ 的同态映射，对 Weil 对进行如下改造：

$$\tilde{e}_n(P_1,P_2) = e_n(P_1,\sigma(P_2))$$

则新定义的对子 $\tilde{e}_n$ 符合密码学的要求。以后再说到 Weil 对都是指改造后的 Weil 对。

下面的定理说明什么样的同态映射可以用来改造 Weil 对。

定理 8.3.7　设 $P \in E(GF(q))$ 是一个 r 阶点，其中，r 是一个素数。设整数 $m>1$。如果 $E(GF(q^m))$ 中没有 r^2 阶点。令 σ 是 E 的一个自同态，如果 $\sigma(P) \notin E(GF(q^m))$，则

$$e(P,\sigma(P)) \neq 1$$

把符合条件 $E[n] \subset E(GF(q^m))$ 的最小正整数 m 称为这条椭圆曲线对于整数 n 的嵌入次数。应该注意到，即使工作在椭圆曲线的 $E(GF(q))$ 有理点上，对子的取值还是在扩域 $GF(q^m)$ 中。所以这里嵌入次数的大小对 Weil 对的计算有重要的意义：嵌入次数越小，Weil 对越容易计算；嵌入次数越大，Weil 对越不容易计算。嵌入次数的值小到一定程度，如不大于 2，则用这种椭圆曲线做出来的密码系统容易受到 MOV 攻击；嵌入次数的值大到一定程度，如大于 30，则计算对子的值就要消耗大量的计算资源，从而一些使用对子的密码系统，如基于身份的密码系统就没法实现了。

以下定理为确定椭圆曲线的嵌入次数提供了一条重要的线索。

定理 8.3.8　设 $E/GF(q)$ 是一条定义在 $GF(q)$ 上的椭圆曲线，素数 $l \mid \#E(GF(q))$，$E[n] \not\subset E(GF(q))$，且 $l \mid q(q-1)$，则 $E[n] \subset E(GF(q^m))$ 当且仅当 $q^m \equiv 1 (\bmod \, l)$。

这个定理在 Tate 对的理论中起着同样重要的作用。

下面以一个具体的例子说明如何计算 Weil 对，Tate 对的计算方法与 Weil 对的计算方法类似。

例 8.3.7　定义在 $GF(13)$ 上的椭圆曲线 $E: y^2 = x^3 + 7x$。在 $GF(13)$ 上的椭圆曲线的点的阶如表 8.1 所示，$\#E(GF(13))=18$，且群结构为 $E(GF(13)) \cong Z_6 \oplus Z_3$。

设 $D = 6(P_8) - 6(O)$，D 是主除子。下面将计算有理函数 f 满足 $\mathrm{div}(f) = D$。因为

$$(P_8) - (O) = (P_8) - (O) + \mathrm{div}(1)$$

表 8.1　椭圆曲线 $E: y^2 = x^3 + 7x$ 的 $GF(13)$ 有理点

点	点的阶	点	点的阶	点	点的阶
$P_0 = O$	1	$P_6 = (4,1)$	3	$P_{12} = (9,5)$	3
$P_0 = (0,0)$	2	$P_7 = (4,12)$	3	$P_{13} = (9,8)$	3
$P_1 = (2,3)$	6	$P_8 = (5,2)$	6	$P_{14} = (10,2)$	3
$P_3 = (2,10)$	6	$P_9 = (5,11)$	6	$P_{15} = (10,11)$	3
$P_4 = (3,3)$	3	$P_{10} = (8,3)$	6	$P_{16} = (11,2)$	6
$P_5 = (3,10)$	3	$P_{11} = (8,10)$	6	$P_{17} = (11,11)$	6

$$2(P_8) - 2(O) = [(P_8) - (O)] + [(P_8) - (O)] = (P_7) - (O) + \mathrm{div}\left(\frac{-x+y+3}{x-4}\right)$$

$$4(P_8) - 4(O) = [2(P_8) - 2(O)] + [2(P_8) - 2(O)] = (P_6) - (O) + \mathrm{div}\left(\frac{(-x+y+3)^2}{(x-4)^2}\frac{(5x+y+7)}{(x-4)}\right)$$

$$6(P_8) - 6(O) = [2(P_8) - 2(O)] + [4(P_8) - 4(O)] = \mathrm{div}\left(\frac{(-x+y+3)^3}{(x-4)^3}\frac{(5x+y+7)}{(x-4)}\frac{(x-4)}{1}\right)$$

因此

$$f = \frac{(-x+y+3)^3}{(x-4)^3}(5x+y+7)$$

显然，f 在 P_6 点和 P_7 点没有定义。这里可以考虑的是在这两个点是有定义的函数。所以有

$$f = \frac{(-x+y+3)^3}{(x-4)^3}\frac{(x+y-3)^3}{(x+y-3)^3}(5x+y+7)$$

$$= \frac{(y^2-x^2+6x-9)^3}{(x-4)^3}\frac{(5x+y+7)}{(x+y-3)^3}$$

$$= \frac{(x^3+7x-x^2+6x-9)^3}{(x-4)^3}\frac{(5x+y+7)}{(x+y-3)^3}$$

$$= \frac{(x^3-x^2+4)^3}{(x-4)^3}\frac{(5x+y+7)}{(x+y-3)^3}$$

$$= \frac{(x-4)^3(x-5)^3}{(x-4)^3}\frac{(5x+y+7)}{(x+y-3)^3}$$

$$= (x-5)^3\frac{(5x+y+7)}{(x+y-3)^3}$$

显然，$f = (x-5)^3\dfrac{(5x+y+7)}{(x+y-3)^3}$ 在 P_6 点和 P_7 点有定义。

设 $E/GF(q)$ 是一条椭圆曲线，正整数 $n \mid q^m - 1$。可以定义 Tate 对：$l \mid q(q-1)$，则

$$\tau_n : E(GF(q^m))[n] \times E(GF(q^m)) / nE(GF(q^m)) \to \mu_n$$

Tate 对也具有双线性、非退化等性质，在密码学中起着和 Weil 对同样的作用。下面就介绍 Tate 对的构造。

设 $P,Q \in E(GF(q^m))[n]$，则存在函数 f 使得

$$\mathrm{div}(f) = n(P) - n(O)$$

再令除子 $D \sim (Q) - (O)$ 是一个零次除子，且 $\mathrm{supp}(D) \bigcap \{P, O\} = \Phi$，则 Tate 对定义为

$$\tau_n(P,Q) = f(D)^{\frac{q^m-1}{n}}$$

Tate 对具有双线性和非退化性。

定理 8.3.9 Tate 对具有以下性质。

(1) (双线性) 对任意的 $S, S_1, S_2 \in E(GF(q^m))[n], T, T_1, T_2 \in E(GF(q^m)) / nE(GF(q^m))$，则有

$$\tau_n(S_1 + S_2, T) = \tau_n(S_1, T)\tau_n(S_2, T)$$

$$\tau_n(S, T_1 + T_2) = \tau_n(S, T_1)\tau_n(S, T_2)$$

(2) (非退化性) 如果对任意 $T \in E(GF(q^m)) / nE(GF(q^m))$ 都有 $\tau_n(S,T) = 1$，则 $S = O$；同样地，如果对任意的 $S \in E(GF(q^m))[n]$ 都有 $\tau_n(S,T) = 1$，则 $T = O$。

以 Tate 对的计算为例，其关键是计算函数 f，使得 $\mathrm{div}(f) = n(P) - n(O)$。Miller 算法给出了解决这个问题的基础。Miller 算法的目的是计算函数 f_i 使得

$$\mathrm{div}(f_i) = i(P) - (iP) - (i-1)(O)$$

注意到对于两个椭圆曲线上的函数 f, g，有 $\mathrm{div}(fg) = \mathrm{div}(f) + \mathrm{div}(g)$。利用这个关系构造计算 f_i 的递归算法。

在计算点 $2P$ 的过程中，记 l_P 为过点 P 的切线，v_P 为过点 $2P$ 和 $-2P$ 的直线，把 l_P 和 v_P 看成椭圆曲线上的函数，则

$$f_2 = l_P / v_P \tag{8.10}$$

即

$$\mathrm{div}\left(\frac{l_P}{v_P}\right) = 2(P) - (2P) - (O)$$

假设已知 f_i 和 f_j，设经过 iP 点和 jP 点的直线 $l_{i,j}$，经过 $-(i+j)P$ 点和 $(i+j)P$ 点的直线 $v_{i,j}$，把 $l_{i,j}$ 和 $v_{i,j}$ 看成椭圆曲线上的函数，则

$$f_{i+j} = f_i f_j l_{i,j} / v_{i,j} \tag{8.11}$$

即

$$\mathrm{div}\left(f_i f_j \frac{l_{i,j}}{v_{i,j}}\right) = (i+j)(P) - ((i+j)P) - (i+j-1)(O)$$

直线 l_P 与椭圆曲线相交点 P 两次，点 $-2P$ 一次，而且没有其他交点，因此点 P 是 l_P 的 2 阶零点，$-2P$ 是 l_P 的 1 阶零点。显然除了无穷远点，直线 l_P 没有其他的极点，又根据函数的

极点和零点的个数总是相等的，无穷远点是直线 l_P 的 3 阶极点，故有

$$\operatorname{div}(l_P) = 2(P) + (-2P) - 3(O)$$

同理，得到

$$\operatorname{div}(v_P) = (-2P) + (2P) - 2(O)$$

所以，得到

$$\operatorname{div}\left(\frac{l_P}{v_P}\right) = 2(P) + (-2P) - 3(O) - [(-2P) + (2P) - 2(O)] = 2(P) - (2P) - (O)$$

把 n 换成二进制表示，利用前面介绍的快速加技术，反复利用公式 (8.10) 和公式 (8.11) 可以在 $\log n$ 的多项式时间内得到 f。Weil 对的计算类似。Miller 算法保证了对子的可计算性，也就保证了基于椭圆曲线上对子的密码学体制在应用上的可行性。

8.4　椭圆曲线上的离散对数

在信息安全的密码学算法设计过程中，密码学家总希望密码体制的安全性能归约到某些数学困难性问题上，换句话说，希望如果能攻击某个密码体制，那么就能求解某个现阶段尚无有效方法的困难问题。离散对数问题（一般指有限域）就是这类问题之一，椭圆曲线上的离散对数也同样被认为是困难的。

定义 8.4.1　椭圆曲线离散对数问题：在有限域 K 上定义的椭圆曲线 E，P 是 E 上的一个点（P 的阶 n 比较大），对于 E 上的任意点 $Q = xP$，求 $x \in \mathbb{Z}_n$。

例 8.4.1　接例 8.3.7，定义在 $GF(13)$ 上的椭圆曲线 $E : y^2 = x^3 + 7x$。已知 P_3, P_{14}，求解 $P_{14} = xP_3$，$P_8 = yP_3$。

解： 由于没有好的算法求解 x 和 y，因此通过计算 P_3 的"方幂"，得到由 P_3 生成的整个子群。这实际是穷举所有的可能，再找到所求的值。

表 8.2 是由 P_3 生成的循环子群，从表中可以得到 $x = 4$，而 y 无解。

表 8.2　由 P_3 生成的循环子群

i	0	1	2	3	4	5
$Q = iP_3$	O	P_3	P_{15}	P_0	P_{14}	P_1

求解椭圆曲线，现在还没有高效的求解算法。有限域上解离散对数问题的小步—大步等算法也可以用于椭圆曲线，而且可以通过构造双线性对，把求解椭圆曲线上的离散对数问题归约到求解有限域上的离散对数问题。这意味着，如果能求有限域上的离散对数问题，就能求椭圆曲线上的离散对数问题。

下面介绍椭圆曲线上的一种求解离散对数问题的小步—大步算法。

设 P 是 E 上的一个点，P 的阶为 n，已知 $Q \in \langle P \rangle$ 为 P 生成的循环群上的一个元素，求整数 $x \in \mathbb{Z}_n$ 使得 $Q = xP$。

将 x 表示为

$$x = c\left\lceil \sqrt{n} \right\rceil + d, \quad 0 \leq c, d \leq \left\lceil \sqrt{n} \right\rceil$$

其中，$\lceil \sqrt{n} \rceil$ 表示不小于 $\sqrt{n}$ 的最小正整数。令 $R_d = Q - dP$，存储关于 R_d（$0 \leqslant d \leqslant \lceil \sqrt{n} \rceil$）的表，对于 $c = 0, 1, \cdots, \lceil \sqrt{n} \rceil - 1$，依次计算 $S_c = c \lceil \sqrt{n} \rceil P$，将 S_c 与 R_d 表中的点比较，如果某个 $S_{c'}$ 与 $R_{d'}$ 相同，则由 $x = c' \lceil \sqrt{n} \rceil + d'$。

计算 R_d 称为小步，计算 S_c 称为大步，因此该方法称为小步-大步方法。它要求存储 R_d 表，需要存储 $O(\sqrt{n})$ 个 E 上的点。小步和大步都需要 $O(\sqrt{n})$ 个 E 上的点运算，所以该方法的计算复杂度为 $O(\sqrt{n})$。这是迄今为止所知道的计算任意椭圆曲线的离散对数问题的最好的算法。具体算法流程如算法 8.4.1 所示。

算法 8.4.1　小步-大步算法计算椭圆曲线上的离散对数。

输入：椭圆曲线 E 以及 n 阶元点 P，$Q \in \langle P \rangle$。

输出：x 满足 $Q = xP$。

1. 设 $d = \lceil \sqrt{n} \rceil$。

2. 以 $(t, R_t = Q - tP)$ 为索引建立一张表，$0 \leqslant t \leqslant d$。

3. 计算 $\gamma = \lceil \sqrt{n} \rceil P$。

4. 对于 c 从 1 到 $\lceil \sqrt{n} \rceil - 1$ 进行如下计算：

    4.1　检查 γ 是否是表中某一条目的第二项；

    4.2　如果有 $\gamma = R_t$ 则返回 $(x = c \lceil \sqrt{n} \rceil + t)$；

    4.3　令 $\gamma = (c+1)\gamma$。

针对求解椭圆曲线的离散对数问题，Pollard 的方法与 Pohlig 和 Hellman 的方法也是可以的，这里就不再介绍了。

8.5　基于椭圆曲线的 ElGamal 公钥加密算法

利用椭圆曲线可将 ElGamal 公钥加密体制转换为椭圆曲线 ElGamal 加密算法。该算法的密钥生成如算法 8.5.1 所示。

算法 8.5.1　椭圆曲线 ElGamal 公钥加密的密钥生成。

概要：每个实体产生一个公钥和相应的私钥。

每个实体进行如下步骤：

1. 选取有限域上的椭圆曲线如 $E_p(a, b)$ 以及一个 n 阶元 P。

2. 选择一个随机整数 $x, 1 \leqslant x \leqslant n-1$，计算 $Q = xP$。

A 的公钥是 (P, Q)；A 的私钥是 x。

注意到，该公钥加密算法中由公钥 (P, Q) 计算私钥就是在求解椭圆曲线上的离散对数，所以其私钥的安全性基于求解椭圆曲线上的离散对数问题的困难性。

椭圆曲线上的 ElGamal 公钥加密算法的加密和解密如算法 8.5.2 所示。

算法 8.5.2 椭圆曲线上 ElGamal 公钥加密和解密。

概要：B 为 A 加密消息 m，A 进行解密。

1．加密。B 进行如下步骤：

    1.1　得到 A 的认证的公钥 (P,Q)；

    1.2　把消息 m 表示成 $E_p(a,b)$ 上的点 P_m；

    1.3　选择随机整数 k，$1 \leqslant k \leqslant n-1$，$1 \leqslant k \leqslant p-2$；

    1.4　计算 $C_1 = kP$ 和 $C_2 = P_m + kQ$；

    1.5　发送密文 $C = (C_1, C_2)$ 给 A。

2．解密。为了从 C 恢复出明文 m，A 进行如下步骤：

    2.1　用私钥 x 计算 $C_2 - xC_1 = P_m + kQ - xkP = P_m + xkP - xkP = P_m$；

    2.2　将 P_m 转换得到 m。

攻击者要想从 $c = (C_1, C_2)$ 计算出 P_m，就必须知道 k。而要从 P 和 kP 中计算出 k 将面临求解椭圆曲线上的离散对数问题。

8.6　本 章 小 结

本章主要介绍有限域上的椭圆曲线相关理论，重点需要掌握椭圆曲线上点集的生成以及点的加法运算。

习　题

1．（1）设 $x^3 + ax^2 + bx + c$ 是根 $\alpha_1, \alpha_2, \alpha_3$ 的三次多项式，证明：$\alpha_1 + \alpha_2 + \alpha_3 = -a$。

（2）设 $x = x_1 - a/3$，证明：$x^3 + ax^2 + bx + c = x_1^3 + b'x_1 + c'$，其中 $b' = b - (1/3)a^2$ 和 $c' = c - (1/3)ab + (2/27)a^3$。

2．证明对方程(8.1)的左边的变量使用线性变换，可以形成

（1）如果有限域 K 的特征不是 2，则形成 y^2；

（2）如果有限域 K 的特征为 2，即 $\mathrm{char}(K) = 2$，则形成 $y^2 + xy$，且 xy 的系数非 0。

3．椭圆曲线 $E_{11}(1,6)$ 表示 $y^2 \equiv x^3 + x + 6 \bmod 11$，求其上的所有点。

4．已知点 $G = (2,7)$ 在椭圆曲线 $E_{11}(1,6)$ 上，求 $2G$ 和 $3G$。

5．写出 $GF(7)$ 上椭圆曲线 $E: y^2 = x^3 - 2$ 所有的点；计算曲线 E 上 $(3,2)+(5,5)$ 的和；计算曲线 E 上 $(3,2)+(3,2)$ 的和。

6．$GF(5)$ 上的椭圆曲线 $E: y^2 = x^3 - x$ 的有理点集合为 $\{(0,0),(1,0),(2,1),(2,4),(3,2),(3,3),(4,0),O\}$；计算每个点的阶。

7．证明：如 $P = (x,0)$ 是椭圆曲线上的点，则 $2P = O$。

8．通过计算考虑 $GF(5)$ 上的两条椭圆曲线 $E_1: y^2 = x^3 + 1$ 和 $E_2: y^2 = x^3 + 2$，它们生成的群是 6 阶的，但是两条曲线是不同构的。

9. 在有理数域上定义椭圆曲线 $E: y^2 = x^3 - 2$，验证 $(3, \pm 5)$ 是椭圆曲线上的点，计算在这条曲线上另外一个点。

10. 证明：如果 P, Q, R 是椭圆曲线上的点，那么 $P + Q + R = O$ 的充分必要条件是 P, Q, R 共线。

11. 证明：$Q = (13, 22)$ 是有限域 $GF(23)$ 上椭圆曲线 $E: y^2 = x^3 + 13x + 22$ 的点，并且求点 Q 的阶。

12. $Q = (10, 5)$ 是有限域 $GF(23)$ 上椭圆曲线 $E: y^2 = x^3 + 13x + 22$ 的点，求点 Q 的阶，求出由 Q 生成的循环子群。

13. $K[E]$ 是在 K 上的椭圆曲线 E 的坐标环，则 $K[E]$ 是整环。

14. 借助代数里面分式域的定义，定义 K 上的椭圆曲线 E 的函数域 $K(E)$ 是 $K[E]$ 的分式域。并证明它是分式域。

15. 证明 $\overline{K}$ 是 $\overline{K}(E)$ 的子域。

16. 编程实现有限域上椭圆曲线的点集生成及加法运算。

第 9 章　保密系统的信息理论

1948 年，香农在贝尔实验室技术期刊上发表了题目为"通信的数学理论"的论文，通过量化度量精确描述了事件的信息、熵和时间集合的信息和熵，以及两个事件之间的条件信息、互信息等。通过这些量化的描述，给出了信源编码定理、信道容量定理和信道编码定理，从此奠定信息论的理论基础。在 1949 年，香农又在该期刊发表了"保密系统的通信理论"，该论文奠定了现代密码学的系统研究的理论基础。这两篇论文开辟了现代通信和保密通信的科学研究方向。

9.1　保密系统的数学模型

香农从概率统计观点出发研究信息的传输和保密问题，将通信系统归纳为图 9.1，将保密系统归纳为图 9.2。通信系统设计的目的是在信道有干扰的情况下，使接收的信息无错或差错尽可能小。保密系统的设计目的是使窃听者即使在完全正确地收到接收信号的情况下也无法恢复出消息。在实际应用中，通信系统和保密系统中都存在编码和解码的过程，即信源发出的信息会以一定的规则进行编码，而接收到的信息会执行相应的逆过程，解码。这些技术的实施是为了使信道有一定的抗干扰能力。

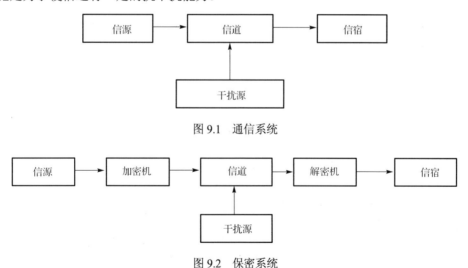

图 9.1　通信系统

图 9.2　保密系统

信源是产生消息的源，在离散的情况可以产生字母或符号。可以用简单的概率空间描述离散无记忆的信源。设信源的字母表为 $X = \{x_i, i = 0,1,2,\cdots,N-1\}$，字母 x_i 出现的概率为 $p(x_i) \geq 0$，且 $\sum_{i=0}^{N-1} p(x_i) = 1$。信源产生的任一长为 L 个符号的消息序列为 $m = (m_1, m_2, \cdots, m_L)$，$m_j \in X, j = 1,2,\cdots,L$。若研究的是所有长为 L 个符号的消息输出，则称 $P = M^L = \{m = $

$(m_1, m_2, \cdots, m_L): m_j \in X, 1 \leqslant j \leqslant L \}$ 为消息空间或明文空间，它含有 N^L 个元素。如果信源为有记忆的，则需要考虑 P 中各元素的概率分布。如果信源为无记忆的，有 $p_P(m) = p(m_1, m_2, \cdots, m_L) = \prod\limits_{j=1}^{L} p(m_j)$。信源的统计特性对密码的设计和分析有着重要的影响。

这里介绍两个用于密码体制保密性的基本方法：计算保密性和无条件保密性。

计算保密性：这个指标涉及破译一个密码体制所需要的计算能力，可以定义一个密码体制是计算保密的，如果破译这个体制的最好的算法需要至少 T 次运算，T 是某一特定的非常大的数，问题是没有已知的实际密码体制在这个定义下能被证明是保密的。实际中，若攻破这个体制最好的方法需要的计算机运行时间过长，超出了现有的计算资源能力，则称这个密码体制是"计算上保密的"。另一个提供保密性的方法是把一个密码体制的保密性转换为一些已经研究过的非常困难的问题。比如，能够证明如下的一类陈述："如果给定的一个整数 N 不可分解成一些素数的乘积，则给定的密码体制是保密的"，或者"如果在给定的一个素数 p，不可能求解离散对数的，则给定的密码体制是保密的"等。这些密码体制有时也称为"可证明保密的"。但是必须理解这个仅提供了与另一个问题有关的保密性证明，它并不是保密性的绝对证明。这是因为所依赖的问题只是现阶段没有好的解决方法，并不能保证将来也是不能解决的。

无条件保密性：这个指标涉及当 Oscar 允许做无限的计算总数时密码体制的保密性，如果一个密码体制甚至在有无限的计算资源条件下都不能被破译，则称为无条件保密的。

密码体制的无条件保密性显然不能根据计算复杂性来研究，因为这里允许计算时间是无限的。研究无条件保密性最适合的方法是概率论。下面回顾一下所涉及的概率论基础知识。

定义 9.1.1　假设 X 和 Y 是随机变量，用 $p(x)$ 表示 X 取值为 x 的概率，$p(y)$ 表示 Y 取值为 y 的概率。联合概率 $p(x, y)$ 是 X 取值为 x，且 Y 取值为 y 的概率。条件概率 $p(x|y)$ 表示给定 Y 取值为 y 时 X 取值为 x 的概率。如果对所有可能的 X 取值为 x 和 Y 取值为 y，等式 $p(x, y) = p(x)p(y)$ 成立，则称随机变量 X 和 Y 是独立的。

联合概率与条件概率的关系如下：

$$p(x, y) = p(x|y)p(y)$$

如果交换 x 和 y，可得到

$$p(x, y) = p(y|x)p(x)$$

从这两个公式很容易得到如下的贝叶斯定理。

定理 9.1.1（贝叶斯定理）　如果 $p(y) > 0$，则

$$p(x|y) = \frac{p(x)p(y|x)}{p(y)}$$

推论 9.1.1　X, Y 是两个独立的随机变量，当且仅当对所有的 x 和 y 有

$$p(x|y) = p(x)$$

本节假设一个特定的密钥用于唯一的一个加密。现在假定整个明文空间 P 服从某个概率分布，使用 $p_P(x)$ 表示明文 x 发生的先验概率；同时也假设通信双方选择的密钥 k 使用了一个固定的概率分布（通常情况下密钥是随机的，等概的，但这不是必需的），把密钥 k 被选择

的概率表示为 $p_K(k)$。由于选择密钥一般是在通信双方通信之前进行的,因此可以假设密钥 k 和明文 x 是无关的,是独立事件。

下面从明文空间 P 和密文空间 K 中推导出密文空间 C。对任意的 $k \in K$,定义集合

$$C(k) = \{e_k(x) : x \in P\}$$

$C(k)$ 表示使用密钥 k 所对应的密文集合。

对任意的 $y \in C$,可得到

$$p_C(y) = \sum_{k : y \in C(k)} p_K(k) p_P(d_k(y))$$

由于对每个 $y \in C$ 和 $x \in P$,因此也可以计算条件概率 $p_C(x \mid y)$(给定密文 y,明文是 x 的概率)。

例 9.1.1　设明文空间 $P = \{1,2\}$,有概率分布 $p_P(1) = \dfrac{1}{4}$,$p_P(2) = \dfrac{3}{4}$,密钥空间 $K = \{k_1, k_2, k_3\}$,概率分布为 $p_K(k_1) = \dfrac{1}{2}$,$p_K(k_2) = \dfrac{1}{4}$,$p_K(k_3) = \dfrac{1}{4}$。密文空间 $C = \{1,2,3,4\}$,假设加密函数如下:

$$e_{k_1}(1) = 1,\ e_{k_1}(2) = 2\ \ ,\ e_{k_2}(1) = 2,\ e_{k_2}(2) = 3,\ e_{k_3}(1) = 3,\ e_{k_3}(2) = 4$$

因此,能够计算概率分布 p_C,得到

$$p_C(1) = \frac{1}{2} \cdot \frac{1}{4} = \frac{1}{8}$$

$$p_C(2) = \frac{1}{2} \cdot \frac{3}{4} + \frac{1}{4} \cdot \frac{1}{4} = \frac{3}{8} + \frac{1}{16} = \frac{7}{16}$$

$$p_C(3) = \frac{1}{4} \cdot \frac{3}{4} + \frac{1}{4} \cdot \frac{1}{4} = \frac{3}{16} + \frac{1}{16} = \frac{1}{4}$$

$$p_C(4) = \frac{1}{4} \cdot \frac{3}{4} = \frac{3}{16}$$

下面可以计算在给定密文,即在通信信道中窃听到密文的条件下,得到有关明文的概率分布:

$$p_P(1 \mid 1) = 1,\quad p_P(2 \mid 1) = 0$$

$$p_P(1 \mid 2) = \frac{1}{7},\quad p_P(2 \mid 2) = \frac{6}{7}$$

$$p_P(1 \mid 3) = \frac{1}{4},\quad p_P(2 \mid 3) = \frac{3}{4}$$

$$p_P(1 \mid 4) = 0,\quad p_P(2 \mid 4) = 1$$

下面可以定义完全保密性这个概念。非正式地,完全保密性是指窃听者通过观察公开信道的密文,不能获得有关明文的任何信息。根据定义的概率分布,可以给出如下的定义。

定义 9.1.2　如果一个密码系统对所有的 $x \in P$,$y \in C$,$p_P(x \mid y) = p_P(x)$ 成立,则称该密

码系统为完全保密的，即给定密文 y 的条件下，明文 x 的后验概率等于明文 x 的先验概率。

在例 9.1.1 中，完全保密性仅仅对密文 3 满足，其他的 3 个密文都不满足。

9.2　熵

为了定量地研究通信系统，首先要建立信息量的概念，以便度量各种通信系统中最本质的东西，即信息量的大小。本节将通过定义熵来定义信息量大小的平均值。它是 1949 年引进信息论中的概念，被认为是信息的数学测定和不确定性，它是通过计算概率分布的加权和得到的。

假设有一个随机变量 X，它根据概率分布 $p(X)$ 在一个有限集合上取值。根据分布 $p(X)$ 发生的事件来获得的信息是什么？等价地，如果一个事件还没有发生，有关这个结果的不确定性是什么？这个量称为 X 的熵，并用符号 $H(X)$ 表示。

这样似乎有点抽象，下面用两个例子来说明这个问题。

假设随机变量 X 表示硬币抛掷，使用 1 表示正面，0 表示反面。假设概率分布 $p(X=1)=p(X=0)=\dfrac{1}{2}$。因此用 1 比特就能确定硬币抛掷发生的信息。类似地，n 个独立的硬币抛掷需要 n 比特，这是因为 n 次独立的硬币能编码成长度为 n 的比特串。

再给一个稍微复杂一点的例子，假设有一个随机变量 X，它分别以概率 $\dfrac{1}{2}$，$\dfrac{1}{4}$，$\dfrac{1}{4}$ 选取 3 个可能的值 a_1，a_2，a_3。现在对这个 3 个值进行"编码"，一个有效的"编码"就是 a_1 编码为 0，a_2 编码为 11，a_3 编码为 10，那么随机变量 X 的平均编码长度为

$$\frac{1}{2}\times 1+\frac{1}{4}\times 2+\frac{1}{4}\times 2=\frac{3}{2}$$

上面 n 个独立的抛掷硬币可以认为是编码长度为 n 的比特串，其每个比特串的概率为 2^{-n}。更为一般的情况以概率 p 发生的事件可编码成长度接近为 $-\log_2 p$ 的比特串。给定一个随机变量 X 的任意概率分布 p_1，p_2，$\cdots$，p_n，取 $-\log_2 p_i$ 的加权平均值就是信息的测度。下面给出正式的定义。

定义 9.2.1　假设 X 是根据概率分布 $p(X)$ 在一个有限集合上取值的随机变量，那么这个概率分布的熵为

$$H(X)=-\sum_{i=1}^{n}p_i\log_2 p_i$$

如果随机变量 X 可能的取值是 $x_i,1\leqslant i\leqslant n$，那么有

$$H(X)=-\sum_{i=1}^{n}p(X=x_i)\log_2 p(X=x_i)$$

注意：

1. 如果某个 $p_i=0$，那么 $\log_2 p_i$ 无意义。因此认为计算熵时总是对所有 $p_i\neq 0$ 的概率进行计算。

2. 换一个角度，考虑数学分析中的结果 $\lim_{x \to 0} x \log_2 x = 0$，所以对 $p_i = 0$ 的 i，也可以计算熵，其不影响最后的结果。

例 9.2.1　X，Y 是两随机变量，且分别满足表 9.1 和表 9.2 的概率分布。

表 9.1　X 的概率分布

X	x_1	x_2	x_3	x_4
$p(x)$	0.25	0.25	0.25	0.25

表 9.2　Y 的概率分布

Y	y_1	y_2
$p(y)$	0.5	0.5

显然，随机变量 X 的不确定性比 Y 的不确定性大。分别计算两个随机变量的熵

$$H(X) = 4 \times (-0.25 \times \log_2 0.25) = 2$$
$$H(Y) = 2 \times (-0.5 \times \log_2 0.5) = 1$$

下面给出几个简单的结果。

定理 9.2.1　熵的性质。

(1) 如果对 $1 \leqslant i \leqslant n$，$p_i = \dfrac{1}{n}$，那么 $H(X) = \log_2 n$；

(2) $H(X) \geqslant 0$；

(3) $H(X) = 0$ 当且仅当对某个 i 有 $p_i = 1$，其他所有的 $j \neq i$，有 $p_j = 0$。

证明：性质 (1) 的证明就是通过定义计算 $H(X)$。

$$\begin{aligned} H(X) &= -\sum_{i=1}^{n} p_i \log_2 p_i \\ &= -\sum_{i=1}^{n} \frac{1}{n} \log_2 \frac{1}{n} \\ &= -\log_2 \frac{1}{n} \\ &= \log_2 n \end{aligned}$$

性质 (2) 的证明可以分别考虑求和的每一项。因为对任意的正整数 i 有

$$1 \geqslant p_i \geqslant 0，\quad \log_2 p_i \leqslant 0$$

所以

$$-\log_2 p_i \geqslant 0，\quad -p_i \log_2 p_i \geqslant 0$$

即 $H(X) = -\sum_{i=1}^{n} p_i \log_2 p_i \geqslant 0$。

性质 (3) 可以由性质 (2) 推出。因为 $H(X) = 0$，又对任意的正整数 i 有 $-p_i \log_2 p_i \geqslant 0$，所以

$$-p_i \log_2 p_i = 0$$

即或者 $p_i = 0$，或者 $p_i = 1$。又因为 $\sum_{i=1}^{n} p_i = 1$，所以对某个 i 有 $p_i = 1$，其他所有的 $j \neq i$，有 $p_j = 0$。　　　　□

反之，可以计算出 $H(X) = 0$。

9.3　熵　的　特　性

本节证明一些关于熵的基本结果。首先介绍一个非常有用的基本结论——Jensen 不等式。而 Jensen 不等式涉及凹函数。所以先介绍凹函数及相关概念。

定义 9.3.1　f 是区间 I 上的实值函数，如果对所有的 $x, y \in I$，均有

$$f\left(\frac{x+y}{2}\right) \geqslant \frac{f(x)+f(y)}{2}$$

则称 f 是凹的，即 f 是区间 I 上的凹函数。

如果对所有的 $x, y \in I$，均有

$$f\left(\frac{x+y}{2}\right) > \frac{f(x)+f(y)}{2}$$

则称 f 是严格凹的，f 是区间 I 上的严格凹函数。

定理 9.3.1（Jensen 不等式）　假设 f 是区间 I 上的一个连续严格凹函数，那么

$$\sum_{i=1}^{n} a_i f(x_i) \leqslant f\left(\sum_{i=1}^{n} a_i x_i\right)$$

其中，$\sum_{i=1}^{n} a_i = 1, a_i > 0, 1 \leqslant i \leqslant n$，$x_i \in I$。而且，等式成立的充分必要条件是 $x_1 = \cdots = x_n$。

定理的证明比较容易，可以使用凹函数的性质和数学归纳法对 n 进行归纳，在此留作习题。

现在给出关于熵的几个结论。因为对数函数的二阶微分在区间 $(0, \infty)$ 上是负的，所以很容易得到对数函数 $\log_2 x$ 在区间 $(0, \infty)$ 上是严格凹的。

定理 9.3.2　如果 X 是一个具有概率分布 $p_1, p_2, \cdots, p_n$ 的随机变量，其中 $p_i > 0, 1 \leqslant i \leqslant n$。那么 $H(X) \leqslant \log_2 n$，等式成立当且仅当 $p_i = \dfrac{1}{n}, 1 \leqslant i \leqslant n$。

证明：应用 Jensen 不等式，有

$$\begin{aligned}
H(X) &= -\sum_{i=1}^{n} p_i \log_2 p_i \\
&= \sum_{i=1}^{n} p_i \log_2 \frac{1}{p_i} \\
&\leqslant \log_2 \sum_{i=1}^{n} p_i \times \frac{1}{p_i} \\
&= \log_2 n
\end{aligned}$$

另外，等式成立当且仅当 $p_i = \dfrac{1}{n}, 1 \leqslant i \leqslant n$。

前面定义了一个变量的熵，下面考虑两个变量的随机变量 X 和 Y 的信息量，即 (X, Y) 的信息量。换一个角度，也可以把 (X, Y) 看成一个变量，这样就与前面的定义一致了。

定义 9.3.2　假设随机变量 X 和 Y 是根据概率分布 $p(X,Y)$ 在有限集合上取值，那么这个概率分布的熵为信息量称为 (X,Y) 的联合熵（Joint Entropy），用符号 $H(X,Y)$ 表示，

$$H(X,Y)=-\sum_{i=1,}^{n}\sum_{j=1}^{m}p(X=x_i,Y=y_j)\log_2 p(X=x_i,Y=y_j)$$

下面介绍一个与联合熵有关的定理。

定理 9.3.3　$H(X,Y)\leqslant H(X)+H(Y)$ 等式成立，当且仅当 X 和 Y 是两个独立的随机变量。

证明：假设 X 取值 $x_i,1\leqslant i\leqslant m$，$Y$ 取值 $y_j,1\leqslant j\leqslant n$。设 $p_i=p(X=x_i),1\leqslant i\leqslant m$，$q_j=p(Y=y_j),1\leqslant j\leqslant n$；设 $r_{ij}=p(X=x_i,Y=y_j),1\leqslant i\leqslant m,1\leqslant j\leqslant n$（这是联合概率分布）。

因为

$$p_i=\sum_{j=1}^{n}r_{ij},\quad 1\leqslant i\leqslant m$$

和

$$q_j=\sum_{i=1}^{m}r_{ij},\quad 1\leqslant j\leqslant n$$

下面计算 $H(X)+H(Y)$，

$$H(X)+H(Y)=-\sum_{i=1}^{m}p_i\log_2 p_i+\left(-\sum_{j=1}^{n}q_j\log_2 q_j\right)$$

$$=-(\sum_{i=1}^{m}\sum_{j=i}^{n}r_{ij}\log_2 p_i+\sum_{j=1}^{n}\sum_{i=1}^{m}r_{ij}\log_2 q_j)$$

$$=-\sum_{i=1}^{m}\sum_{j=i}^{n}r_{ij}\log_2 p_i q_j$$

又因为

$$H(X,Y)=-\sum_{i=1}^{m}\sum_{j=i}^{n}r_{ij}\log_2 r_{ij}$$

所以计算

$$H(X,Y)-H(X)-H(Y)=-\sum_{i=1}^{m}\sum_{j=i}^{n}r_{ij}\log_2 r_{ij}+\sum_{i=1}^{m}\sum_{j=i}^{n}r_{ij}\log_2 p_i q_j$$

$$=\sum_{i=1}^{m}\sum_{j=i}^{n}r_{ij}\log_2\frac{1}{r_{ij}}+\sum_{i=1}^{m}\sum_{j=i}^{n}r_{ij}\log_2 p_i q_j$$

$$=\sum_{i=1}^{m}\sum_{j=i}^{n}r_{ij}\log_2\frac{p_i q_j}{r_{ij}}$$

$$\leqslant\log_2\sum_{i=1}^{m}\sum_{j=i}^{n}r_{ij}\times\frac{p_i q_j}{r_{ij}}\quad\text{（使用了Jensen不等式）}$$

$$=\log_2\sum_{i=1}^{m}\sum_{j=i}^{n}p_i q_j$$

$$=\log_2 1=0$$

也可以认为当等式成立时，它必定是下述情况：存在一个常数 c，使得对所有的 i,j 都有 $\dfrac{p_i q_j}{r_{ij}} = c$。使用下述事实

$$\sum_{i=1}^{m}\sum_{j=i}^{n} p_i q_j = \sum_{i=1}^{m}\sum_{j=i}^{n} r_{ij} = 1$$

所以得到 $c = 1$，因此等式成立当且仅当 $p_i q_j = r_{ij}$，即当且仅当

$$p(X=x_i, Y=y_j) = p(X=x_i)p(Y=y_j), \quad 1 \le i \le m, 1 \le j \le n$$

所以 X,Y 是两个独立的随机变量。 □

下面定义条件熵。

定义 9.3.3 假设 X 和 Y 是两个随机变量，那么对 Y 的任何一个固定值 y，都可得到一个条件概率分布 $p(X|y)$。显然

$$H(X|y) = -\sum_{x} p(x|y)\log_2 p(x|y)$$

因此定义条件熵 $H(X|Y)$ 是所有可能值 y 的熵 $H(X|y)$ 的加权平均（关于概率 $p(y)$），计算为

$$H(X|Y) = -\sum_{y}\sum_{x} p(y)p(x|y)\log_2 p(x|y)$$

也就是说条件熵测度通过 Y 来泄漏有关 X 的信息的平均值。

下面给出两个简单的定理。

定理 9.3.4 $H(X,Y) = H(X) + H(Y|X) = H(Y) + H(X|Y)$。

证明：因为

$$H(X|Y) = -\sum_{y}\sum_{x} p(y)p(x|y)\log_2 p(x|y) = -\sum_{y}\sum_{x} p(x,y)\log_2 p(x|y)$$

$$H(X) = -\sum_{x} p(x)\log_2 p(x) = -\sum_{x}\sum_{y} p(x,y)\log_2 p(x)$$

所以有

$$H(X) + H(Y|X) = -\Big(\sum_{x}\sum_{y} p(x,y)\log_2 p(x) + \sum_{x}\sum_{y} p(x,y)\log_2 p(x|y)\Big)$$

$$= -\sum_{x}\sum_{y} p(x,y)\log_2 p(x)p(x|y)$$

$$= -\sum_{x}\sum_{y} p(x,y)\log_2 p(x,y)$$

$$= H(X,Y)$$ □

定理 9.3.5 $H(X|Y) \le H(X)$，等式成立当且仅当 X 和 Y 是独立的。

证明：因为

$$H(X|Y) = -\sum_{y}\sum_{x} p(y)p(x|y)\log_2 p(x|y) = -\sum_{y}\sum_{x} p(x,y)\log_2 p(x|y)$$

$$H(X) = -\sum_x p(x)\log_2 p(x) = -\sum_x\sum_y p(x,y)\log_2 p(x)$$

所以有

$$H(X) - H(Y\mid X) = -(\sum_x\sum_y p(x,y)\log_2 p(x) - \sum_x\sum_y p(x,y)\log_2 p(x\mid y))$$

$$= -\sum_x\sum_y p(x,y)\log_2 \frac{p(x)}{p(x\mid y)}$$

$$= -\sum_x\sum_y p(x,y)\log_2 \frac{p(x)p(y)}{p(x,y)}$$

$$\geqslant -\sum_x\sum_y p(x,y)\log_2 1 = 0 \qquad\Box$$

即 $H(X) \geqslant H(Y\mid X)$。当且仅当 X,Y 是独立时不等式的等号成立。

9.4　假密钥和唯一性距离

本节把已证明了的熵的结论应用到密码体制上，首先证明在密码体制的组成部分之间存在一个基本关系。对密文空间 C 和密钥空间 K，条件熵 $H(K\mid C)$ 称为密钥暧昧度，它是密文能泄露多少有关密钥的一个测度。

定理 9.4.1　设 (P,C,K,E,D) 是一个密码体制，其中 P 是明文空间，C 是密文空间，K 是密钥空间，E 是加密算法空间，D 是解密算法空间。那么

$$H(K\mid C) = H(K) + H(P) - H(C)$$

证明：首先由定理 9.3.4 可得到 $H(K,P,C) = H(C\mid K,P) + H(K,P)$。因为由加密算法 $c = e_k(m)$（其中 $k\in K$，$m\in P$，$e\in E$，$c\in C$），得密钥和明文唯一确定密文，这意味着 $H(C\mid K,P) = 0$。因此有 $H(K,P,C) = H(K,P)$。但是由于 P 和 K 是独立的，所以有 $H(K,P) = H(K) + H(P)$，因此

$$H(K,P,C) = H(K,P) = H(K) + H(P)$$

类似地，因为密钥和密文唯一确定明文（$m = d_k(c)$，其中 $d\in D$），所以有 $H(P\mid K,C) = 0$，因而 $H(K,P,C) = H(K,C)$。

下面计算 $H(K\mid C)$：

$$H(K\mid C) = H(K,C) - H(C)$$

$$= H(K,P,C) - H(C)$$

$$= H(K) + H(P) - H(C) \qquad\Box$$

因此定理成立。

例 9.4.1　接例 9.2.1，可计算 $H(P) \approx 0.81$，$H(K) \approx 1.5$ 和 $H(C) \approx 1.85$。由定理 9.3.4 可以得到，$H(K\mid C) \approx 1.5 - 0.81 - 1.85 \approx 0.46$。当然，这个结果也可以通过直接计算条件熵的定义得到。首先需要计算概率 $p(k_i\mid j)$，$1\leqslant i\leqslant 3$，$1\leqslant j\leqslant 4$，使用贝叶斯定理得到如下结果。

$$p(k_1\mid 1) = 1, \quad p(k_2\mid 1) = 0, \quad p(k_3\mid 1) = 0,$$

$$p(k_1 \mid 2) = \frac{6}{7}, \quad p(k_2 \mid 2) = \frac{1}{7}, \quad p(k_3 \mid 2) = 0,$$

$$p(k_1 \mid 3) = 0, \quad p(k_2 \mid 3) = \frac{3}{4}, \quad p(k_3 \mid 3) = \frac{1}{4},$$

$$p(k_1 \mid 4) = 0, \quad p(k_2 \mid 4) = 0, \quad p(k_3 \mid 4) = 1$$

因此，得到

$$H(K \mid C) = \frac{1}{8} \times 0 + \frac{7}{16} \times 0.59 + \frac{1}{4} \times 0.81 + \frac{3}{16} \times 0 = 0.46$$

由于信息论的思想可以用于密码分析学，所以下面以加密算法为例，解释熵的应用和分析密码算法在信息论理论的安全性。

假设 (P, C, K, E, D) 是一个正在使用的密码体制，明文串 $x_1 x_2 \cdots x_n$ 用一个密钥加密，产生的密文串 $y_1 y_2 \cdots y_n$，密钥分析的基本目标是确定密钥。在知道密文的条件下，假设攻击者有无限的计算资源。再假设攻击者知道明文是一个"自然"语言，如英语。通常情况下，攻击者能够排除某些密钥，如在移位密码体制中的 0 等，留下许多可能认为是正确的密钥，而其中仅仅只有一个密钥是正确的密钥。这些剩下的可能不正确的密钥称为假密钥。

假设攻击者得到密文串 WNAJW，它是通过使用移位密码加密而得到的(在密码分析学方面，为了说明密码算法是安全的，一个自然的假设是：加密算法是公开的，任何人都知道，而唯一保密的只是解密密钥)，很容易看到这里仅有两个有"意义"明文串，即 river 和 arena，它是根据可能的加密密钥 $F(=5)$ 和 $W(=22)$ 得到的。当然这两个密钥，一个是正确的，另一个是错误的。

在这里并不是想要求出这个密钥，因为移位密码算法比较简单，通过穷尽搜索很容易得到答案，这样做的目的是证明关于移位密码算法的假密钥的期望值的一个界。表 9.3 是通过各种英文小说、杂志和报纸上统计 26 个字母出现的概率。

表9.3　26 个字母的概率

字母	概率	字母	概率
A	0.082	N	0.067
B	0.015	O	0.075
C	0.028	P	0.019
D	0.043	Q	0.001
E	0.127	R	0.060
F	0.022	S	0.063
G	0.020	T	0.091
H	0.061	U	0.028
I	0.070	V	0.010
J	0.002	W	0.023
K	0.008	X	0.001
L	0.040	Y	0.020
M	0.024	Z	0.001

首先，定义自然语言 L 的熵(用 H_L 表示)。H_L 应该是"有意义"的明文串中每一个字母

的平均信息量的一个测度。因为随机字母字符串的(每个字母)熵应该等于 $\log_2 26 \approx 4.76$。但是 L 是英语语言，通过使用表 9.1 给出的概率分布，可以得到熵 $H(P) \approx 4.19$。这是因为在英语中，连续字母不是独立的，而连续字母之间的相关性将降低熵。比如，在英文中的字母"Q"后面总跟有字母"U"。对此，要考虑所有 2 字母组的概率分布的熵，然后除以 2。一般情况下，定义 P^n 是一个有所有 n 字母组明文的概率分布的随机变量，使用下面的定义。

定义 9.4.1　假设 L 是一个自然语言，L 的熵定义为

$$H_L = \lim_{n \to \infty} \frac{H(P^n)}{n}$$

同时 L 的剩余度定义为

$$R_L = 1 - \frac{H_L}{\log_2 |P|}$$

在英语中，大数目的两个字母组的表和它们出现的频率将产生一个 $H(P^2)$ 的估计，$H(P^2) \approx 3.90$ 是通过这种方式得到的一个估计。于是人们继续下去，列出三个字母组表等，这样就得到了 H_L 的一个估计值。事实上各个实验已产生的一个经典结果为 $1.0 \le H_L \le 1.5$，即英语中平均信息量为每字母 1～1.5 比特。

利用 1.25 作为 H_L 的估计可给出的剩余度大约为 0.75。这就意味着英语语言大约有 75% 的剩余。在这里并不是说英文正文中可以任意去掉 0.75 个字母后仍然希望能读懂它，它的意思是说，对于一个足够大的 n，可能找到 n 字母的霍夫曼编码，它将压缩英语正文大约为原有长度的 0.25。

给定 K 和 P^n 的概率分布，可以定义出导出概率分布，C^n 是 n 个字母组成的密文集合。给定 $y \in C^n$，定义：

$$K(y) = \{K \in K : \exists x \in P^n, p_{P^n}(x) > 0, e_K(x) = y\}$$

即 $K(y)$ 是长度为 n 的有意义明文串能加密成 y 的密钥集，即给定 y 是密文时，可能的密钥的集合。如果 y 是在网络上监听到的密文序列，那么因为正确的密钥只有一个，所以假密钥的数目是 $K(y) - 1$。假密钥的平均数目用 $\overline{S_n}$ 表示，使用概率统计的方法计算如下：

$$
\begin{aligned}
\overline{S_n} &= \sum_{y \in C^n} p(y)(|K(y)| - 1) \\
&= \sum_{y \in C^n} p(y)|K(y)| - \sum_{y \in C^n} p(y) \\
&= \sum_{y \in C^n} p(y)|K(y)| - 1
\end{aligned}
$$

根据定理 9.3.4，有下面的结论：

$$H(K|C^n) = H(K) + H(P^n) - H(C^n)$$

只要 n 足够大，可以利用估计

$$H(P^n) \approx nH_L = n(1 - R_L)\log_2 |P|$$

同时，有

$$H(C^n) \le n\log_2 |C|$$

所以，如果 $|C|=|P|$，就可以得到

$$H(K\,|\,C^n) \geqslant H(K) + H(P^n) - n\log_2|C|$$
$$\approx H(K) + n(1-R_L)\log_2|P| - n\log_2|C|$$
$$= H(K) - nR_L\log_2|P|$$

下面把 $H(K\,|\,C^n)$ 与假密钥数 $\overline{S_n}$ 联系起来，进行如下计算：

$$H(K\,|\,C^n) = \sum_{y\in C^n} p(y)H(K\,|\,y)$$
$$\leqslant \sum_{y\in C^n} p(y)\log_2|K(y)|$$
$$\leqslant \log_2 \sum_{y\in C^n} p(y)|K(y)|$$
$$= \log_2(\overline{S_n}+1)$$

在计算过程中，使用了 Jensen 不等式。所以得到

$$H(K\,|\,C^n) \leqslant \log_2(\overline{S_n}+1)$$

结合上面两个不等式，得到

$$\log_2(\overline{S_n}+1) \geqslant H(K) - nR_L\log_2|P|$$

所以在密钥是等概率选取的情况下，可以得到如下定理。

定理 9.4.2 假定假设 (P,C,K,E,D) 是一个 $|C|=|P|$，而且密钥是等概率选择的密码体制，设 R_L 表示基础语言的剩余度。那么给定一个长度为 n 的密文串，其中 n 足够大，假密钥 $\overline{S_n}$ 的期望值满足：

$$\overline{S_n} \geqslant \frac{|K|}{|P|^{nR_L}} - 1$$

当 n 增加时，值 $\dfrac{|K|}{|P|^{nR_L}} - 1$ 指数级地趋近于 0。同时也注意到这个值对于小的 n 是不精确的，特别是因为如果 n 很小，$H(P^n)/n$ 将不是 H_L 的一个好的估计值。

下面给出密码体制唯一性距离的定义。

定义 9.4.2 一个密码体制的唯一性距离定义为 n 的值，用 n_0 表示，在这个值时假密钥的期望值为 0，即给定足够的计算时间，一个敌手能够唯一地计算出密钥，所需要的平均密文量。

根据定理 9.4.2 设 $\overline{S_n}=0$，解出 n 值。对唯一性距离给出如下的估计值。即

$$n_0 \approx \frac{\log_2|K|}{R_L\log_2|P|}$$

以替换密码体制为例，在该密码体制中，$|P|=26$，$|K|=26!$，如果 $R_L=0.75$，则可以得到唯一性距离的一个估计值：

$$n_0 \approx \frac{\log_2|K|}{R_L\log_2|P|} = \frac{88.4}{0.75\times4.7} \approx 25$$

其意思是：在替换密码体制中，至少给出长度为 25 的密文串，唯一的解释才有可能。

9.5 互 信 息

互信息是信息论中一种有用的信息度量，它是指两个事件集合之间的相关性。一般而言，信道中总是存在着噪声和干扰，信源发出消息 x，通过信道后信宿只可能收到由于干扰作用引起的某种变形 y。信宿收到 y 后推测信源发出 x 的概率，这一过程可由后验概率 $p(x|y)$ 来描述。相应地，信源发出 x 的概率 $p(x)$ 称为先验概率。定义 x 的后验概率与先验概率比值的对数为 y 对 x 的互信息量，也称交互信息量（简称互信息）。

对于随机变量 X 和 Y，互信息用符号 $I(X;Y)$ 表示，其定义如下：

$$I(X;Y) = \sum_x \sum_y p(x,y) \log_2 \frac{p(x|y)}{p(x)}$$

性质 1：（非负性） $I(X;Y) \geqslant 0$，当且仅当对随机变量 X 和 Y 是独立时等号成立。

证明：
$$I(X;Y) = \sum_x \sum_y p(x,y) \log_2 \frac{p(x|y)}{p(x)}$$
$$= \sum_x \sum_y p(x,y) \log_2 \frac{p(x,y)}{p(x)p(y)}$$
$$\geqslant \sum_x \sum_y p(x,y) \left(\frac{p(x)p(y)}{p(x,y)} - 1 \right)$$
$$= \sum_x \sum_y (p(x)p(y) - p(x,y)) = 0。$$

当 $I(X;Y) = 0$，即 $H(X) - H(X|Y) = 0$，$H(X) = H(X|Y)$。

当且仅当 X,Y 是独立的时，有 $p(x,y) = p(x)p(y)$ 成立，即上述不等式为等式，所以有 $H(X) - H(X|Y) = 0$。 □

所以 $I(X;Y) = 0$ 当且仅当随机变量 X,Y 是独立的。

性质 2：（对称性） $I(X;Y) = I(Y;X)$。

证明： $I(X;Y) = \sum_x \sum_y p(x,y) \log_2 \frac{p(x|y)}{p(x)} = \sum_x \sum_y p(x,y) \log_2 \frac{p(x,y)}{p(x)p(y)}$

$I(X;Y) = \sum_x \sum_y p(x,y) \log_2 \frac{p(y|x)}{p(y)} = \sum_x \sum_y p(x,y) \log_2 \frac{p(x,y)}{p(x)p(y)}$

所以有

$$I(X;Y) = I(Y;X)$$ □

性质 3：平均互信息可以用熵和条件熵来表示：
$$I(X;Y) = H(X) - H(X|Y)$$
$$= H(Y) - H(Y|X)$$
$$= H(X) + H(Y) - H(X,Y)$$

证明：因为 $H(X,Y)=H(X)+H(Y|X)=H(Y)+H(X|Y)$，所以简单的代换就能得到上述性质。

由于 $H(X)$ 是表示知道 Y 之前的不确定性，而 $H(X|Y)$ 是表示知道 Y 之后的不确定性，而 $H(X)-H(X|Y)$ 的差值必然表示由 Y 所提供的关于 X 的信息量。　　　□

性质 4：$I(X;Y)\leqslant H(X)$ 和 $I(X;Y)\leqslant H(Y)$，当随机变量 X 和 Y 完全相关，即对任何 $x\in X$ 和 $y\in Y$ 时，有 $p(x|y)=1$ 和 $p(y|x)=1$，有 $H(X|Y)=0$ 和 $H(Y|X)=0$，此时等号成立。

证明：由熵的性质（$0\leqslant H(X)$）和前面一个性质，显然性质成立。　　　□

9.6　本　章　小　结

本章初步介绍了保密系统中的信息论相关概念和理论，主要了解利用熵来刻画信息量，为密码学中利用信息论来分析密码系统打下基础。

习　　题

1. 证明定理 Jensen 不等式。

2. 令 X_1 和 X_2 为两次独立的抛一个等概率的硬币。计算出 $H(X_1)$ 和联合熵 $H(X_1,X_2)$，并且解释 $H(X_1,X_2)=H(X_1)+H(X_2)$。

3. 随机变量 X 的取值为 $1,2,\cdots,n,\cdots$，对应的概率为 $\dfrac{1}{2},\dfrac{1}{2^2},\cdots,\dfrac{1}{2^n},\cdots$，计算熵 $H(X)$。

4. 经过充分洗牌后的一副扑克(52 张)，试问：

(1)任何一种特定排列给出的信息量是多少？

(2)如果从中抽取 13 张，所给出的点数都不相同时得到的信息量是多少？

5. 证明：$0\leqslant 0\leqslant 1$，$-p\log_2 p-(1-p)\log_2(1-p)$，当 $p=\dfrac{1}{2}$ 时值最大。

6. 掷一对无偏的骰子，如果告诉你得到的总和分别为 7 和 12。试问各得到多少信息量。

7. 随机掷 3 颗骰子，用 X,Y,Z 分别表示第一颗骰子的点数，第 1 颗和第 2 颗骰子的点数之和，3 个骰子的点数的总和。试求 $H(Z|Y),H(X|Y),H(Z|X,Y),H(X,Z|Y)$ 和 $H(Z|Y,X)$。

8. 计算第 6 题中的 $I(Y;Z),I(X;Z),I(X,Y;Z)$。

9. 设 X,Y,Z 是概率空间，试证明下述关系成立。

(1) $H(Y,Z|X)\leqslant H(Y|X)+H(Z|X)$，试给出等号成立的条件；

(2) $H(Y,Z|X)=H(Y|X)+H(Z|X,Y)$；

(3) $H(Z|X,Y)\leqslant H(Z|X)$，给出等号成立的条件。

10. 设 $X(u),Y(u)$ 是同一事件集 U 上的两个概率分布，相应的熵分别为 $H(U)_1,H(U)_2$。

(1)对 $o\leqslant\lambda\leqslant 1$ 证明 $Z(u)=(1-\lambda)X(u)+\lambda Y(u)$ 是概率分布；

(2)设 $H(U)$ 是相应于分布 $Z(u)$ 的熵，试证明 $H(u)=(1-\lambda)H(u)_1+\lambda H(u)_2$。

第 10 章　计算复杂度理论

无论在理论研究与实际应用，人们经常会遇上各种计算问题，用什么方法，如何度量这些问题的难易程度，在计算机科学理论中具有十分重要的意义。计算复杂性理论就是针对求解问题所需要的计算时间和计算空间等资源进行研究，通过具体的数学模型给出求解一个问题是"困难"还是"容易"的确切定义，并依据求解计算问题所需时间和空间对问题进行分类。

计算复杂性理论是设计和分析密码学算法与安全协议的基础，很多密码学算法与安全协议的安全性是以某些计算问题的困难性为前提条件的，如在可证明安全的密码算法研究中，用于安全证明的归约技术就是通过有效的归约把对密码算法的有效攻击转化为求解某些困难问题。

本章主要介绍信息安全研究中常用的计算复杂性理论的基本概念、基本原理和模型。

10.1　基　本　概　念

本节先介绍问题和算法定义。

问题是指需要回答的一般性提问，通常包含若干个未定参数或自由变量。问题的描述包括两个方面：①给定所有的未定参数的一般性描述；②陈述"答案"或者"解"必须满足的性质。若给问题的所有未指定参数指定了具体的值，就得到该问题的一个实例。

例 10.1.1　在二元域 $\mathbb{Z}_2$ 上求解下列布尔函数组

$$\begin{cases} f_1(x_1, x_2, \cdots, x_n) = 0 \\ f_2(x_1, x_2, \cdots, x_n) = 0 \\ \vdots \\ f_m(x_1, x_2, \cdots, x_n) = 0 \end{cases}$$

此问题的参数的集合为 $\{f_i(x_1, x_2, \cdots, x_n) = 0\}_{i=1}^{m}$。此问题的解是向量 $(a_1, a_2, \cdots, a_n) \in \mathbb{Z}_2^n$，它满足对所有的 $1 \leqslant i \leqslant m$，$f_i(x_1, x_2, \cdots, x_n) = 0$。取 $m = n = 3$，$f_1 = x_1 + x_2 x_3$，$f_2 = 1 + x_1 x_2$，$f_3 = 1 + x_1 x_2 + x_1 x_2 x_3$，就得到该问题的一个实例。

算法是指求解某个问题的一系列具体步骤。通常可理解为求解某个问题的通用计算机程序。算法总是针对某个问题来说的，例如，欧几里得算法来求两个整数的最大公因子，用扩展的欧几里得算法来求逆，高斯消去法用来求解线性方程组等。

如果一个算法能够解答一个问题的任何实例，那么就说这个算法能解答这个问题。如果针对一个问题至少存在一个算法可解答这个问题，那么就说这个是可解的，否则称这个问题是不可解的。通俗地说一个问题是可解的，是指存在算法，可以通过该算法解决问题。而更科学、准确地说，是指能够编写一个计算机程序，只要运行足够长的时间，使用足够多的空间，该程序对任何输入都能给出正确的回答。可以求解某问题并一步一步地执行的计算过程称为算法。在 20 世纪 30 年代，许多数学家都曾致力于问题的可解行研究，如哥德尔、图灵和丘奇等，这些工作表明，有许多问题都是不可解的。

针对两个整数求最大公因数问题，可以用 Euclidean 算法很快计算。但是有时一个问题在理论上可解，但是并不意味着该问题在实际中也是可解的。对于许多问题来说，发现求解该问题的一个算法是容易的，但是利用该算法得到该问题的解在实际中是不可行的。如著名的旅行商问题。其描述如下：一个推销商从 A 城市出发，到其他 $n-1$ 个城市去推销产品，然后返回 A 城市。假设任意两个城市之间都有一条道路，如何选择一条周游所有城市的路线，但旅行商经过每个城市仅仅一次，并且使得他所走过的路径最短？一个简单而且容易想到的算法就是穷举所有的可能的解，从中挑出最短的一条。由排列组合的方法，可以计算一共有 $(n-1)!/2$ 条不同的周游所有城市的路线，其中求一条周游路线的长度需要 $n-1$ 次加法运算，所以这个算法共需要 $(n-1)(n-1)!/2$ 次加法运算。当 n 很小时，能很快得到结果。但这并不能说明这是有效的算法。假设 $n=50$ 时，该算法需要 $49\times49!/2\approx1.5\times10^{64}$ 次加法运算。假如有一台计算机每秒钟执行 10^{8} 次加法运算，那么该算法大约需要 10^{49} 年，这是一个不可接受的计算时间。所以，随着 n 的增大，人与计算机都不可能使用该算法求解旅行商问题。

这个例子说明，可计算问题在理论与实际中是存在差别的。所有的计算机都需要占用一定的资源，因此可使用一个求解方法最终所需要的资源来度量问题的实际可解性，而执行算法所需要的运算时间和内存空间的数量正是评估其实际可行性的标准。简单地说，一个问题是可解的，该问题期望在"合理的"时间内，使用一个"不太大"的空间求解。求解问题的算法对时间资源的需求具有实际的重要意义，算法所花费的时间越少，则该算法越好也越"有效"。同样，算法对空间的需求也具有重要的实际意义，有时可以通过增加大量的存储空间减少计算的时间。算法执行所花费的时间和空间的分析已经成为计算机科学中的一个重要研究内容。

计算复杂性理论，就是从求解问题的实际所需的计算时间和空间出发，在理论上对计算机的可解的问题进行分类。为了说明一个问题是"容易的"，只需要给出一个实际的求解算法即可。但是，要说明一个问题本质上是"困难的"，需要证明实际的求解算法是不存在的。而如何证明不存在性，这是一个非常困难的问题。

给定一个问题 P，其复杂性是由求解 P 的算法的时间复杂性来确定的。为了弄清楚问题的复杂性，首先需要通过严格的数学方法来度量，给出算法的有效性的准确定义。当定义了度量问题的复杂性的方法之后，如果存在一个有效的算法来求解 P，则说明问题 P 是容易的；如果不存在这样的有效算法，则称 P 是困难的。因此，为了弄清楚问题的复杂性，首先需要给出算法有效性的确切定义。

10.2　图　灵　机

本节介绍图灵机和相关的算法的时间与空间度量。

现代计算机的普及，使得任何个人、组织和团体都可能通过编程实现各种程序算法，而且他们还可以选择不同的语言来实现这些算法，如高级语言 C 语言、Basic 语言，稍微低级一些的汇编语言等。由于人的编程的能力不同，编程语言的效率的不同，使得最终的算法的运行的时间是不一样的。因此需要一个独立于个体和语言等的通用的、统一的计算模型来精确地定义算法有效性这一概念。1936 年，英国数学家图灵(Turing)提出了一个计算模型，后人称为图灵机。图灵机计算模型后来被证明是一种非常通用的计算模型。下面介绍图灵机的一个变型，用于理解计算复杂性。

图灵机由有限状态单元、k 条纸带以及同样数量的读写头组成。有限状态单元控制磁头读、写纸带操作，每个读写头访问一条纸带，沿着纸带向左或者向右移动完成这一操作。每一条纸带分成无限个单元。图灵机求解一个问题时，读写头扫描一个有限字符串，从纸带最左边的单元开始按照顺序放在纸带上，每个字符占用一个单元，其右边剩下的是空白的单元，该字符串称为问题的一个输入。扫描过程从含有输入的纸带左端开始，同时图灵机赋予一个初始状态。任何时刻图灵机都只有一个读写头访问其纸带。读写头对纸带的一次访问称为一个移动。如果图灵机从初始状态开始，一步一步地合法移动，完成对输入串的扫描，最终满足中止条件而停下来，则称图灵机识别了该输入；否则，图灵机在某一点没有合法移动，它会没有识别输入就停下来。图灵机识别的输入称为可识别语言的一个实例。

为了识别一个输入，图灵机 M 在停下来之前移动的步数称为 M 的运行时间或者 M 的时间复杂度，即 T_M。很明显，T_M 可以表示为函数 $T_M(n): N \to N$，其中 n 是输入实例的长度或者规模，也就是说，当 M 在初始状态时，它就是组成输入串的字符数。显然 $T_M(n) \geqslant n$。除了对时间的要求，M 还有空间的要求，即 M 在操作中读写头访问的纸带单位数，它可以表示为函数 $S_M(n): N \to N$，称为 M 的空间复杂度。

图灵机提供了一种通用的计算模型，给出了度量程序计算复杂性的一个准确概念。但在实际中，因为使用图灵机来描述算法和描述时间复杂度与空间复杂度不是很方便，所以一般不用它来描述。为了清楚、有效地描述算法和数学命题，使用一种高级编程语言或伪代码来描述算法。

一个算法的复杂度由该算法所需要的最大计算时间和存储空间来度量。由于算法用于同一问题的不同规模实例所需的时间和空间往往不同，所以总是将它们表示成问题实例的规模 n 的函数，其中 n 表示描述该实例所需的输入数据的长度。有时即使是规模相同的实例，其时间复杂度和空间复杂度也有很大的差距，就需要计算它的平均时间复杂度和空间复杂度。

当衡量一个算法的计算复杂度时，如果能精确地计算出计算时间当然不错，但是很多情况很难或者没有必要确切地给出复杂度量表示式中的函数。实际上，由于算法的计算复杂度是其输入的长度 n 的函数，要比较两个算法的计算复杂度，只需要考虑当 n 充分大时它们随着 n 增大而增大的量级即可。为了简化计算复杂度的度量任务，需要引入"阶"的概念。使用"阶"的一个优点在于它与所使用的处理系统无关，甚至连处理器的运算速度都不用关心。

定义 10.2.1　设函数 $f(n)$ 和 $g(n)$ 为两个正整数函数，如果存在常数 $c > 0$ 和正整数 N，当对于 $n > N$ 的所有整数有 $g(n) < c\,|\,f(n)\,|$，则称 $g(n) = O(f(n))$。如果 $g(n) = O(f(n))$，并且 $f(n) = O(g(n))$，则称 $g(n) = \Theta(f(n))$。

定理 10.2.1　O 和 Θ 具有如下性质。

(1)如果 $f(n) = O(g(n))$ 且 $h(n) = O(g(n))$，那么 $f(n) + h(n) = O(g(n))$；

(2)如果 $f(n) = O(g(n))$ 且 $h(n) = O(r(n))$，那么 $f(n)h(n) = O(g(n)r(n))$；

(3)如果 $f(n) = O(g(n))$，$g(n) = O(h(n))$，则 $f(n) = O(h(n))$。

(4)如果 $f(n) = \Theta(g(n))$ ，$g(n) = \Theta(h(n))$ ，则 $f(n) = \Theta(h(n))$ 。

(5)如果 $f(n)$ 是一个 d 次多项式，那么 $f(n) = \Theta(n^d)$ ，$f(n) = O(n^{d'})(d' \geq d)$ 。

(6)对于任意多项式 $p(n)$ 以及任意整数 $m > 1$ ，有 $p(n) = O(m^n)$ 。

证明： 在此证明性质(1)，其他的留为习题。

假设 $f(n) = O(g(n))$ 且 $h(n) = O(g(n))$ ，那么 $f(n) + h(n) = O(g(n))$ ，则分别存在常数 $c', c'' > 0$ 和正整数 N', N'' ，当对于 $n > N'$ 的所有整数有 $f(n) < c' |g(n)|$ ，当对 $n > N''$ 的整数 $h(n) < c'' |g(n)|$ 。因此存在正整数 $c = c' + c'' > 0$ ，当 $n > N = \max(N', N'')$ 时，有 $f(n) + h(n) < c |g(n)|$ ，即得到 $f(n) + h(n) = O(g(n))$ 。 □

例 10.2.1 运用高等数学的知识可以验证如下的结论。

(1) $n^3 + 3n + 6 = O(n^3)$ ；

(2) $\sin(n) = O(1)$ 。

使用记号 $O(\cdot)$ 可以将欧几里得算法和扩展欧几里得算法的计算复杂度表示为 $O(\log a)$ ，其中 a 为输入的大的整数。注意在这个表达式中，使用 $\log a$ 代替了 $|a|$ ，而没有明确地说明对数的底数。这是因为 $|x| = \log_2 x = \dfrac{\log_\alpha x}{\log_\alpha 2}$ ，即容易验证，对于任意的底数，它都给出了正确的复杂性度量表示。

对图灵机 M 来说，如果存在正整数 d ，使得 $T_M(n) = \Theta(n^d)$ ，则称 M 为多项式时间算法。如果 $T_M(n) = \Theta(2^{\log n})$ ，则称 M 为亚指数时间算法。如果 $T_M(n) = \Theta(2^n)$ ，则称 M 为指数时间算法。

10.3 基 本 原 理

问题的计算复杂度是由解决该问题的算法的计算复杂度来决定的。通常情况，解决一个问题的算法可能有很多，其计算复杂度也各不相同，所以，在理论上定义一个问题的计算复杂度为求解该问题的最有效的算法的计算复杂度。但是如何证明求解算法是最有效的是很困难的，所以只能把求解问题的计算复杂度粗略地分为 3 类，即 P 类(确定性多项式时间)、NP 类(非确定性多项式时间)和 NPC 类(NP 完全类)。

定义 10.3.1 用 P 表示具有以下特征的语言类：对于语言 L ，如果存在一个图灵机 M 和一个多项式 $p(n)$ 使得对任意的非负整数 n ，M 可以在时间 $T_M(n) \leq p(n)$ 内识别任意实例 $I \in L$ ，则称语言 L 在 P 中，其中整数参数 n 表示实例 I 的规模，并称 L 是可以在多项式时间内识别的语言。该问题的全体成为多项式时间可识别的问题类，记为 P 。

简单地讲，在多项式时间内识别的语言总是认为很容易的。识别 P 中的语言的图灵机每一步操作都是唯一确定性的，因此对同样的输入和初始状态，不管对确定性图灵机运行多少次，得到的输出结果是相同的。

例 10.3.1 (Div3 语言) 设 Div3 表示被 3 整除的非负整数集，证明 Div3 $\in P$ 。

解： 通常情况下，要求输入具有普适性，不希望证明 Div3 $\in P$ 与输入的表示方式有关，所以一般情况都是考虑为二进制的情形。设这样的一个图灵机成为 Div3 。Div3 的有限状态控制按照表 10.1 所示一步一步地移动。

表 10.1 Div3 图灵机示意表

当前状态	纸带上的符号	下一步移动	下一个状态
q_0(初态)	0	右	q_0
	1	右	q_0
	空白	"响铃"或终止	q_1
q_1	0	右	q_2
	1	右	q_0
q_2	0	右	q_1
	1	右	q_2

要识别一个二进制串 $x \in \text{Div3}$ 是否成立,Div3 只需要 3 个状态,分别对应于其(读写头)完成扫描串 $3k$、$3k+1$ 和 $3k+2$ ($k \geq 0$)的情形。不失一般性,设初态为 q_0。这是因为最小输入实例 0 约定 Div3 在完成扫描输入串 0 时必定处于初态。在完成扫描输入串 1 时,可以指定 Div3 为状态 q_1,完成扫描输入串 2 时,Div3 为状态 q_2。

对任何二进制表示的非负整数 a,后面跟一个 0(或 1)得到值 $2a$(或 $2a+1$)。因此,完成对 $a=3k$(当 Div3 初态为 q_0 时)的扫描后,由于在该点完成扫描 $2a=6k=3k'$,当下一步扫描到字符 0 时,Div3 必定仍在状态 q_0;下一步扫描到字符 1 时必定移动到 q_1,因为在该点完成扫描 $2a+1=6k+1=3k'+1$。类似地,完成对 $a=3k+1$(当 Div3 在状态 q_1 时)的扫描后,当完成扫描 $2a=6k+2=3k'+2$ 时,Div3 必定移动到 q_2;当完成扫描 $2a+1=6k+3=3k'$ 时,必定移动到 q_0。对于 $a=3k+2$ 还有两种情况:$2a=6k+4=3k'+1$(Div3 从 q_2 移动到 q_1)和 $2a+1=6k+5=3k'+2$(Div3 停留在 q_2)。

因此,对于任意的 $k \geq 0$,3 个状态分别对应于 Div3 完成对扫描 $3k$、$3k+1$ 和 $3k+2$。一旦读写头遇到特殊的字符串"空",只有在状态 q_0 的 Div3 才设置响铃并停止移动(表示终止并回答"是"),从而识别出输入 $3k$;对于其他两个状态,Div3 没有合法移动,因此没有识别就终止了。

显然,$T_{\text{Div3}}(n)=n$。因此,Div3 确实可以在多项式时间内识别 Div3 语言。

上述判定问题是通过构造图灵机来证明 Div3 属于 P 类问题。但这种方式相对较烦琐,通常会忽略比较细致的图灵机的计算而采用算法来描述。由于基本的加减乘除等运算的图灵机在多项式时间内完成,因此只需要计算这些基本的计算的次数,从而估计整个算法的计算时间。

由 P 类问题的定义,可知语言识别问题是一个判定性问题。对任意的输入,一个判定性的问题的输出为"Yes"或"No"。但是 P 类是非常普遍的,包括多项式时间的计算性问题。对任意可能的输入,计算性问题要求输出比"是"或"否"更一般的答案。既然图灵机可以向纸带写入字符,当然能够输出比"是"或"否"更一般的答案。

例 10.3.2 计算两个整数的最大公因子问题是 P 问题。

前面提到求解正整数 a 和 b 的最大公因子使用计算时间为 $O(\log a)$,因此它属于 P 类问题。

如果一个语言不属于 P,那么不存在总能有效地识别它的图灵机。但是,有一类语言具有以下特性:没有证明它们属于 P,但它们总能用一种图灵机有效地识别,尽管有时也会出现错误。这种机器有时出错的原因,是在有些操作步骤中机器会做随机移动。有些移动会产生正确的结果，而其他移动则会产生错误的结果。这种图灵机称为非确定性图灵机。

习惯上，称具有有界差错概率的非确定图灵机为概率图灵机。而"非确定性图灵机"则专指下面讨论的另一类不同的判定性问题。概率图灵机实质上是指有随机输入并在其输入的长度的多项式时间内一定停机的图灵机。

概率图灵机有多条纸带，其中有一条称为随机纸带，上面是一些均匀分布的随机字符。在扫描一个输入实例 I 时，机器将和随机纸带交互，读取一个随机字符，然后像确定性图灵机一样工作。该随机串称为概率图灵机的随机输入。概率图灵机对输入 I 的识别不再是 I 的确定性函数，而是与一个随机变量（即随机输入）有关的函数。该随机变量对识别 I 造成了一定的差错概率。

能够解决多项式时间可识别语言类或者概率多项式时间可识别语言类中的问题的算法称为有效算法。

定义 10.3.2　对于一个算法，无论是确定性或者是随机化的，如果其运行时间可以表示为输入规模的多项式，则称该算法是有效算法。

有效算法这一定义给出了容易处理的问题的概念：不过是确定性还是随机化的，多项式时间的问题是容易处理的，也就是说，即使这类问题的输入规模非常大，它要求的资源也是可以处理的。相对地，易处理之外的问题就是难处理的。

非确定性图灵机是图灵机的一个变形，在每一步，机器具有有限个选择进行下一步。一个输入串称为可识别的，条件是至少存在一系列合法的移动，当机器扫描第一个输入符号时，它从机器的初始状态开始，完成扫描输入串后到达满足中止条件的状态。这样的一系列移动称为一个识别序列。

可以想象，非确定性图灵机解一个问题分两个阶段：猜测阶段和验证阶段。在此的求解并不是真正意义的"求解"，而是对问题实例进行一系列的猜测，正确猜测的序列移动形成一个识别序列。因此非确定性图灵机可解问题可以认为该问题的解是存在的，并且有有效的方法可以求得（猜测也是一种方法），进一步可以有有效的方法验证求得的结果是否是解。换句话说，求解的过程可以看出对所有可能的移动形成了一棵树（称为非确定性图灵机的计算树）。树的大小（即节点数）显然是关于输入规模的指数函数，而从根节点到叶节点是形成一个完整的"解"，当然只有部分是正确的。对于可识别的输入实例，由于一个识别序列中移动的次数就是树的深度 d，识别序列中移动的次数必定以输入实例规模的多项式为界。所以，通过一系列正确的猜测，识别可识别的输入的时间复杂度是输入规模的一个多项式。

定义 10.3.3　人们称非确定性图灵机在多项式时间内可以识别的语言类为 NP 类。

从 P 和 NP 两类问题的定义直接可以看出

$$\mathrm{P} \subseteq \mathrm{NP}$$

这是因为在确定性图灵机上多项式时间可解的问题在非确定性图灵机上多项式时间可解的问题（没有猜测阶段，是多项式时间可以验证的）。也就是说，P 中的每一种语言（判定性问题）用非确定性图灵机是很容易识别的。NP 问题的这些子类可以有效地求解的原因在于这些问题有大量的证据，通过随机猜测很容易找到。

例 10.3.3　可满足性问题，简称 SAT 问题。

判断一个 n 元布尔函数 $f(x_1, x_2, \cdots, x_n)$ 是否存在一组赋值 $(c_1, c_2, \cdots, c_n)$ 使得

$f(c_1, c_2, \cdots, c_n) = 1$，即判断 n 元布尔变量组 $(x_1, x_2, \cdots, x_n)$ 是否存在一组赋值使得给定的语句为真。

SAT 问题是一个数理逻辑问题。这个问题也属于 NP 问题，因为对于给定的一组赋值 $(c_1, c_2, \cdots, c_n)$，容易验证 $f(c_1, c_2, \cdots, c_n)$ 是否等于 1。然而，要找到一组赋值使得 f 等于 1 就困难得多了，因为这有 2^n 个可能的赋值，试验找到所有的赋值的时间复杂度为 $O(2^n)$。

例 10.3.4　图的 3-着色问题（3-Coloring Graphs，简写 3CG）。

已知一个无向图 $G = (V, E)$，其中 V 是顶点的集合，E 是边的集合，现在使用 3 种颜色标注图的顶点，使得相邻的两个顶点不是相同的颜色，也就是说，找到一个映射 $\sigma: V \rightarrow \{1, 2, 3\}$ 使得对任意的 $(u, v) \in E$，有 $\sigma(u) \neq \sigma(v)$。

3CG 问题是图论中的一个著名的问题，也是属于 NP 问题，因为对于一个映射，很容易验证相邻的两个顶点的映射的值是否相等。但是找到这个映射就困难多了。

以 NP 难问题表示只有稀疏证据的非确定性多项式时间（判定性）问题，这里稀疏证据的含义是：在一个 NP 问题的计算树种，识别序列个数相对于序列总数而言是一个可忽略的。

定义 10.3.4　设函数 $f(n): N \rightarrow R$，对任意的多项式 $p(n)$，存在正整数 N，当 $n > N$ 时，$f(n) < \dfrac{1}{p(n)}$，则称 $f(n)$ 是可忽略的。

例 10.3.5　使用高等数学的方法可以证明下面的函数是可忽略的。

(1) e^{-n}；(2) $e^{-(\ln(n))^{\alpha}}$；(3) 2^{-n}。

如果某问题只有稀疏证据，那么非确定性图灵机实际上并不能提供任何有效的算法来识别它。对于有大量证据的 NP 问题非确定性图灵机是有效设备。对于只有稀疏证据的 NP 问题，非确定性图灵机只是模型化了具有下列特性的一类判定性问题：给定一个证据，一个判定性问题的答案可以在多项式时间内进行验证。

NP 问题的一个证据由非确定性图灵机的计算树中的一个识别序列来刻画。

那么，不用证据，NP 中任意给定问题的确切的复杂度是多少呢？这个问题的答案尚不清楚。不使用证据来求解 NP 中任意问题的所有已知算法表明，它没有多项式界的时间复杂度。但到目前为止，还没有人证明这是必要的，即证 P=NP。问题"P=NP？"是计算机科学中一个非常著名的公开问题，现在没有人证明 P=NP，同样没有人证明 P≠NP。

对 P 中的任何问题，通常容易确定其复杂度下界，也就是说，给出精确的多项式界来表示求解该问题必需的步骤数量。但是对 NP 中的问题，通常难以确定其复杂度下界，甚至找一个新的比较小的上界也很难。NP 问题的所有已知的复杂度界都是上界。本质上，上界说明求解这个问题只要这么多步骤就足够了，但在更少的步数内求解也是可能的。

对于以复杂度为安全性基础的现代密码学，确定 NP 问题的非多项式下界的困难性有重要的影响。确定 NP 问题的下界意味着计算复杂性理论的一个重大突破。

10.4　归约方法

在许多情况下，可以把问题 B 的一个实例 I 转换为问题 B 的一个实例 $f(I)$，通过求解 $f(I)$ 就得到了实例 I 的解。这就是归约的方法。

定义 10.4.1（Karp 归约）　设语言 $L_1, L_2 \subseteq \{0,1\}^*$。如果存在一个确定性多项式时间可计算的函数 $f:\{0,1\}^* \to \{0,1\}^*$，使得对于任意的 $x \in \{0,1\}^*$，$x \in L_1$ 当且仅当 $f(x) \in L_2$，那么就称语言 L_1 可以多项式归约到语言 L_2，记为 $L_1 \leqslant_K L_2$。称 f 为从 L_1 到 L_2 的归约。

从上面的定义，可得到一个简单的事实，$L_1 \leqslant_K L_2$，如果 L_2 是容易的，那么 L_1 也是容易的，反之，$L_1 \leqslant_K L_2$ 而且 L_1 是困难的，那么 L_2 也是困难。不严格地说，当 $L_1 \leqslant_K L_2$ 时，如果存在多项式时间算法能判定语言 L_2 的困难问题，一定存在多项式时间算法解决语言 L_1 中的困难问题。

下面给出一个定理。

定理 10.4.1　设 $L_1 \leqslant_K L_2$。

（1）如果 $L_2 \in P$，则 $L_1 \in P$；

（2）如果 $L_1 \in NP$，则 $L_2 \in NP$。

证明：（1）如果 $L_1 \leqslant_K L_2$，并且 $L_2 \in P$，则存在两个确定性图灵机 M 和 N，满足以下条件：

① 确定性图灵机 M 计算某个函数 $f:\Sigma^* \to \Sigma^*$，使得 $x \in L_1 \Leftrightarrow f(x) \in L_2$；

② 存在多项式 $p(n)$，使得 $T_M(n) \leqslant p(n)$；

③ 确定性图灵机 N 判定了语言 L_2；

④ 存在多项式 $q(n)$，使得 $T_M(n) \leqslant q(n)$。

下面构造一个多项式时间的确定性图灵机来判定语言 L_1。给定输入 x，把 x 作为 M 的输入，得到 $f(x)$。然后把 $f(x)$ 输入 N，并根据 N 接受（拒绝）$f(x)$ 来决定接受（拒绝）x。

由于 M 计算了从语言 L_1 到 L_2 的一个归约，而 N 判定了语言 L_2，构造的新的确定性图灵机当然可以判定语言 L_1。下面说明其运行时间是多项式的。注意到，M 用来计算 $f(x)$ 的时间至多为 $p(n)$。进一步，$T_M(n) \leqslant p(n)$ 意味着 $|f(n)| \leqslant p(n)+n$，这是由于机器 M 开始时纸带上的字符长度为 n，而至多经过 $p(n)$ 步后停止，所以在停机后非空单元不会超过 $p(n)+n$。因此，对于输入 $f(x)$，机器 N 运行的时间至多为 $q(p(n)+n)$。从而，新构造的机器的整个运行时间至多为 $p(n)+q(p(n)+n)$，仍然是输入规模 n 的多项式。这样，就证明了 $L_1 \in P$。

（2）这部分的证明类似，也可以使用反证法证明。因为如果 $L_2 \in P$，那么由上面的结论有 $L_1 \in P$，这与条件 $L_1 \in NP$ 矛盾。

下面的结论表明，如果 L_2 至少与 L_1 一样困难，而 L_3 至少与 L_2 一样困难，那么 L_3 至少与 L_1 一样困难。也就是说关系 $\leqslant_K$ 是可传递的。

定理 10.4.2　如果 $L_1 \leqslant_K L_2$，$L_2 \leqslant_K L_3$，那么 $L_1 \leqslant_K L_3$。

10.5　NP 完全问题

Stephen Arthur Cook，1982 年图灵奖的获得者，NP 完全性理论的奠基人。他从 NP 问题中看到尽管不清楚是否 P=NP，但是知道 NP 中某些问题和 NP 中任何问题的难度是一样的。在这个意义上，如果有一个有效算法求解其中一个问题，那么 NP 中的任何问题都能够找到有效的求解算法。这种问题称 NP 完全问题（简单记为 NPC）。下面给出严格的定义。

定义 10.5.1　如果语言 L 满足下面的两个条件，

（1）$L \in \mathrm{NP}$；

（2）对任何语言 $L' \in \mathrm{NP}$，$L' \leqslant_K L$。

称语言 L 是 NP 完全问题，简单记为 NPC。

NPC 问题可以认为是 NP 问题中最难的一类问题，至今已经发现了几千个，而一个都没有找到多项式时间算法。但是其证明相当复杂，由于篇幅和内容难度的限制，下面只是举例说明它们是 NPC 问题，而不给出证明。

例 10.5.1　SAT 问题是 NPC 问题。

例 10.5.2　3-CG 问题是 NPC 问题。

例 10.5.3　10.1 节的旅行商问题是 NPC 问题。

例 10.5.4　子集求和问题是 NPC 问题。

一个整数构成的集合 $\mathbf{T}$ 和一个整数 s，问是否存在子集 $\mathbf{T}' \subseteq \mathbf{T}$，使得 $\sum_{t' \in T'} t' = s$。

例 10.5.5　定点覆盖问题。

已知一个无向图 $G = (V, E)$ 和正整数 k，判定图中是否存在一个大小为 k 的顶点覆盖。在此，顶点覆盖是指：如果存在 $V' \subseteq V$，$|V'| = k$，使得对任意的 $(u, v) \in E$，都有 $u \in V'$ 或 $v \in V'$，则称 V' 为图 G 的一个大小为 k 的顶点覆盖。

虽然 NPC 问题很难，但是研究者还是从各个角度尝试着解决它们。例如，通过运行比较小的问题实例得到一些结果和方法；解决问题中不太困难的实例；允许一定概率正确性的求解方法；使用启发式求解方法等。

10.6　本章小结

本章对计算复杂度理论进行了初步介绍。重点掌握时间复杂度和空间复杂度的定义及计算方法，了解 P 问题和 NP 问题的概念。

习　题

1. 证明定理 10.2.1 的（2）～（6）。

2. 证明例 10.2.1 的两个结论。

3. 在多项式和指数之间还有其他函数吗？试着举例说明。

4. 描述两个不同的图灵机 M 和 N，满足对任何输入，M 输出 N 的描述和 N 输出 M 的描述。

5. 设 a 和 b 是两个整数，使用欧几里得算法求 a 和 b 的最大公因子，计算一下算法的计算复杂度；如果 a 和 b 互素，使用扩展欧几里得算法求 $a^{-1}(\mathrm{mod}\, b)$ 的计算复杂度。

6. 证明定理 10.4.2 Karp 归约是传递的。

参 考 文 献

北京大学数学系几何与代数教研室前代数小组, 2003. 高等代数. 3 版. 北京: 高等教育出版社.

陈恭亮, 2004. 信息安全数学基础. 北京: 清华大学出版社.

冯登国, 2009. 信息安全中的数学方法与技术. 北京: 清华大学出版社.

冯登国, 裴定一, 1999. 密码学导引. 北京: 科学出版社.

金一庆, 金廷赞, 1998. 离散数学. 杭州: 浙江大学出版社.

李继国, 余纯武, 2006. 信息安全数学基础. 武汉: 武汉大学出版社.

林东岱, 2006. 代数学基础与有限域. 北京: 高等教育出版社.

刘木兰, 2000. Gröbner 基理论及其应用. 北京: 科学出版社.

Menezes A J, van Oorsechot P C, Vanstone S A, 2005. 应用密码学手册. 胡磊, 王鹏, 译. 北京: 电子工业出版社.

聂灵沼, 丁石孙, 2000. 代数学引论. 2 版. 北京: 高等教育出版社.

潘承洞, 潘承彪, 1992. 初等数论. 北京: 北京大学出版社.

裴定一, 祝跃飞, 2002. 算法数论. 北京: 科学出版社.

石生明, 2006. 近世代数初步. 2 版. 北京: 高等教育出版社.

Trappe W, Washington L C, 2008. 密码学与编码理论. 2 版. 王全龙, 王鹏, 译. 北京: 人民邮电出版社.

万哲先, 2007. 代数和编码. 3 版. 北京: 高等教育出版社.

王学理, 裴定一, 2003. 椭圆与超椭圆曲线公钥密码学的理论与实现. 北京: 科学出版社.

王育明, 李晖, 2007. 信息论与编码理论. 北京: 高等教育出版社.

张禾瑞, 1978. 近世代数基础. 北京: 高等教育出版社.

Koblitz N, 1998. Algebraic Aspects of Cryptography. Berlin Heidelberg: Springer-Verlag.

Sipser M, 2006. Introduction to the Theory of Computation. 2nd ed. Beijing: China Machine Press.

Stinson D R, 2006. Cryptography Theory and Practice. 3rd ed. Boca Raton: Chapman & Hall/CRC.

索　引

整除，1

带余除法，1

公因数，2

最大公因数，2

互素，2，96

公倍数，3

最小公倍数，3

欧几里得算法，3

扩展的欧几里得算法，5

素数，7

整数分解问题，8

Eratosthenes 筛法，9

Mersenne 素数，10

Fermat 数，11

进制表示，11

同余，19

剩余类，21

同余类，21

完全剩余系，21

最小非负完全剩余系，21

欧拉函数，22

既约剩余系，22

简化剩余系，22

模整数乘法逆元，23

欧拉定理，25

费马小定理，25

模整数的阶，25

重复平方乘算法，27

Miller-Rabin 概率素性检测算法，31

同余方程，34

中国剩余定理，36

二次剩余，40

二次非剩余，40

勒让德符号，43

雅可比符号，47

代数运算，55

二元运算，55

结合律，55

交换律，55

分配律，55

群，56

一般线形群，56

特殊线性群，56

元素的幂，58

阿贝尔群，58

有限群，59

无限群，59

群的阶，59

子群，59

平凡子群，59

非平凡子群，59

生成元，60，66

有限生成群，60

等价关系，60

等价类，60

左陪集，61

右陪集，61

指数，62

拉格朗日定理，62

元素的阶，62

无限阶元，62

正规子群，63

商群，64

同态，64

满同态，64

同构，64

内自同构，64

自然同态，64

同态像，64

完全逆像，65

核，65

群同态基本定理，65

循环群，66

无限循环群，66

有限循环群，66

原根，67

离散对数问题，69

置换，71

置换的乘积，71

对称群，72

循环置换，72

轮换，72

对换，72

环，76

零元，76

零因子，78

无零因子环，78

环的特征，79

整环，79

除环，80

域，80

四元数除环，80

子环，81

扩环，81

环同态，82

理想，84

主理想，84

商环，85

剩余类环，85

素理想，85

极大理想，85

分式域，87

多项式，90

多项式环，90

多项式带余除法，92

多项式整除，93

因式，94

倍式，94

最大公因式，94

不可约多项式，97

单因式，97

重因式，97

形式微商，97

多项式的根，98

余元定理，98

多项式同余，98

多元多项式，100

全序，101

良序，101

项序，101

字典序，102

次数字典序，102

次数反字典序，102

首项，102

首项幂积，102

首项系数，102

约化，102

既约，103

多元多项式除法算法，103

有限域，106

子域，106

扩域，106

素域，106

代数元，106

超越元，107

代数扩张，107

极小多项式，107

扩张次数，107

分裂域，109

本原元，111

多项式的周期，112

本原多项式，112

共轭元，112

特征多项式，112

迹，113

范数，114

椭圆曲线，120

有理点，121

Weierstrass 方程的判别式，122

椭圆曲线的加法，125

支撑集，130

除子，130

除子群，130

零点，131

极点，131

主除子，133

Weil 对，133

Tate 对，135

计算保密性，142

无条件保密性，142

联合概率，142

条件概率，142

贝叶斯定理，142

熵，144

Jensen 不等式，146

联合熵，147

条件熵，148

剩余度，151

唯一性距离，152

互信息，153

问题，156

算法，156

时间复杂度，157

空间复杂度，157

多项式时间算法，158

亚指数时间算法，158

指数时间算法，158

P 问题，158

有效算法，160

NP 问题，160

可忽略，161

Karp 归约，162

NP 完全问题，163